《电子与通信系统设计与实践教程》
编写委员会

**主　编**　陈立家

**副主编**　刘名果　王　赞　代　震　张　琨

**编　委**　张东明　王清林　李永军　敖天勇
朱若华　蒋俊华　时燕妮　陈　竞
倪　瑾

河南省“十四五”普通高等教育规划教材

DIANZI YU TONGXIN XITONG SHEJI YU SHIJIAN JIAOCHENG

# 电子与通信系统设计与实践教程

主　编　陈立家

副主编　刘名果　王　赞　代　震　张　琨

河南大学出版社
HENAN UNIVERSITY PRESS
·郑州·

**图书在版编目(CIP)数据**

电子与通信系统设计与实践教程 / 陈立家主编.
--郑州:河南大学出版社,2022.2(2024.8 重印)
ISBN 978-7-5649-5035-4

Ⅰ.①电… Ⅱ.①陈… Ⅲ.①通信系统-系统设计-高等学校-教材 Ⅳ.①TN914

中国版本图书馆 CIP 数据核字(2022)第 034269 号

**责任编辑** 薛巧玲
**责任校对** 陈晓林
**封面设计** 马 龙

---

**出 版** 河南大学出版社
地址:郑州市郑东新区商务外环中华大厦 2401 号 邮编:450046
电话:0371-86059701(营销部) 网址:hupress. henu. edu. cn
**排 版** 郑州市今日文教印制有限公司
**印 刷** 郑州市今日文教印制有限公司
**版 次** 2022 年 2 月第 1 版 **印 次** 2024 年 8 月第 2 次印刷
**开 本** 787 mm×1092 mm 1/16 **印 张** 21.25
**字 数** 357 千字 **定 价** 59.00 元

---

(本书如有印装质量问题,请与河南大学出版社营销部联系调换。)

# 前　言

人类社会已经进入科技主导的信息化时代，各种新理论和新技术如雨后春笋般应运而生，并推动着人类社会高速发展，其中以物联网技术和人工智能技术最具代表性，已渗透到人类社会的各个领域。无论是人们生活的方方面面，还是农业、工业、教育、医疗、军事等战略领域均越来越多地看到物联网和人工智能的影子，世界上许多发达国家已经将这两项技术列为国家发展战略重点。作为世界上最大的发展中国家，中国于2021年提出了适合本国国情的《中华人民共和国国民经济和社会发展第十四个五年规划和2035年远景目标纲要》，纲要指出，在当前我国经济从高速增长向高质量发展转变的重要阶段中，以物联网、人工智能为代表的新一代信息技术，将成为我国"十四五"期间推动经济高质量发展、建设创新型国家，实现新型工业化、信息化、城镇化和农业现代化的重要技术保障和核心驱动力之一。教育部在《教育信息化2.0行动计划》中也明确提出，以人工智能、大数据、物联网等新兴技术为基础，依托各类智能设备及网络，积极开展智慧教育创新研究和示范，推动新技术支持下教育的模式变革和生态重构。高校创新实践活动比例不断上升。万众创新、大众创业、创新创业教育越来越受到重视，在此大环境下，编者编纂了本教材。

本教材为电子信息类相关专业的创新实践教学活动提供理论与实践素材，旨在培养学生创新活动的基本素养。本教材主要内容包括创新实践教学活动涉及的相关技术，以构建一台智能小车为主线，对智能小车硬件、软件以及相关的算法进行介绍。全书分两个部分：第一部分介绍控制器、传感器、外设等基本硬件模块，搭建一台可以运转的智能小车。第二部分介绍上位机软件开发，包括地面站和基于Android的APP两类软件。本书内容由浅入深，由硬件到软件，层层递进。本教材以模块为主体，学生可以以搭积木方式灵活设计系统。本书内容涉及多门相关课程，贯穿不同种类课程大量知识点。实际实践活动中，可以根据本书内容，挑选相应章节进行学习。基于本书的内容和代码，可以组合不同类型的创新活动作品。通过学习本书内容，学生对相关课程知识点的学习，相比传统课堂教学方式，更具有趣味性和挑战性。

本书具体内容如下：

第 1 章到第 5 章为全书第一部分，主要讲述智能小车硬件平台如何搭建。其中，第 1 章介绍基于 STM32 控制器如何编写程序、创建工程、烧录程序等基本内容；第 2 章介绍基于 STM32 的接口开发，例如，GPIO、串口、PWM、看门狗和时钟等方面的开发；第 3 章基于智能小车运动的特性，专门介绍基于 STM32 的运动控制；第 4 章介绍各类传感器模块的开发方法；第 5 章介绍外部设备模块，包括液晶显示屏、触摸屏、音视频、摄像头等开发方法。

第 6 章到第 8 章为全书第二部分，主要介绍智能小车上位机控制软件。其中，第 6 章和第 7 章介绍基于计算机平台的地面站软件开发，软件用于监测和控制智能小车，包含数据通信、运动控制、数据感知、音视频显示等功能；第 8 章介绍基于 Android 的 APP 软件开发。

本书特色如下：

（1）内容组织和编排简明，两个部分区分鲜明；

（2）软硬件平台的功能模块化，积木式开发，框架简单易掌握，有利于创新型作品研发；

（3）内容由浅入深，每一部分均实现了智能小车的一个子系统，功能依次增加，难度依次递增。

本书可以作为高等院校相关专业的教材、教学参考书或自学参考书，为本科生、研究生的课外创新、科学研究提供基础知识，也可以作为公司工程研发的参考工具书籍，供工程技术人员查阅。对于相关知识感兴趣的开发爱好者，本书也是一本由浅入深的有益读物。

本书的完成借鉴和参考了国内外专家、学者、技术人员的相关研究成果，在此谨向有关作者表示深深的敬意，如果有数据资料不一致之处，敬请来信批评指正。

本书受到 2020 年河南省十四五规划教材项目（CX3010A0950024）资助，同时也受到河南省科技项目（202102210121、212102210500）、开封市科技项目

(20ZD014、2001016)以及开封平煤新型炭材料科技有限公司合作项目(2021410202000003)支持。感谢东莞野火电子技术有限公司物联网 STM32 开发板的支持。

因时间仓促,加之编者水平有限,本书难免有疏漏之处,恳请各位同行和广大读者提出宝贵意见,以便进行修改完善。

作　者

2021 年 9 月

# 目　　录

## 第一部分　基于 STM32 的智能车嵌入式实验系统开发

## 第二部分 智能车控制系统软件开发

# 第一部分

## 基于 STM32 的智能车嵌入式实验系统开发

# 第1章　STM32 实验平台搭建

本章所有实验模块基于 STM32 单片机作为控制器，以 STM32F10 系列和 STM32F4 系列为主，所以我们先介绍实验所需的平台搭建。本章将介绍 KEIL5 软件的安装及使用方法，希望大家在本章的学习之后，能对 KEIL5 软件有一个全面的了解。本章的实验均基于 KEIL5 平台用 C 语言进行编写程序，实验要求必须熟悉 C 语言语法基础和 STM32 相关的知识。

## 1.1　安装 KEIL5

### 1.1.1　安装提示

（1）安装路径不能带中文，必须是英文路径。

（2）安装目录不能与 51 单片机的 KEIL 或者 KEIL4 冲突，三者目录必须分开。

（3）KEIL5 的安装比起 KEIL4 多了一个步骤，必须添加 MCU 库，不然无法使用。

### 1.1.2　获取 KEIL5 安装包

要想获得 KEIL5 的安装包，在百度里面搜索“KEIL5 下载”即可找到很多网友提供的下载文件，或者到 KEIL 的官网下载：https://www.keil.com/download/product/，不过官网下载需要注册一些信息比较烦琐。我们这里面 KEIL5 的版本是 MDK5.14，若以后有新版本大家可使用更高版本如图 1－1 所示。

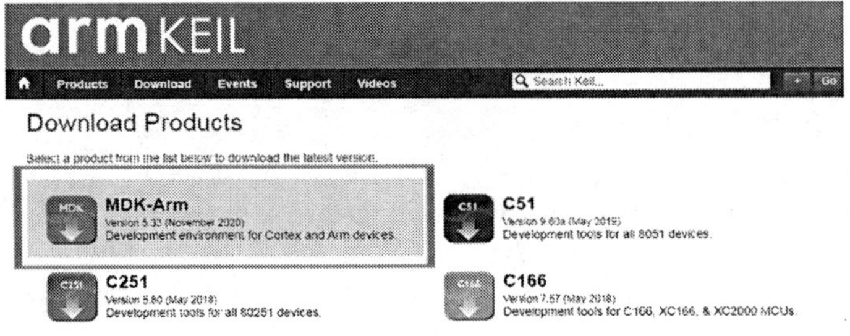


图 1-1　KEIL 官网页面

### 1.1.3　开始安装 KEIL5

双击 KEIL5 安装包,开始安装,单击 Next 按钮,如图 1-2 所示。

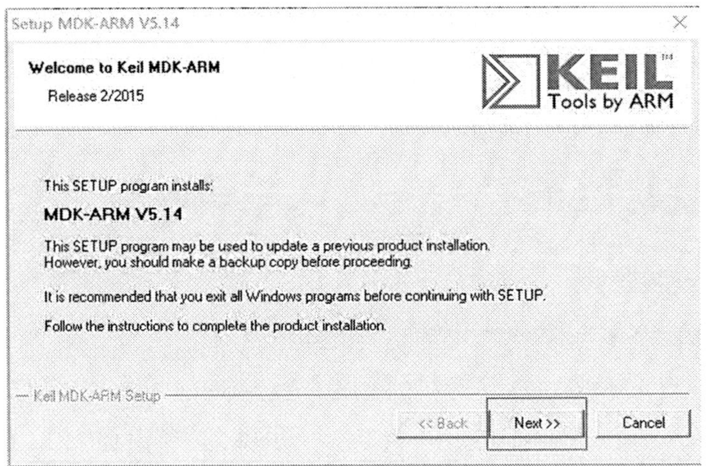


图 1-2　开始安装

勾选同意协议,单击 Next 按钮,如图 1-3 所示。

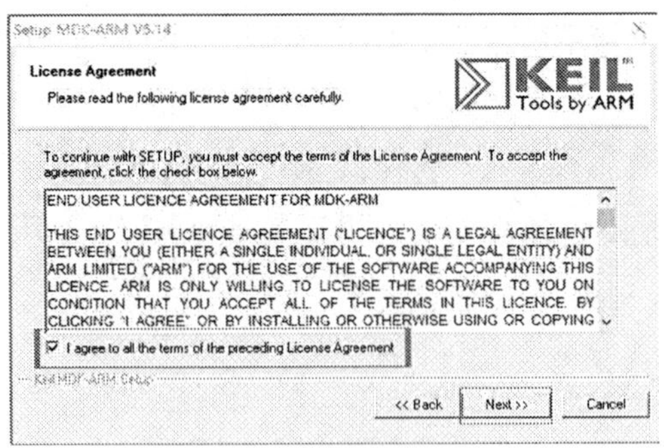


图 1-3　同意协议

选择安装路径,注意路径名中不能有中文,单击 Next 按钮,如图 1 -4 所示。

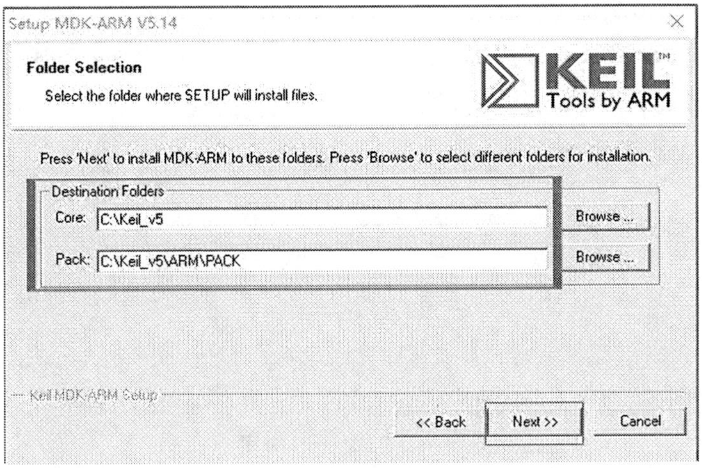

图 1 -4　选择安装路径

填写用户信息,全部填空格(按键盘的 Space 键)即可,单击 Next 按钮,如图 1 -5所示。

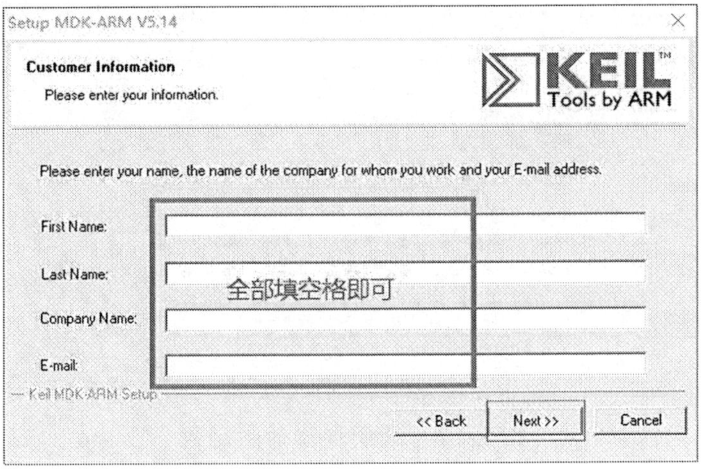

图 1 -5　填写用户信息

单击 Finish 按钮,安装完毕,如图 1 -6 所示。

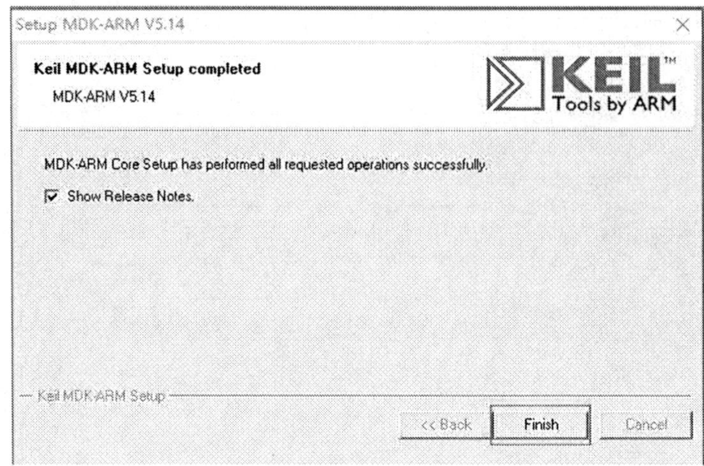


图 1-6　安装完毕

### 1.1.4　安装 STM32 芯片包

KEIL5 不像 KEIL4 那样自带了很多厂商的 MCU 型号，KEIL5 需要自己安装。把如图 1-7 所示弹出的对话框关掉，我们直接去 KEIL 的官网下载：http://www.keil.com/dd2/pack/，或者直接上网搜索就能看见很多网友提供的芯片安装包。

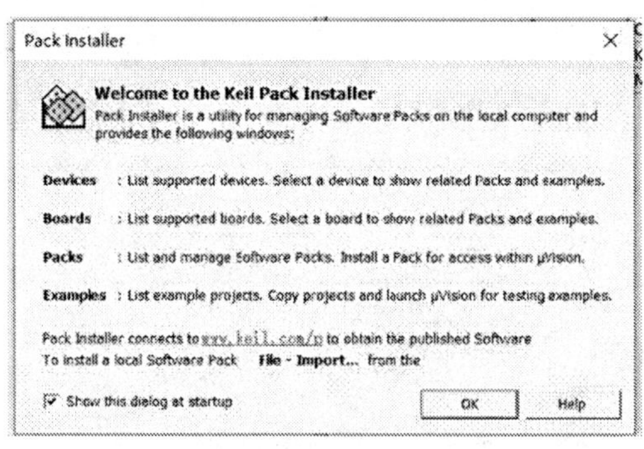


图 1-7　关闭弹出的对话框

在官网中找到 STM32F1 和 STM32F4 这 2 个系列的包下载到本地电脑，具体下载哪个系列的，根据你使用的型号下载即可，这里只下载我们需要使用的 F1 和 F4 这两个系列的包，F1 代表 M3，F4 代表 M4，如图 1-8 所示。

把下载好的包双击安装即可，安装路径选择跟 KEIL5 一样的安装路径，安装成功之后，在 KEIL5 的 Pack Installer 中就可以看到已经安装的包，以后我们新建工程的时候，就有单片机的型号可选了，如图 1-9 所示。

| | | | |
|---|---|---|---|
| Keil.STM32F0xx_DFP.2.0.0.pack | 2019/3/29 10:04 | uVision Softwar... | 65,148 KB |
| Keil.STM32F1xx_DFP.2.2.0.pack | 2017/10/24 17:37 | uVision Softwar... | 49,335 KB |
| Keil.STM32F4xx_DFP.1.0.8.pack | 2014/9/16 18:06 | uVision Softwar... | 35,613 KB |
| Keil.STM32L0xx_DFP.1.6.0.pack | 2017/10/24 17:29 | uVision Softwar... | 31,967 KB |
| Keil.STM32L1xx_DFP.1.2.0.pack | 2017/10/24 17:26 | uVision Softwar... | 22,928 KB |
| Keil.STM32L4xx_DFP.1.4.0.pack | 2017/10/24 17:25 | uVision Softwar... | 62,480 KB |
| Keil.STM32W1xx_DFP.1.0.0.pack | 2017/10/24 17:24 | uVision Softwar... | 4,187 KB |

图 1－8　选择下载系列包

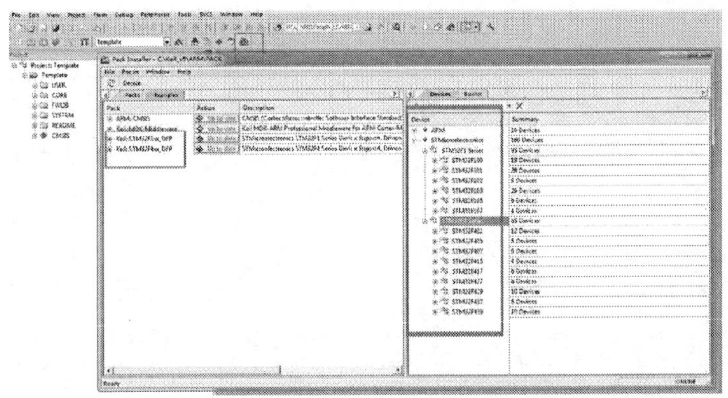

图 1－9　安装好的包

## 1.2　新建工程

在建立工程之前，建议先在电脑的某个目录下面建立一个文件夹，后面所建立的工程都可以放在这个文件夹下面，这里我们建立一个文件夹为 Template。点击 MDK 的菜单：Project→New μvision Project，然后将目录定位到刚才建立的文件夹 Template 之下，在这个目录下面建立子文件夹 USER（很多人也喜欢新建“Project”目录放在下面，也是可以的，这个就看个人喜好了），然后定位到 USER 目录下面，我们的工程文件就都保存到 USER 文件夹下面。工程命名为 Template，点击保存，如图 1－10 和图 1－11 所示。

紧接着会出现一个选择 CPU 的界面，需要选择我们的芯片型号，如图 1－12 所示。这里我们以芯片 STM32F103RTC6 为例，所以在这里我们选择 STMicroelectronics→STM32F1 Series→STM32F103→STM32F103RCT6（如果使用的是其他系列的芯片，选择相应的型号就可以了，特别注意：一定要安装对应的器件 pack 才会显示这些内容的）。

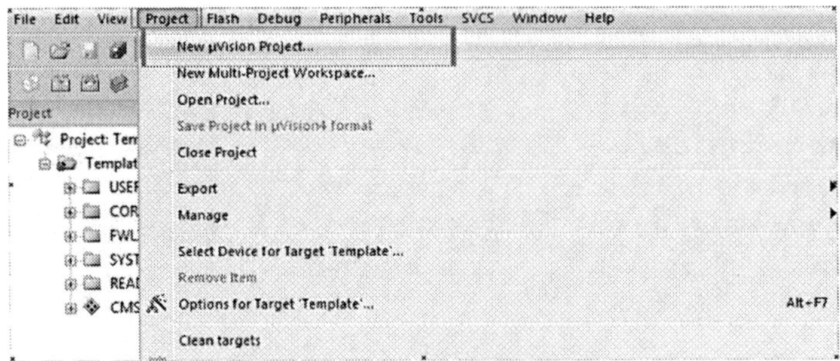


图 1－10　新建工程

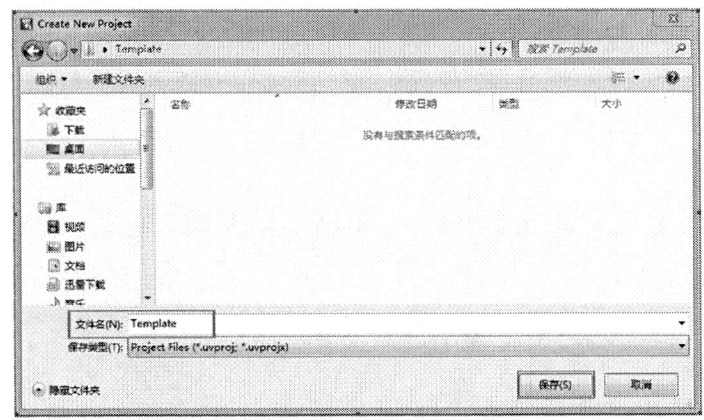


图 1－11　定义工程名称

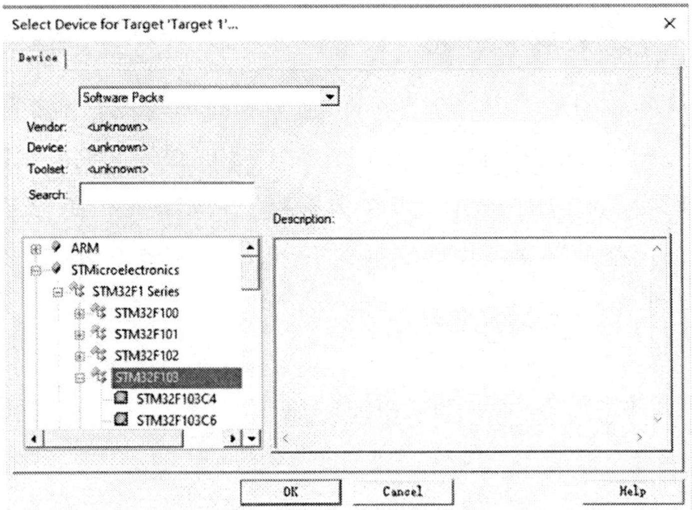

图 1－12　选择芯片型号

然后点击 OK,就会弹出 Manage Run-Time Environment 对话框,直接点击 OK 即可。到这里,我们就初步建立了一个框架,需要我们添加启动文件以及.c 文件等,如图 1 – 13 所示。

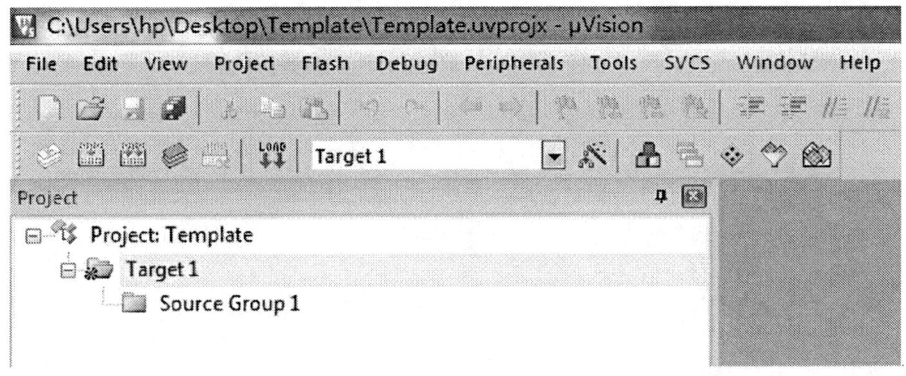


图 1 – 13　工程初步建立

下面我们介绍如何添加文件。首先右键点击新建的工程文件 Target1,选择 Manage Project Items,如图 1 – 14 所示。

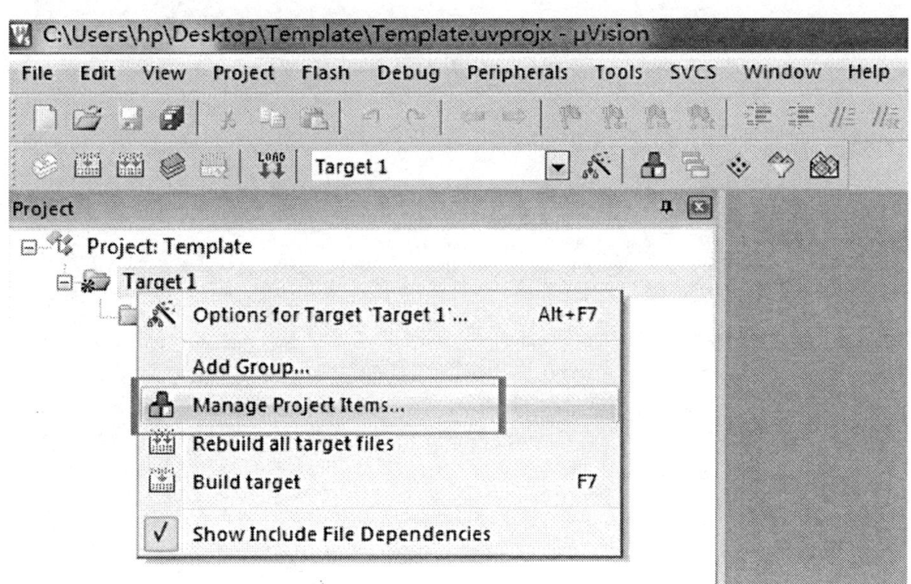


图 1 – 14　点击 Manage Project Items

Project Targets 一栏,我们将 Target 名字修改为 Template,然后在 Groups 一栏删掉

一个 Source Group1，建立 Groups：USER、CORE、FWLIB、SYSTEM、README 等分组。然后点击 OK，可以看到我们的 Target 名字以及 Groups 情况，如图 1－15 和图 1－16 所示。

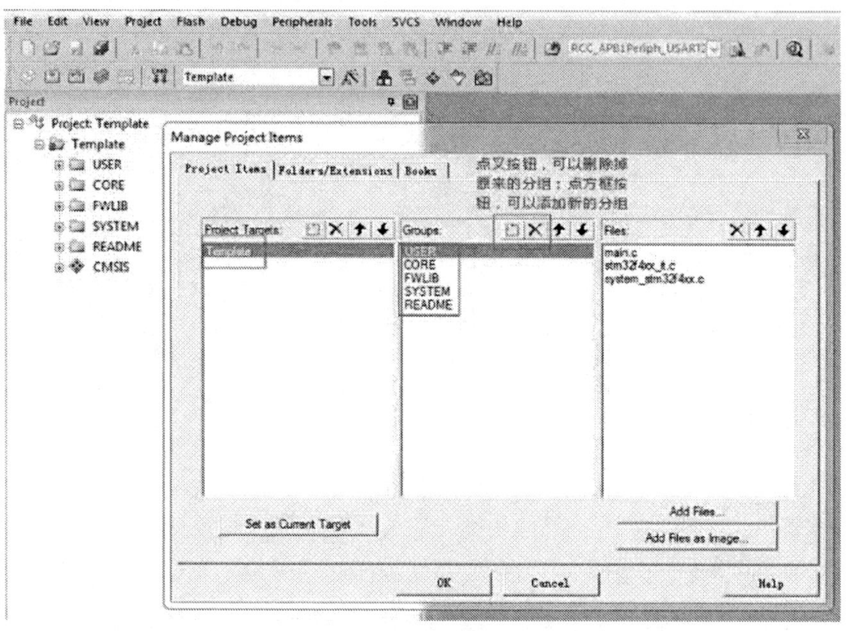


图 1－15　新建分组

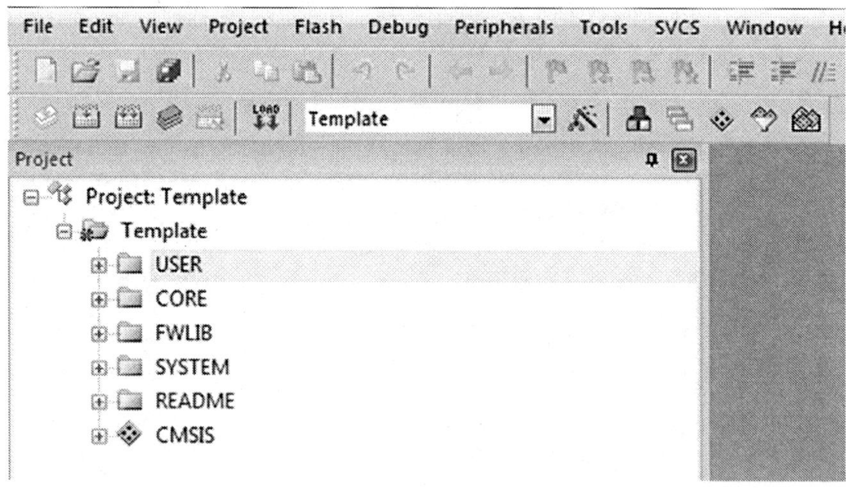

图 1－16　工程主页面

然后我们就可以在相应的分组里添加需要的文件了，添加方法和上面讲到的添加分组的方法类似，如图 1－17 和图 1－18 所示。

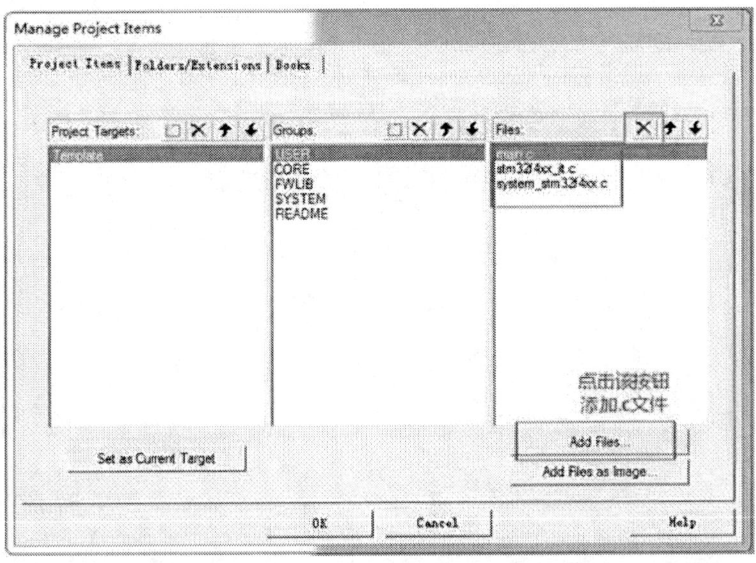


图 1－17　添加文件到 USER 分组

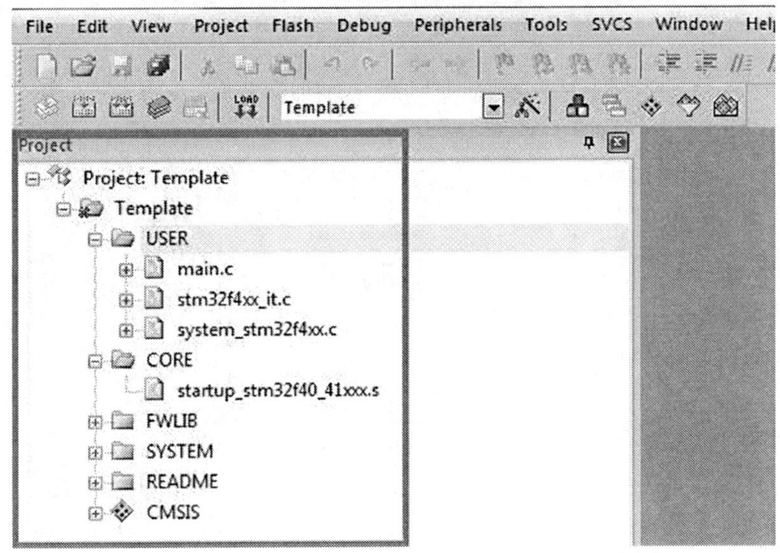


图 1－18　工程结构

然后我们来选择中间文件在编译后存放的目录。点击魔术棒 ，选择“Output”选项下面的“Select Folder for Objects...”，然后选择目录为我们上面新建的 OBJ

目录。需要注意的是,如果我们不设置 Output 路径,那么默认的编译中间文件存放目录就是自动生成的 Objects 目录和 Listings 目录,如图 1-19 和图 1-20 所示。

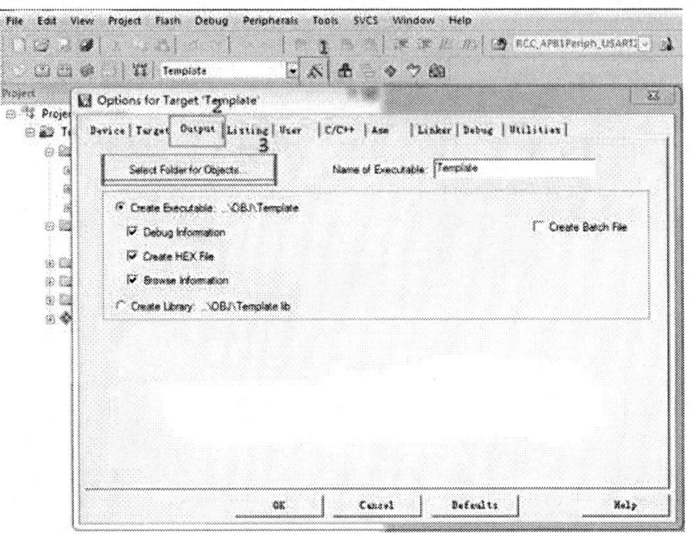

图 1-19　选择编译后的文件存放目录步骤

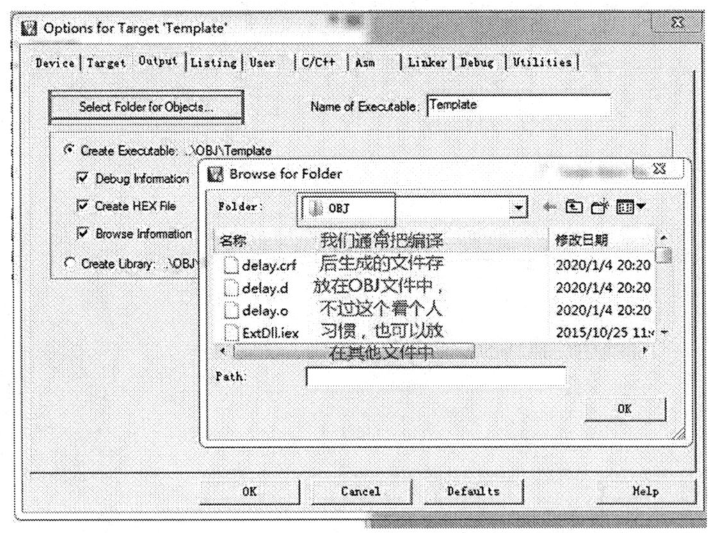


图 1-20　选择编译后的文件存放目录文件

点击编译按钮 编译工程,可以看到会报错,因为找不到头文件,如图 1-21 所示。

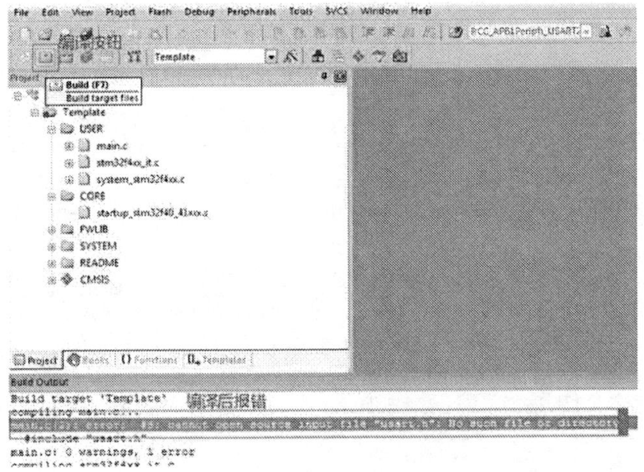


图 1－21　编译工程

出现上述报错，是因为我们没有添加头文件目录。回到工程主菜单，点击魔术棒，出来一个菜单，然后点击 C/C＋＋选项，然后点击 Include Paths 右边的按钮，弹出一个添加 path 的对话框，然后我们将图上面的目录添加进去。记住，keil 只会在一级目录查找，所以如果你的目录下面还有子目录，记得 path 一定要定位到最后一级子目录。然后点击 OK。需要注意的是：对于任何工程，我们都需要把过程中用到的所有头文件的路径都添加进来，如图 1－22 所示。

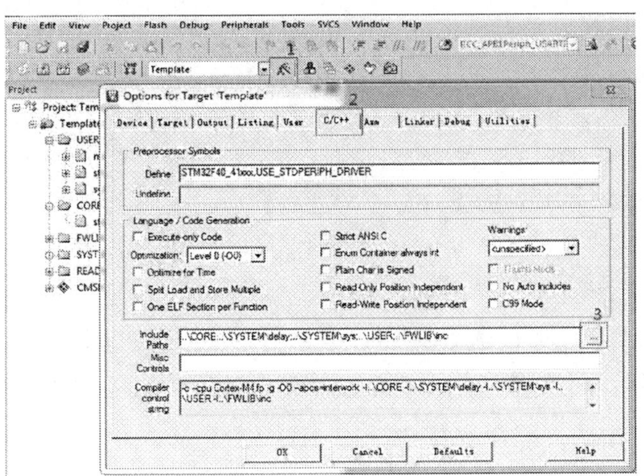


图 1－22　添加头文件路径

到这里，我们的工程基本上就建立完成了，接下来我们可以在工程里编写我们所需要的程序代码了。下面还需要配置,让编译之后能够生成.hex 文件。同样点击魔术棒,进入配置菜单,选择 Output,然后勾选上面的三个选项。其中 Create HEX file 是编译生成 .hex 文件,Browse Information 是可以查看变量和函数定义,如图 1－23 所示。

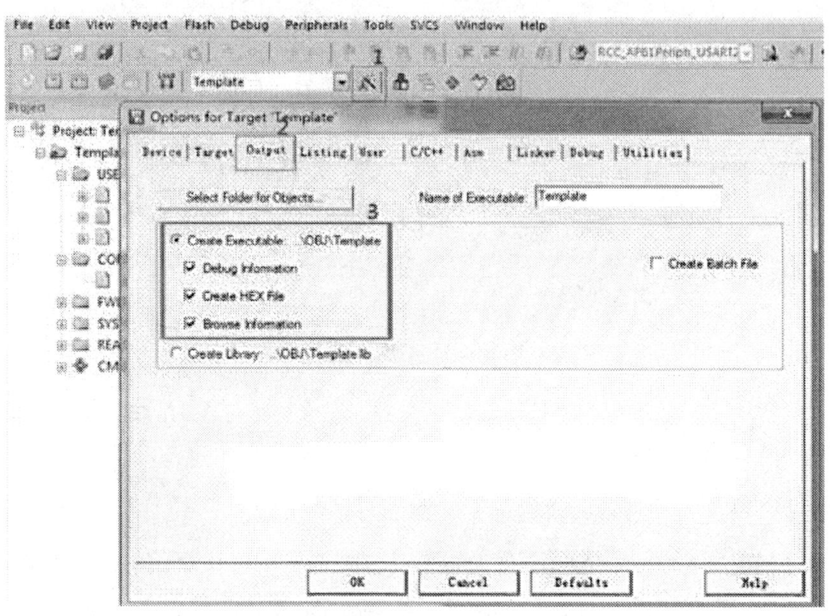


图 1－23　Output 选项卡设置

如果使用串口烧录程序的话,就必须生成.hex 文件,生成的.hex 文件在 OBJ 目录下面。

## 1.3　用 J－Link 仿真器下载程序

### 1.3.1　仿真器简介

对于使用仿真器的方法来下载程序,我们可以使用 J－Link、U－Link、ST－Link 或者 DAP 等仿真器,本书使用的是 J－Link V9 仿真器。J－Link 是 SEGGER 公司为支持仿真内核芯片推出的。配合 IAR EWAR、ADS、KEIL、WINARM、RealView 等支持所有 ARM7/ARM9/ARM11、Cortex M0/M1/M3/M4、Cortex A5/A8/A9 等内核芯片的仿真,与 IAR、KEIL 等编译环境无缝连接,操作方便,连接方便,简单易学,是学习开发 ARM 非常便捷实用的开发工具,如图 1－24 所示。

图1－24　J－Link 仿真器外观

### 1.3.2　硬件连接

把仿真器用USB线连接电脑,如果仿真器的灯亮则表示正常,可以使用。然后把仿真器的另外一端连接到开发板,给开发板上电,就可以通过软件KEIL或者IAR给开发板下载程序,如图1－25所示。

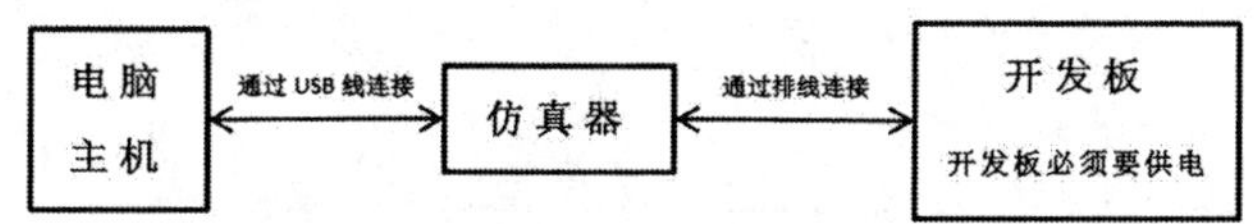


图1－25　仿真器与电脑和开发板连接方式

### 1.3.3　仿真器配置

在仿真器连接好电脑和开发板且开发板供电正常的情况下,打开编译软件KEIL,在魔术棒选项卡里面选择仿真器的型号,具体过程如下:

1. Debug选项配置,如图1－26

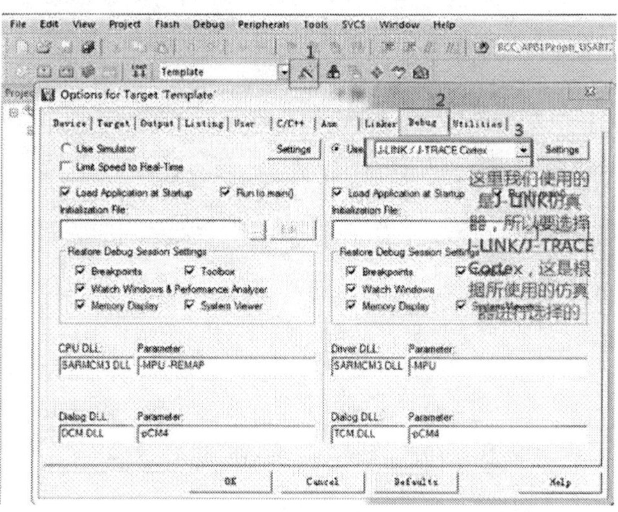


图1－26　Debug 选择 J－LINK/J－TRACE Cortex

2. Utilities 选项配置，如图 1－27

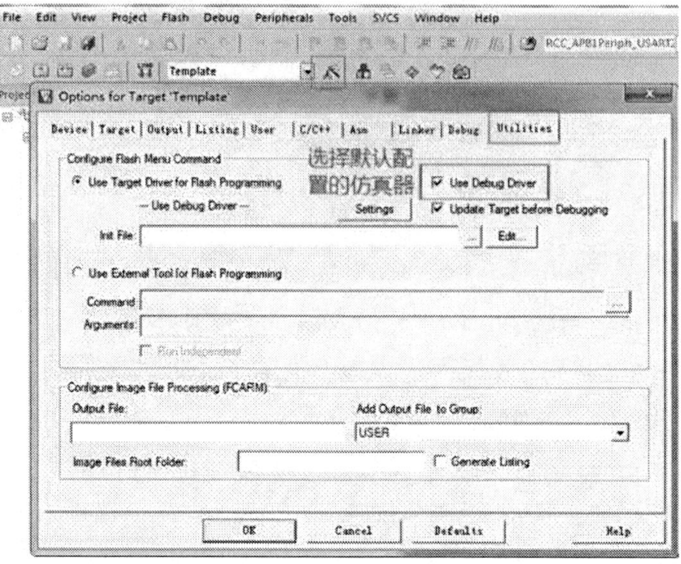


图 1－27　Utilities 选择 Use Debug Driver

3. Debug Settings 选项配置，如图 1－28

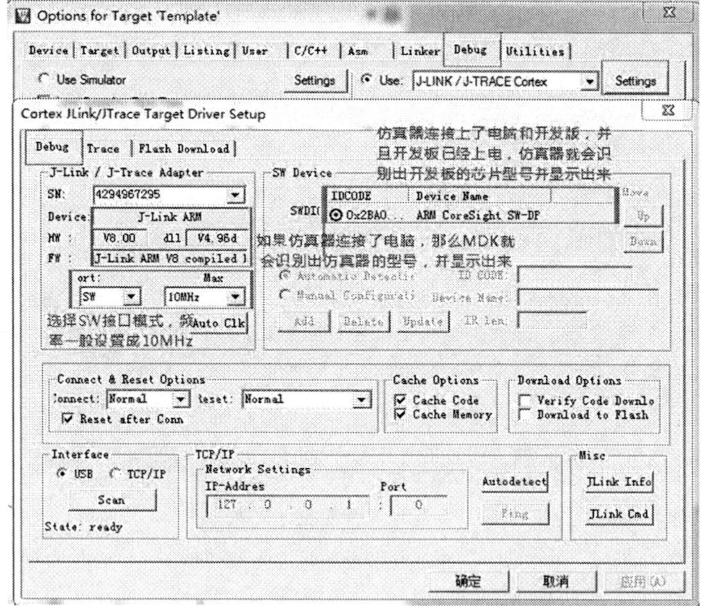


图 1－28　Debug Settings 选项配置

### 1.3.4　选择目标板

选择目标板,具体选择多大的 FLASH 要根据板子上的芯片型号决定。秉火 STM32 开发板的配置是:F1 选 512KB,F4 选 1MB。这里面有个小技巧就是把“Reset and Run”选项也勾选上,这样程序下载完之后就会自动运行,否则需要手动复位。要擦除的 FLASH 大小选择 Sector 即可,不要选择 Full Chip,不然下载会比较慢。具体步骤如图 1 –29 所示。

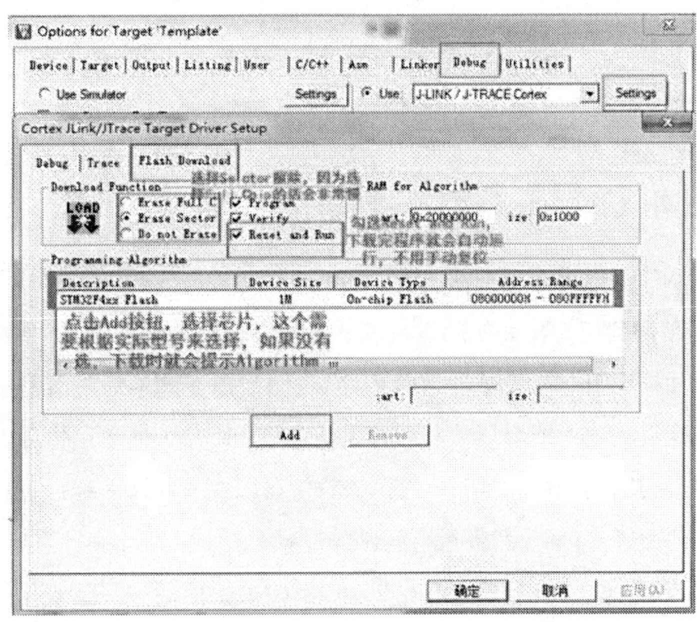


图 1 –29　选择目标板

### 1.3.5　下载程序

如果前面步骤都成功了,接下来就可以把编译好的程序下载到开发板上运行。下载程序不需要其他额外的软件,直接点击 KEIL 中的 LOAD 按钮即可,如图1 –30所示。

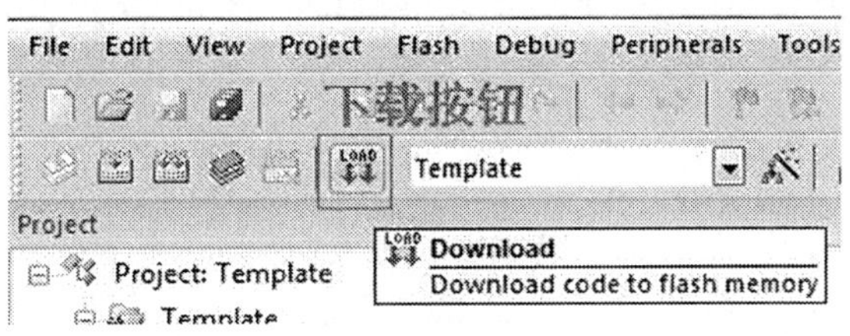


图 1 –30　下载程序

程序下载后,Build Output 选项卡如果打印出 Application running…则表示程序下载成功,如图 1 – 31 所示。如果没有出现实验现象,按复位键试试。

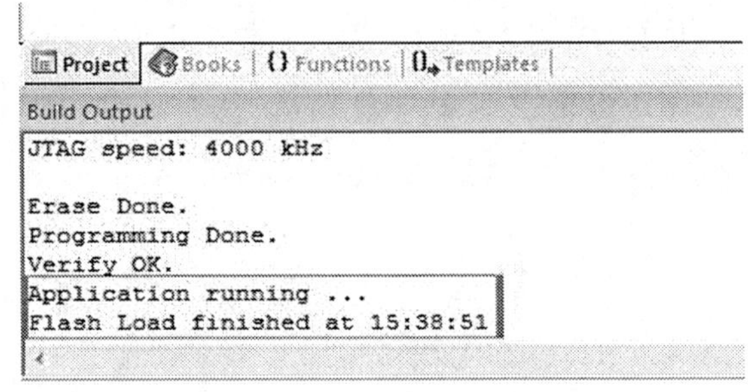


图 1 – 31　程序运行成功

## 1.4　使用 FlyMcu 串口下载程序

STM32 的程序下载有多种方法,比如 USB、串口、JTAG、SWD 等,这几种方式都可以用来给 STM32 下载代码。比如使用下载器下载程序会很快很方便,但是相应的也会带来一些不便。如果用 JLINK 下载器下载程序,我们就需要定期对下载器进行固件重刷的操作。所以这里我们介绍串口下载程序的方法,这种方法最常用也最经济。串口下载程序的方法需要用到 FlyMcu 烧录软件,该软件可以在 www. mcuisp. com 免费下载,下面我们介绍如何通过 FlyMcu 软件进行程序的烧录。

首先把开发板上的 B0 接 V3.3(保持 B1 接 GND),然后按一下复位按键。通过这两个步骤,我们就可以通过串口下载代码了,下载完成之后,如果没有设置从 0X08000000 开始运行,则代码不会立即运行,此时,你还需要把 B0 接回 GND,然后再按一次复位,才会开始运行你刚刚下载的代码。所以整个过程,你得跳动 2 次跳线帽,还得按 2 次复位,比较烦琐。而我们的一键下载电路,则利用串口的 DTR 和 RTS 信号,分别控制 STM32 的复位和 B0,配合上位机软件(FlyMcu),设置 DTR 的低电平复位, RTS 高电平进 BootLoader,这样, B0 和 STM32 的复位完全可以由下载软件自动控制,从而实现一键下载。

然后我们在 USB_232 处插入 USB 线,并接上电脑,如果之前没有安装 CH340 的驱动(如果已经安装过了驱动,则应该能在设备管理器里面看到 USB 串口,如果不能则要先卸载之前的驱动,卸载完后重启电脑,再重新安装我们提供的驱动),则需要安装

CH340 驱动才可以,如图 1 - 32 和图 1 - 33 所示。

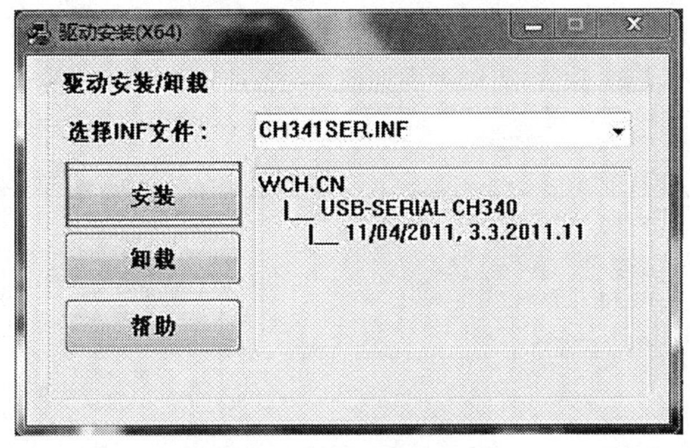


图 1 - 32　安装 CH340 驱动

图 1 - 33　驱动安装成功

在驱动安装成功之后,拔掉 USB 线,然后重新插入电脑,此时电脑就会自动给其安装驱动了。在安装完成之后,可以在电脑设备管理器的端口中找到 USB 串口(如果找不到,则重启下电脑),如图 1 - 34 所示。

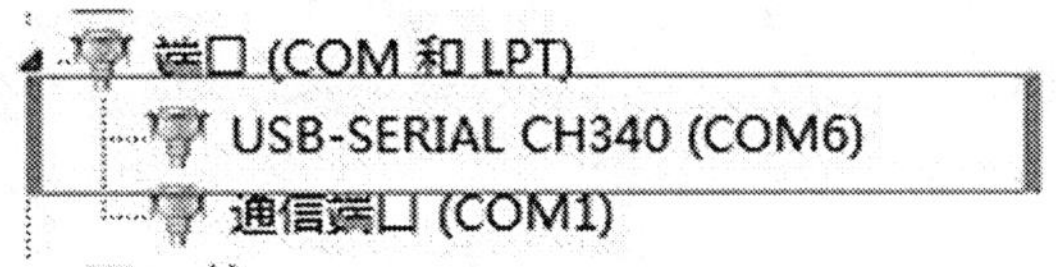


图 1 - 34　USB 串口

在图 1 - 35 中我们可以看到,USB 串口被识别为 COM6,需要注意的是:不同电脑可能不一样,你的可能是 COM4、COM5 等,但是 USB - SERIAL CH340,这个一定是一样的。

如果没找到 USB 串口,则有可能是你安装有误,或者系统不兼容。

在安装了 USB 串口驱动之后,我们就可以通过 FlyMcu 烧录软件开始串口下载程序了。启动 FlyMcu 烧录软件,启动界面如图 1－35 所示。

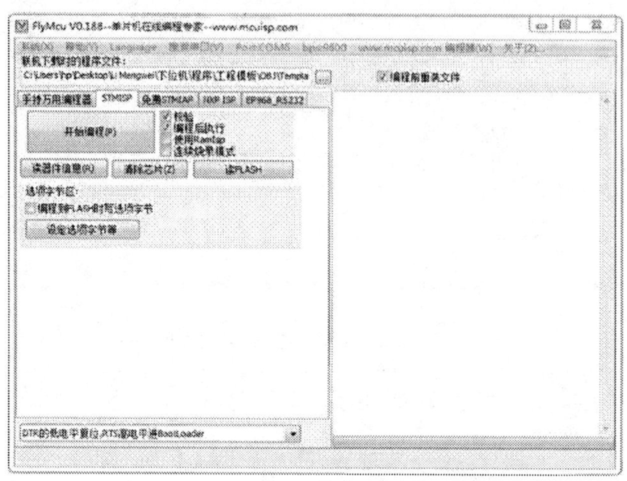

图 1－35　FlyMcu 启动界面

然后选择要下载的 Hex 文件,以前面我们新建的工程为例,因为我们前面在工程建立的时候,就已经设置了生成 Hex 文件,所以编译的时候已经生成了. hex 文件,我们只需要找到这个. hex 文件下载即可。用 FlyMcu 软件打开 OBJ 文件夹,找到 Template. hex,打开并进行相应设置后,如图 1－36 所示。

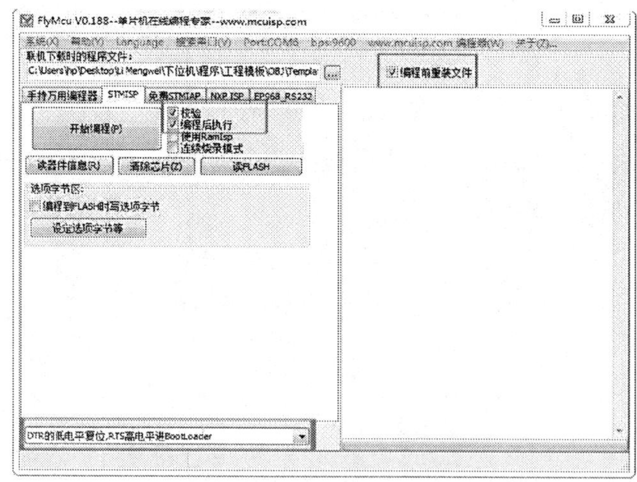

图 1－36　FlyMcu 设置

按上述方式进行设置。编程后执行,这个选项在无一键下载功能的条件下是很有用的,当选中该选项之后,可以在下载完程序之后自动运行代码。否则,还需要按复位键,才能开始运行刚刚下载的代码。编程前重装文件,该选项也比较有用,当选中该选项之后,FlyMcu会在每次编程之前,将Hex文件重新装载一遍,这对于代码调试的时候是比较有用的。特别提醒:不要选择使用RamIsp,否则,可能没法正常下载。最后,我们选择DTR的低电平复位,RTS高电平进BootLoader,这个选项选中后,FlyMcu就会通过DTR和RTS信号来控制板载的一键下载功能电路,以实现一键下载功能。如果不选择,则无法实现一键下载功能。这个是必要的选项(在BOOT0接GND的条件下)。在装载了Hex文件之后,我们要下载代码还需要选择串口,这里FlyMcu有智能串口搜索功能。每次打开FlyMcu软件,软件会自动去搜索当前电脑上可用的串口,然后选中一个作为默认的串口(一般是你最后一次关闭时所选择的串口)。也可以通过点击菜单栏的搜索串口,来实现自动搜索当前可用串口。串口波特率则可以通过bps那里设置,对于STM32,该波特率最大为460800,但是实验中我们应该根据实际情况进行设置,这里我们设置波特率为9600。然后,找到CH340虚拟的串口,如图1-37所示。

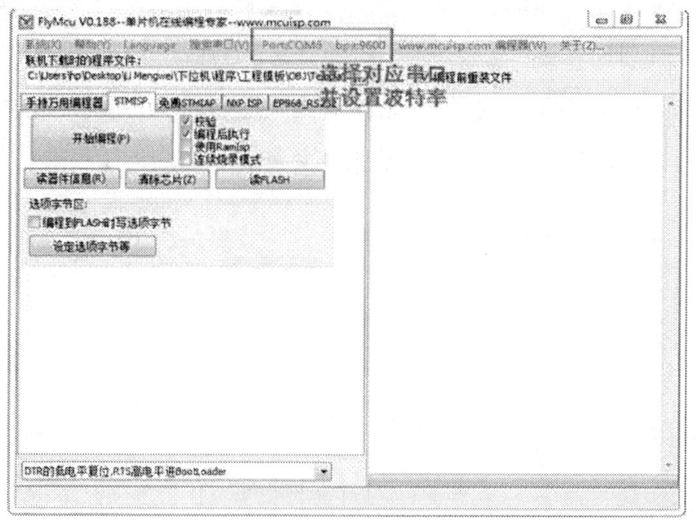


图1-37　CH340虚拟串口

从之前USB串口的安装可知,开发板的USB串口被识别为COM3了(如果你的电脑被识别为其他的串口,则选择相应的串口即可),所以我们选择COM3。选择了相应串口之后,我们就可以通过按下开始编程(P)这个按钮,一键下载代码到STM32上,下载成功后如图1 –38 所示。

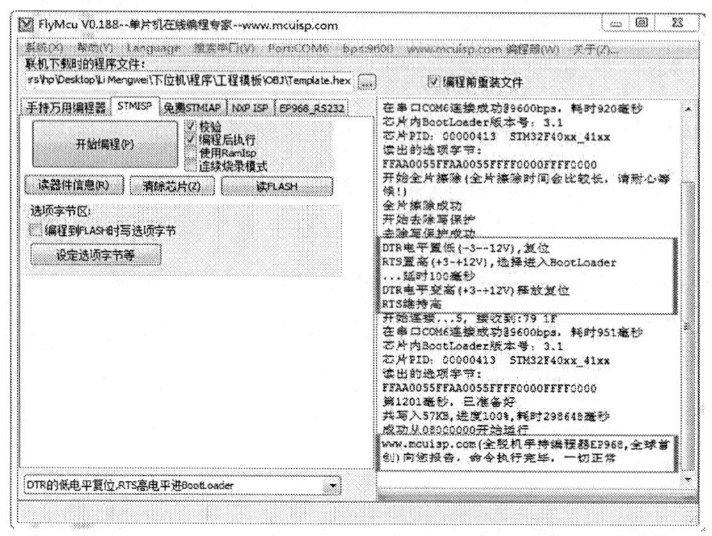


图1 –38 下载完成

图1 –38 中,我们圈出了 FlyMcu 对一键下载电路的控制过程,其实就是控制 DTR 和 RTS 电平的变化,控制 BOOT0 和 RESET,从而实现自动下载。另外,下载成功后,会有“共写入 xxxxKB,耗时 xxxx 毫秒”的提示,并且从 08000000 处开始运行了。此时,我们就可以打开串口调试助手进行测试,如果串口调试助手现实的接收数据与我们的仿真结果是一样的,就说明我们下载成功了,提示也证明了我们的程序是没有问题的。

# 第2章　STM32 嵌入式接口开发

## 2.1　使用寄存器点亮 LED 灯

### 2.1.1　GPIO 简介

GPIO 是通用输入输出端口的简称,简单来说就是 STM32 可控制的引脚,STM32 芯片的 GPIO 引脚与外部设备连接起来,从而实现与外部通信、控制以及数据采集的功能。

STM32 芯片的 GPIO 被分成很多组,每组有 16 个引脚,如型号为 STM32F4IGT6 的芯片有 GPIOA、GPIOB、GPIOC 至 GPIOI,共 9 组 GPIO,芯片一共 176 个引脚,其中 GPIO 就占了一大部分,所有的 GPIO 引脚都有基本的输入输出功能。

最基本的输出功能是由 STM32 控制引脚输出高、低电平,实现开关控制,如把 GPIO 引脚接入 LED 灯,那就可以控制 LED 灯的亮灭,引脚接入继电器或三极管,那就可以通过继电器或三极管控制外部大功率电路的通断。

最基本的输入功能是检测外部输入电平,如把 GPIO 引脚连接到按键,通过电平高低区分按键是否被按下。

### 2.1.2　GPIO 框图剖析

通过如图 2－1 所示 GPIO 硬件结构框图,就可以从整体上深入了解 GPIO 外设及它的各种应用模式。该图从最右端看起,最右端就是代表 STM32 芯片引出的 GPIO 引脚,其余部件都位于芯片内部。

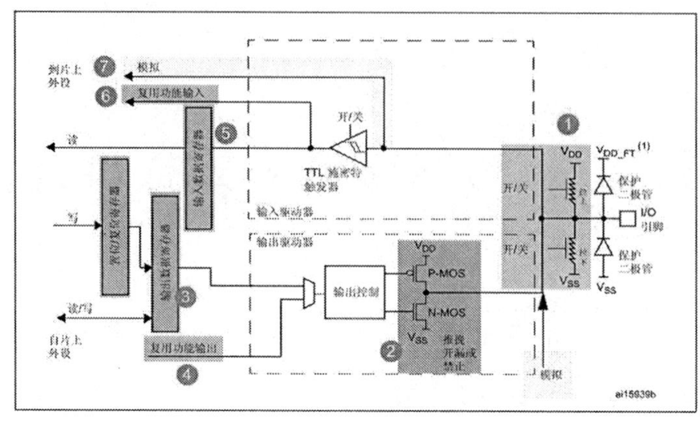


图 2－1　GPIO 硬件结构框图

### 2.1.3　基本结构分析

下面我们按图中的编号对 GPIO 端口的结构部件进行说明。

1. 保护二极管及上、下拉电阻

通过“上拉/下拉寄存器 GPIOx_PUPDR”控制引脚的上、下拉以及浮空模式。

2. P－MOS 管和 N－MOS 管

GPIO 引脚线路经过上、下拉电阻结构后，向上流向“输入模式”结构，向下流向“输出模式”结构。先看输出模式部分，线路经过一个由 P－MOS 和 N－MOS 管组成的单元电路。这个结构使 GPIO 具有了“推挽输出”和“开漏输出”两种模式。

3. 输出数据寄存器

前面提到的双 MOS 管结构电路的输入信号，是由 GPIO“输出数据寄存器 GPIOx_ODR”提供的，因此我们通过修改输出数据寄存器的值就可以修改 GPIO 引脚的输出电平。而“置位/复位寄存器 GPIOx_BSRR”可以通过修改输出数据寄存器的值从而影响电路的输出。

4. 复用功能输出

“复用功能输出”中的“复用”是指 STM32 的其他片上外设对 GPIO 引脚进行控制，此时 GPIO 引脚用作该外设功能的一部分，算是第二用途。从其他外设引出来的“复用功能输出信号”与 GPIO 本身的数据寄存器都连接到双 MOS 管结构的输入中，通过图中的梯形结构作为开关切换选择。

5. 输入数据寄存器

GPIO 结构框图的上半部分是 GPIO 引脚经过上、下拉电阻后引入的，它连接到施密特触发器，信号经过触发器后，模拟信号转化为 0、1 的数字信号，然后存储在“输入数据寄存器 GPIOx_IDR”中，通过读取该寄存器就可以了解 GPIO 引脚的电平状态。

6. 复用功能输入

与“复用功能输出”模式类似，在“复用功能输入”模式时，GPIO 引脚的信号传输到 STM32 其他片上外设，由该外设读取引脚状态。

7. 模拟输入输出

GPIO 引脚用于 ADC 采集电压的输入通道时，用作“模拟输入”功能，此时信号是不经过施密特触发器的，因为经过施密特触发器后信号只有 0、1 两种状态，所以 ADC 外设要采集到原始的模拟信号，信号源输入必须在施密特触发器之前。类似的，当 GPIO 引脚用于 DAC 作为模拟电压输出通道时，此时作为“模拟输出”功能，DAC 的模拟信号输出就不经过双 MOS 管结构了，在 GPIO 结构框图的右下角处，模拟信号直接输出到引脚。同时，当 GPIO 用于模拟功能时(包括输入输出)，引脚的上、下拉电阻是不起作用的，这个时候即使在寄存器配置了上拉或下拉模式，也不会影响到模拟信号的输入输出。

### 2.1.4　GPIO 工作模式

GPIO 的结构决定了 GPIO 可以配置成以下模式。

1. 输入模式(上拉/下拉/浮空)

在输入模式时，施密特触发器打开，输出被禁止。数据寄存器每隔 1 个 AHB1 时钟周期更新一次，可通过输入数据寄存器 GPIOx_IDR 读取 I/O 状态。其中 AHB1 的时钟如按默认配置一般为 180MHz。用于输入模式时，可设置为上拉、下拉或浮空模式。

2. 输出模式(推挽/开漏，上拉/下拉)

此时施密特触发器是打开的，即输入可用，通过输入数据寄存器 GPIOx_IDR 可读取 I/O 的实际状态。用于输出模式时，可使用上拉、下拉模式或浮空模式。但此时由于输出模式时引脚电平会受到 ODR 寄存器影响，而 ODR 寄存器对应引脚的位为 0，即引脚初始化后默认输出低电平，所以在这种情况下，上拉只起到小幅提高输出电流能力，但不会影响引脚的默认状态。

3. 复用功能(推挽/开漏,上拉/下拉)

复用功能模式中,输出使能、输出速度可配置,可工作在开漏及推挽模式,但是输出信号源于其他外设,输出数据寄存器 GPIOx_ODR 无效;输入可用,通过输入数据寄存器可获取 I/O 实际状态,但一般直接用外设的寄存器来获取该数据信号。

用于复用功能时,可使用上拉、下拉模式或浮空模式。同输出模式,在这种情况下,初始化后引脚默认输出低电平,上拉只起到小幅提高输出电流能力,但不会影响引脚的默认状态。

4. 模拟输入输出

模拟输入输出模式中,双 MOS 管结构被关闭,施密特触发器停用,上/下拉也被禁止。其他外设通过模拟通道进行输入输出。

### 2.1.5 使用寄存器点亮 LED 灯

本小节中,我们以实例讲解如何通过控制寄存器来点亮 LED 灯。先了解原理,学习完本小节后,再尝试自己建立一个同样的工程。本节实例建立名称为“GPIO 输出——寄存器点亮 LED 灯”,在工程目录下找到后缀为“. uvprojx”的文件,用 KEIL5 打开即可。

打开该工程,如图 2 -2 所示,可看到一共有 3 个文件,分别为 startup_stm32f429_439xx. s、stm32f4xx. h 以及 main. c,下面我们对这 3 个工程进行讲解。

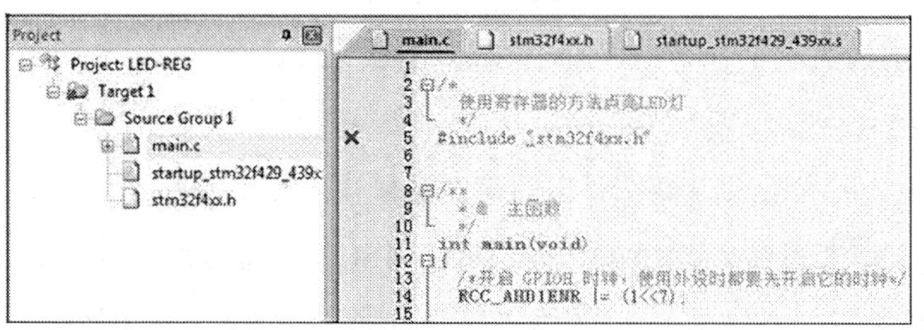


图 2 -2　工程文件结构

1. 硬件设计

在本实例中,STM32 芯片与 LED 灯的连接如图 2 -3 所示。

图中从 3 个 LED 灯的阳极引出连接到 3.3V 电源,阴极各经过 1 个电阻引入 STM32 的 3 个 GPIO 引脚 PH10、PH11、PH12 中,所以我们只要控制这 3 个引脚输出高低电平,即可控制其所连接 LED 灯的亮灭。如果你的实验板 STM32 连接到 LED 灯的引脚或极

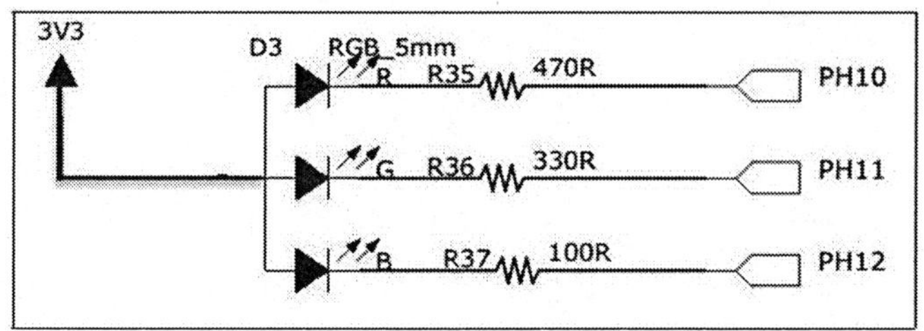


图 2-3　LED 灯电路连接图

性不一样,只需要修改程序到对应的 GPIO 引脚即可,工作原理都是一样的。我们的目标是把 GPIO 的引脚设置成推挽输出模式并且默认下拉,输出低电平,这样就能让 LED 灯亮起来了。

2. 启动文件

名为“startup_stm32f429_439xx. s”的文件,它里边使用汇编语言写好了基本程序,当 STM32 芯片上电启动的时候,首先会执行这里的汇编程序,从而建立起 C 语言的运行环境,所以我们把这个文件称为启动文件。该文件使用的汇编指令是 Cortex-M4 内核支持的指令,可从《Cortex-M4 Technical Reference Manual》查到,也可参考《Cortex-M3 权威指南中文》,M3 跟 M4 大部分汇编指令相同。

startup_stm32f429_439xx. s 文件是由官方提供的,一般有需要也是在官方的基础上修改,不会自己完全重写。该文件可以从 KEIL5 安装目录中找到,也可以从 ST 库里面找到,找到该文件后把启动文件添加到工程里面即可。不同型号的芯片以及不同编译环境下使用的汇编文件是不一样的,但功能相同。

对于启动文件这部分我们主要总结它的功能,不详细讲解里面的代码,其功能如下:

(1) 初始化堆栈指针 SP;

(2) 初始化程序计数器指针 PC;

(3) 设置堆、栈的大小;

(4) 设置中断向量表的入口地址;

(5) 配置外部 SRAM 作为数据存储器(这个由用户配置,一般的开发板可没有外部 SRAM);

(6) 调用 SystemInit() 函数配置 STM32 的系统时钟;

(7) 设置 C 库的分支入口"__ main"(最终用来调用 main 函数)。

在启动文件中有一段复位后立即执行的程序:

```
;Reset handler
Reset_HandlerPROC
    EXPORT    Reset_Handler    [WEAK]
          IMPORT    SystemInit
          IMPORT    __main
                  LDR  R0, =SystemInit
                  BLX  R0
                  LDR  R0, =__main
                  BX   R0
                  ENDP
```

在实际工程中阅读时,可使用编辑器的搜索(Ctrl + F)功能查找这段代码在文件中的位置。开头的是程序注释,在汇编里面注释用的是";",相当于 C 语言的"//"注释符。

第二行是定义了一个子程序:Reset_Handler。PROC 是子程序定义伪指令。这里就相当于 C 语言里定义了一个函数,函数名为 Reset_Handler。

第三行 EXPORT 表示 Reset_Handler 这个子程序可供其他模块调用,相当于 C 语言的函数声明。关键字【WEAK】表示弱定义,如果编译器发现在别处定义了同名的函数,则在链接时用别处的地址进行链接;如果其他地方没有定义,编译器也不报错,以此处地址进行链接;如果不理解 WEAK,那就忽略它好了。

第四行和第五行 IMPORT 说明 SystemInit 和__ main这两个标号在其他文件里,在链接的时候需要到其他文件里去寻找。相当于在 C 语言中,从其他文件引入函数声明,以便下面对外部函数进行调用。

SystemInit 需要由我们自己实现,即我们要编写一个具有该名称的函数,用来初始化 STM32 芯片的时钟,一般包括初始化 AHB、APB 等各总线的时钟,需要经过一系列的配置 STM32 才能达到稳定运行的状态。

__ main其实不是我们定义的(不要与 C 语言中的 main 函数混淆),当编译器编译时,只要遇到这个标号就会定义这个函数,该函数的主要功能是:负责初始化栈、堆,配置系统环境,准备好 C 语言并在最后跳转到用户自定义的 main 函数,从此来到 C 的世界。

第六行把 SystemInit 的地址加载到寄存器 R0。

第七行程序跳转到 R0 中的地址执行程序，即执行 SystemInit 函数的内容。

第八行把__main 的地址加载到寄存器 R0。

第九行程序跳转到 R0 中的地址执行程序，即执行__main 函数，执行完毕之后就到我们熟知的 C 世界，进入 main 函数。第十行表示子程序的结束。

总之，通过这段代码，了解到如下内容：我们需要在外部定义一个 SystemInit 函数设置 STM32 的时钟；STM32 上电后，会执行 SystemInit 函数，最后执行我们 C 语言中的 main 函数。

3. stm32f4xx. h 文件

由于连接 LED 灯的 GPIO 引脚是要通过读写寄存器来控制的，并且可以通过指针操作访问寄存器，所以看完启动文件后，要根据 STM32 的存储分配先定义好各个寄存器的地址，把这些地址定义都统一写在 stm32f4xx. h 文件中，外设地址定义如下代码：

```
#define PERIPH_BASE     ((unsigned int)0x40000000)
#define AHB1PERIPH_BASE    (PERIPH_BASE + 0x00020000)
#define GPIOH_BASE      (AHB1PERIPH_BASE + 0x1C00)
#define GPIOH_MODER *(unsigned      int*)(GPIOH_BASE+0x00)
#define GPIOH_OTYPER *(unsigned      int*)(GPIOH_BASE+0x04)
#define GPIOH_OSPEEDR      *(unsigned      int*)(GPIOH_BASE+0x08)
#define GPIOH_PUPDR  *(unsigned      int*)(GPIOH_BASE+0x0C)
#define GPIOH_IDR *(unsigned      int*)(GPIOH_BASE+0x10)
#define GPIOH_ODR      *(unsigned      int*)(GPIOH_BASE+0x14)
#define GPIOH_BSRR     *(unsigned      int*)(GPIOH_BASE+0x18)
#define GPIOH_LCKR     *(unsigned      int*)(GPIOH_BASE+0x1C)
#define GPIOH_AFRL     *(unsigned      int*)(GPIOH_BASE+0x20)
#define GPIOH_AFRH     *(unsigned      int*)(GPIOH_BASE+0x24)
#define RCC_BASE  (AHB1PERIPH_BASE + 0x3800)
#define RCC_AHB1ENR  *(unsigned int*)(RCC_BASE+0x30)
```

首先定义的是片上外设基地址、总线基地址和 GPIO 外设基地址，这里将 GPIO 的地址值直接强制转换成了指针，方便使用。代码的最后两行是 RCC 外设寄存器的地址定义，RCC 外设是用来设置时钟的，使用 GPIO 外设时必须开启其对应的时钟。

4．main 文件

现在可以开始编写程序了，在 main 文件中先编写一个 main 函数，里面什么都没有，暂时为空。

```
int main (void)
{
}
```

此时直接编译的话，会出现如下错误：

“Error：L6218E：Undefined symbol SystemInit（referred from startup_stm32f429_439xx. o）”

错误提示 SystemInit 没有定义。从分析启动文件时我们知道，Reset_Handler 调用了该函数用来初始化 SMT32 系统时钟，为了简单起见，我们在 main 文件里面定义一个 SystemInit 空函数，什么也不做，为的是骗过编译器，把这个错误去掉。关于配置系统时钟我们在后面再写。当我们不配置系统时钟时，STM32 芯片会自动按系统内部的默认时钟运行，程序还是能运行的。我们在 main 函数中添加 SystemInit 函数：

```
void SystemInit(void)
{
}
```

函数为空，目的是为了骗过编译器不报错，这时再编译就不会出现上述错误了。当然，还有一个方法就是在启动文件中把有关 SystemInit 的代码注释掉：

```
; Reset handler
Reset_Handler          PROC
               EXPORT    Reset_Handler      [WEAK]
               ;IMPORT   SystemInit
               IMPORT    __main
               ;LDR      R0, =SystemInit
               ;BLX      R0
               LDRR0, =__main
               BXR0
```

接下来在 main 函数中添加代码，对寄存器进行控制。

（1）GPIO 模式。

首先我们把连接到 LED 灯的 PH10 引脚配置成输出模式，即配置 GPIO 的 MODER 寄存器，如图 2－4 所示：

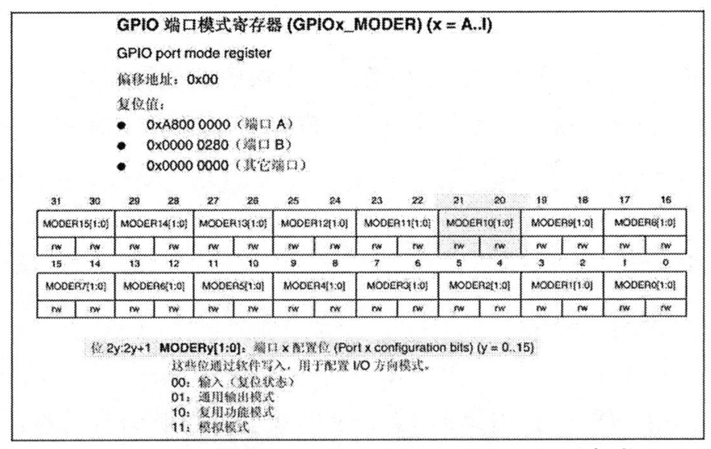

**GPIO 端口模式寄存器 (GPIOx_MODER) (x = A..I)**

GPIO port mode register

偏移地址：0x00

复位值：

- 0xA800 0000（端口 A）
- 0x0000 0280（端口 B）
- 0x0000 0000（其它端口）

| 31 | 30 | 29 | 28 | 27 | 26 | 25 | 24 | 23 | 22 | 21 | 20 | 19 | 18 | 17 | 16 |
|---|---|---|---|---|---|---|---|---|---|---|---|---|---|---|---|
| MODER15[1:0] | | MODER14[1:0] | | MODER13[1:0] | | MODER12[1:0] | | MODER11[1:0] | | MODER10[1:0] | | MODER9[1:0] | | MODER8[1:0] | |
| rw | rw | rw | rw | rw | rw | rw | rw | rw | rw | rw | rw | rw | rw | rw | rw |

| 15 | 14 | 13 | 12 | 11 | 10 | 9 | 8 | 7 | 6 | 5 | 4 | 3 | 2 | 1 | 0 |
|---|---|---|---|---|---|---|---|---|---|---|---|---|---|---|---|
| MODER7[1:0] | | MODER6[1:0] | | MODER5[1:0] | | MODER4[1:0] | | MODER3[1:0] | | MODER2[1:0] | | MODER1[1:0] | | MODER0[1:0] | |
| rw | rw | rw | rw | rw | rw | rw | rw | rw | rw | rw | rw | rw | rw | rw | rw |

位 2y:2y+1 **MODERy[1:0]**：端口 x 配置位 (Port x configuration bits) (y = 0..15)

这些位通过软件写入，用于配置 I/O 方向模式。

00：输入（复位状态）

01：通用输出模式

10：复用功能模式

11：模拟模式

图 2－4　MODER 寄存器说明（摘自《STM32F4xx 参考手册》）

MODER 中包含 0－15 号引脚，每个引脚占用 2 个寄存器位，这 2 个寄存器位设置成“01”时即为 GPIO 的输出模式：

```
GPIOH_MODER &= ~( 0x03<< (2*10));
GPIOH_MODER |= (1<<2*10);
```

在代码中，我们先把 GPIOH MODER 寄存器的 MODER10 对应位清 0，然后再向它赋值“01”，从而使 GPIOH10 引脚设置成输出模式。代码中使用了“& = ~”、“ = ”这种复杂位操作方法是为了避免影响到寄存器中的其他位，因为寄存器不能按位读写，假如我们直接给 MODER 寄存器赋值：

```
GPIOH_MODER  =  0x00100000;
```

这时 MODER10 的 2 个位被设置成“01”输出模式，但其他 GPIO 引脚就有问题了，因为其他引脚的 MODER 位都已被设置成输入模式。

（2）输出类型。

GPIO 输出有推挽和开漏两种类型，我们了解到开漏类型不能直接输出高电平，要输出高电平还要在芯片外部接上拉电阻，这不符合我们的硬件设计，所以我们直接使用推挽模式。

```
GPIOH_OTYPER &= ~(1<<1*10);
GPIOH_OTYPER |= (0<<1*10);
```

配置 OTYPER 寄存中的 OTYPER10 寄存器位，该位设置为 0 时 PH10 引脚即为推挽模式。

（3）输出速度。

GPIO 引脚的输出速度是引脚支持高低电平切换的最高频率，本实验可以随便设置。此处我们配置 OSPEEDR 寄存器中的寄存器位 OSPEEDR10 即可控制 PH10 的输出速度：

```
GPIOH_OSPEEDR &= ~(0x03<<2*10);
GPIOH_OSPEEDR |= (0<<2*10);
```

配置 PH10 的输出速率为 2MHz。

（4）上/下拉模式。

GPIO 引脚用于输入时，引脚的上/下拉模式可以控制引脚的默认状态。但现在我们 GPIO 引脚用于输出，引脚受 ODR 寄存器影响，ODR 寄存器对应引脚位初始化后默认值为 0，引脚输出低电平，所以这时我们配置上/下拉模式都不会影响引脚电平状态。

```
GPIOH_PUPDR &= ~(0x03<<2*10);
GPIOH_PUPDR |= (1<<2*10);
```

上拉模式能够小幅提高电流输出能力，因此我们配置它为上拉模式，即配置 PUPDR 寄存器 PUPDR10 位，设置为二进制值“01”。

（5）控制引脚输出电平。

在输出模式时，对 BSRR 寄存器和 ODR 寄存器写入参数即可控制引脚的电平状态。

```
GPIOH_BSRR |= (1<<16<<10);
GPIOH_BSRR |= (1<<10);
```

此处我们使用 BSRR 寄存器控制，对相应的 BR10 位设置为 1 时，PH10 即为低电平，点亮 LED 灯；对它的 BS10 位设置为 1 时，PH10 即为高电平，关闭 LED 灯。

（6）开启外设时钟。

设置完 GPIO 的引脚，控制电平输出之后，必须开启相应的时钟，才能点亮 LED 灯。为了降低功耗，每个外设都对应着一个时钟，在芯片刚上电的时候这些时钟都是被关闭的，如果想要外设工作，必须把相应的时钟打开。STM32 所有外设的时钟由一个专门的外设来管理，叫 RCC(reset and clock control)。

```
RCC_AHB1ENR |= (1<<7);
```

所有的 GPIO 都挂载到 AHB1 总线上，所以它们的时钟由 AHB1 外设时钟使能寄存器(RCC_AHB1ENR)来控制，其中 GPIOH 端口的时钟由该寄存器的第 7 位写入 1 来使能，开启 GPIOH 端口时钟。

开启时钟，配置引脚模式，控制电平，经过这三步，我们总算可以控制一个 LED 灯了。下面是我们用 STM32 控制一个 LED 灯的部分代码。

```
#include "stm32f4xx.h"

int main(void)
{
      RCC_AHB1ENR |= (1<<7);
      GPIOH_MODER    &= ~( 0x03<< (2*10));
      GPIOH_MODER |= (1<<2*10);
      GPIOH_OTYPER &= ~(1<<1*10);
      GPIOH_OTYPER |= (0<<1*10);
      GPIOH_OSPEEDR &= ~(0x03<<2*10);
      GPIOH_OSPEEDR |= (0<<2*10);
      GPIOH_PUPDR &= ~(0x03<<2*10);
      GPIOH_PUPDR |= (1<<2*10);
      GPIOH_BSRR |= (1<<16<<10);
      while (1);
}

void SystemInit(void)
{
}
```

在本节中，要求完全理解 stm32f4xx. h 文件及 main 文件的内容。

5. 下载验证

把编译好的程序下载到开发板并复位，可看到板子上的 LED 灯被点亮。

## 2.2 GPIO 输出——使用固件库点亮 LED 灯

LED 灯的控制使用到 GPIO 外设的基本输出功能,本节中不再赘述 GPIO 外设的概念。

### 2.2.1 硬件设计

本实例中开发板连接了一个 RGB 彩灯及一个普通 LED 灯,RGB 彩灯实际上由三盏分别为红色、绿色、蓝色的 LED 灯组成,通过控制 RGB 颜色强度的组合,可以混合出各种色彩。

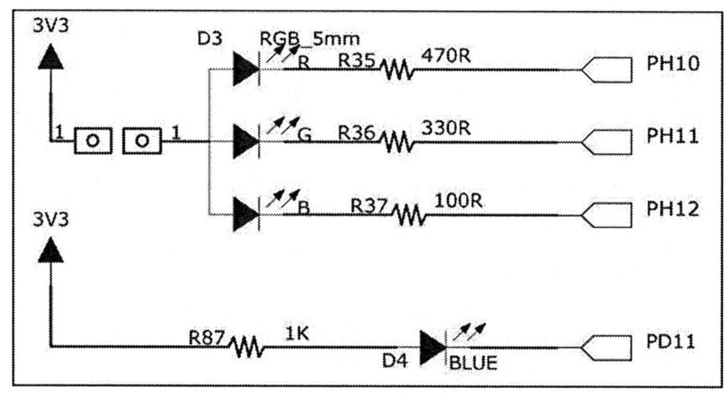


图 2-5 LED 硬件原理图

这些 LED 灯的阴极都是连接到 STM32 的 GPIO 引脚,只要我们控制 GPIO 引脚的电平输出状态,即可控制 LED 灯的亮灭。如图 2-5 所示,图中左上方,其中彩灯的阳极连接到的一个电路图符号"▢▢",它表示引出排针,即此处本身断开,须通过跳线帽连接排针,把电源跟彩灯的阳极连起来,实验时需注意。若你使用的实验板 LED 灯的连接方式或引脚不一样,只需根据我们的工程修改引脚即可,程序的控制原理相同。

### 2.2.2 软件设计

为了使工程更加有条理,我们把 LED 灯控制相关的代码独立分开存储,方便以后移植。在"工程模板"之上新建"bsp_led. c"及"bsp_led. h"文件,其中的"bsp"是 Board Support Packet 的缩写(板级支持包),这些文件也可根据你的喜好命名,这些文件不属于 STM32 标准库的内容,是根据个人应用需求编写的。

1. 编程要点

(1) 使能 GPIO 端口时钟;

(2) 初始化 GPIO 目标引脚为推挽输出模式;

(3) 编写简单测试程序,控制 GPIO 引脚输出高、低电平。

2. 部分代码分析

(1) LED 灯引脚宏定义。

在编写应用程序的过程中,要考虑更改硬件环境的情况,例如 LED 灯的控制引脚与当前的不一样,我们希望程序只需要做最小的修改即可在新的环境中正常运行。这个时候一般把硬件相关的部分使用宏来封装,若更改了硬件环境,只修改这些硬件相关的宏即可,这些定义一般存储在头文件中,即本例子中的"bsp_led.h"文件中,LED 灯控制引脚相关的宏:

```
#define   LED1_PIN            GPIO_Pin_10
#define   LED1_GPIO_PORT   GPIOH
#define   LED1_GPIO_CLK       RCC_AHB1Periph_GPIOH

#define   LED2_PIN            GPIO_Pin_11
#define   LED2_GPIO_PORT   GPIOH
#define   LED2_GPIO_CLK       RCC_AHB1Periph_GPIOH

#define   LED3_PIN            GPIO_Pin_12
#define   LED3_GPIO_PORT   GPIOH
#define   LED3_GPIO_CLK       RCC_AHB1Periph_GPIOH

#define   LED4_PIN            GPIO_Pin_11
#define   LED4_GPIO_PORT   GPIOD
#define   LED4_GPIO_CLK    RCC_AHB1Periph_GPIOD
```

以上代码分别把控制四盏 LED 灯的 GPIO 端口、GPIO 引脚号以及 GPIO 端口时钟封装起来了。在实际控制的时候我们就直接用这些宏,以达到与应用代码硬件无关的效果。其中的 GPIO 时钟宏"RCC_AHB1Periph_GPIOH"和"RCC_AHB1Periph_GPIOD"是 STM32 标准库定义的 GPIO 端口时钟相关的宏,它的作用与"GPIO_Pin_x"这类宏类似,是用于指示寄存器位的,方便库函数使用。它们分别指示 GPIOH、GPIOD 的时钟,下面初始化 GPIO 时钟的时候可以看到它的用法。

（2）控制 LED 灯亮灭状态的宏定义。

为了方便控制 LED 灯，我们把 LED 灯常用的亮灭及状态反转的控制也直接定义成宏：

```
#define digitalHi(p,i)          {p->BSRRL=i;}
#define digitalLo(p,i)          {p->BSRRH=i;}
#define digitalToggle(p,i)   {p->ODR ^=i;}

#define LED1_TOGGLE       digitalToggle(LED1_GPIO_PORT,LED1_PIN)
#define LED1_OFF          digitalHi(LED1_GPIO_PORT,LED1_PIN)
#define LED1_ON               digitalLo(LED1_GPIO_PORT,LED1_PIN)

#define LED2_TOGGLE      digitalToggle(LED2_GPIO_PORT,LED2_PIN)
#define LED2_OFF         digitalHi(LED2_GPIO_PORT,LED2_PIN)
#define LED2_ON              digitalLo(LED2_GPIO_PORT,LED2_PIN)

#define LED3_TOGGLE      digitalToggle(LED3_GPIO_PORT,LED3_PIN)
#define LED3_OFF         digitalHi(LED3_GPIO_PORT,LED3_PIN)
#define LED3_ON              digitalLo(LED3_GPIO_PORT,LED3_PIN)

#define LED4_TOGGLE        digitalToggle(LED4_GPIO_PORT,LED4_PIN)
#define LED4_OFF         digitalHi(LED4_GPIO_PORT,LED4_PIN)
#define LED4_ON              digitalLo(LED4_GPIO_PORT,LED4_PIN)

#define LED_RED \
LED1_ON;\
LED2_OFF;\
LED3_OFF

#define LED_GREEN\
LED1_OFF;\
LED2_ON;\
LED3_OFF

#define LED_BLUE\
```

```
LED1_OFF;\
LED2_OFF;\
LED3_ON

#define LED_YELLOW \
LED1_ON;\
LED2_ON;\
LED3_OFF
```

这部分宏控制 LED 灯亮灭的操作是直接向 BSRR 寄存器写入控制指令来实现的,对 BSRRL 写 1 输出高电平,对 BSRRH 写 1 输出低电平,对 ODR 寄存器某位进行异或操作可反转该位的状态。RGB 彩灯可以实现混色,如最后一段代码我们控制红灯和绿灯亮而蓝灯灭,可混出黄色效果。如果使用 PWM 进行全彩混色,效果会更好。

代码中的“\”是 C 语言中的续行符语法,表示续行符的下一行与续行符所在的代码是同一行。代码中因为宏定义关键字“#define”只是对当前行之有效,所以我们使用续行符来连接,以下的代码是等效的:

```
#define    LED_YELLOW  LED1_ON; LED2_ON; LED3_OFF
```

应用续行符的时候要注意,在“\”后面不能有任何字符(包括注释、空格),只能直接回车。

(3) LED GPIO 初始化函数。

利用上面的宏,编写 LED 灯的初始化函数:

```
void LED_GPIO_Config(void)
{
    GPIO_InitTypeDef GPIO_InitStructure;
    RCC_AHB1PeriphClockCmd ( LED1_GPIO_CLK|
    LED2_GPIO_CLK|
    LED3_GPIO_CLK|
    LED4_GPIO_CLK,
    ENABLE);

    GPIO_InitStructure.GPIO_Pin = LED1_PIN;
```

```
        GPIO_InitStructure.GPIO_Mode = GPIO_Mode_OUT;
        GPIO_InitStructure.GPIO_OType = GPIO_OType_PP;
        GPIO_InitStructure.GPIO_PuPd = GPIO_PuPd_UP;
        GPIO_InitStructure.GPIO_Speed = GPIO_Speed_2MHz;
        GPIO_Init(LED1_GPIO_PORT, &GPIO_InitStructure);

        GPIO_InitStructure.GPIO_Pin = LED2_PIN;
        GPIO_Init(LED2_GPIO_PORT, &GPIO_InitStructure);

        GPIO_InitStructure.GPIO_Pin = LED3_PIN;
        GPIO_Init(LED3_GPIO_PORT, &GPIO_InitStructure);
        GPIO_InitStructure.GPIO_Pin = LED4_PIN;
        GPIO_Init(LED4_GPIO_PORT, &GPIO_InitStructure);

        LED_RGBOFF;
        LED4(ON);
    }
```

整个函数硬件相关的部分使用宏来代替，初始化 GPIO 端口时钟时也采用了 STM32 库函数，函数执行流程如下：使用 GPIO_InitTypeDef 定义 GPIO 初始化结构体变量，以便下面用于存储 GPIO 配置。调用库函数 RCC_AHB1PeriphClockCmd 来使能 LED 灯的 GPIO 端口时钟，在前面的章节中我们是直接向 RCC 寄存器赋值来使能时钟的，不如这样直观。该函数有 2 个输入参数，第一个参数用于指示要配置的时钟，如本例中的“RCC_AHB1Periph_GPIOH”和“RCC_AHB1Periph_GPIOD”，应用时我们使用“|”操作同时配置 4 个 LED 灯的时钟；函数的第二个参数用于设置状态，可输入“Disable”关闭或“Enable”使能时钟。

向 GPIO 初始化结构体赋值，把引脚初始化成推挽输出模式，其中的 GPIO_Pin 使用宏“LEDx_PIN”来赋值，使函数的实现方便移植。使用以上初始化结构体的配置，调用 GPIO_Init 函数向寄存器写入参数，完成 GPIO 的初始化，这里的 GPIO 端口使用“LEDx_GPIO_PORT”宏来赋值，也是为了程序移植方便。使用同样的初始化结构体，只修改控制的引脚和端口，初始化其他 LED 灯使用的 GPIO 引脚。使用宏控制 RGB 灯默认关闭，LED4 指示灯默认开启。

（4）主函数。

编写完 LED 灯的控制函数后，就可以在 main 函数中测试了，main 文件如下所示：

```
#include "stm32f4xx.h"
#include "./led/bsp_led.h"

void Delay(__IO u32 nCount);
int main(void)
{
      LED_GPIO_Config();
      while (1) {
      LED1( ON );
      Delay(0xFFFFFF);

      LED1( OFF );
      LED2( ON );
      Delay(0xFFFFFF);

      LED2( OFF );
      LED3( ON );
      Delay(0xFFFFFF);

      LED3( OFF );
      LED4( ON );
      Delay(0xFFFFFF);

      LED4( OFF );
      LED_RED;
      Delay(0xFFFFFF);

      LED_GREEN;
      Delay(0xFFFFFF);
```

```
        LED_BLUE;
        Delay(0xFFFFFF);

        LED_YELLOW;
        Delay(0xFFFFFF);

        LED_PURPLE;
        Delay(0xFFFFFF);

        LED_CYAN;
        Delay(0xFFFFFF);
        LED_WHITE;
        Delay(0xFFFFFF);

        LED_RGBOFF;
        Delay(0xFFFFFF);
        }
}

void Delay(__IO uint32_t nCount)
{
        for (; nCount != 0; nCount--);
}
```

main 函数中,调用我们前面定义的 LED_GPIO_Config 初始化好 LED 灯的控制引脚,然后直接调用各种控制 LED 灯亮灭的宏来实现 LED 灯的控制。Delay 函数是增添的一个简单的延时函数。以上,就是一个使用 STM32 标准软件库开发应用的流程。

3. 下载验证

把编译好的程序下载到开发板并复位,可看到 RGB 彩灯轮流显示不同的颜色。利用库建立好的工程模板,就可以方便地使用 STM32 标准库编写应用程序了,我们开始迈入 STM32 开发的大门。

## 2.3　GPIO 输入——按键检测

按键检测使用到 GPIO 外设的基本输入功能，本节中不再赘述 GPIO 外设的概念。

### 2.3.1　硬件设计

按键机械触点断开、闭合时，由于触点的弹性作用，按键开关不会马上稳定接通或一下子断开，使用按键时会产生图 2－6 中的带波纹信号，需要用软件消抖处理滤波，不方便输入检测。本实验板连接的按键带硬件消抖功能，如图 2－7 所示，它利用电容充放电的延时，消除了波纹，从而简化软件的处理，软件只需要直接检测引脚的电平即可。

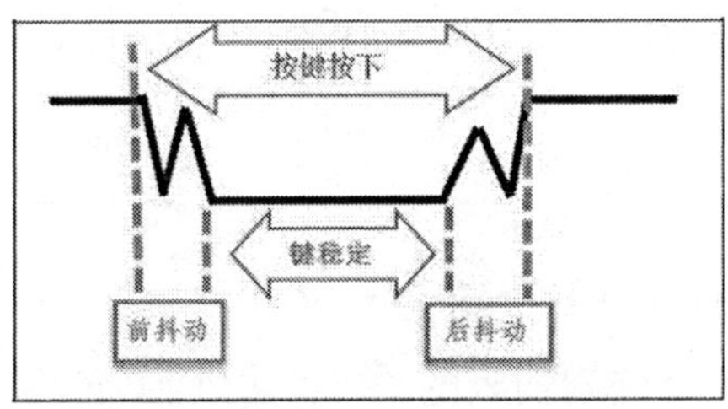


图 2－6　按键抖动说明图

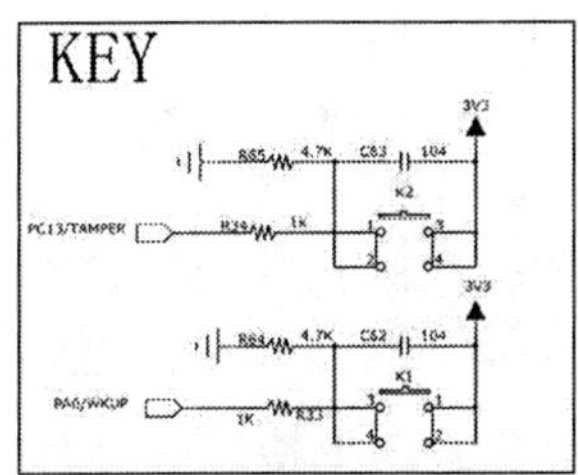


图 2－7　按键原理图

从按键的原理图可知，这些按键在没有被按下的时候，GPIO 引脚的输入状态为低电平（按键所在的电路不通，引脚接地），当按键按下时，GPIO 引脚的输入状态为高电平（按键所在的电路导通，引脚接到电源）。只要我们检测引脚的输入电平，即可判断按键是否被按下。

若你使用的实验板按键的连接方式或引脚不一样，只需根据我们的工程修改引脚即可，程序的控制原理相同。

### 2.3.2　软件设计

同 LED 的工程一样，为了使工程更加有条理，我们把按键相关的代码独立分开存储，方便以后移植。在“工程模板”之上新建“bsp_key. c”及“bsp_key. h”文件，这些文件也可根据你的喜好命名，这些文件不属于 STM32 标准库的内容，是由我们自己根据个人应用需求编写的。

1. 编程要点

(1) 使能 GPIO 端口时钟;

(2) 初始化 GPIO 目标引脚为输入模式(引脚默认电平受按键电路影响,浮空/上拉/下拉均没有区别);

(3) 编写简单测试程序,检测按键的状态,实现按键控制 LED 灯。

2. 部分代码分析

(1) 按键引脚宏定义。

同样,在编写按键驱动时,也要考虑更改硬件环境的情况。我们把按键检测引脚相关的宏定义到"bsp_key. h"文件中:

```
#define    KEY1_PIN             GPIO_Pin_0
#define    KEY1_GPIO_PORT  GPIOA
#define    KEY1_GPIO_CLK           RCC_AHB1Periph_GPIOA

#define    KEY2_PIN             GPIO_Pin_13
#define    KEY2_GPIO_PORT  GPIOC
#define    KEY2_GPIO_CLK           RCC_AHB1Periph_GPIOC
```

以上代码根据按键的硬件连接,把检测按键输入的 GPIO 端口、GPIO 引脚号以及 GPIO 端口时钟封装起来了。

(2) 按键 GPIO 初始化函数。

利用上面的宏,编写按键的初始化函数:

```
void Key_GPIO_Config(void)
{
    GPIO_InitTypeDef GPIO_InitStructure;
    RCC_AHB1PeriphClockCmd(KEY1_GPIO_CLK|KEY2_GPIO_CLK,ENABLE);

    GPIO_InitStructure.GPIO_Pin = KEY1_PIN;
    GPIO_InitStructure.GPIO_Mode = GPIO_Mode_IN;
    GPIO_InitStructure.GPIO_PuPd = GPIO_PuPd_NOPULL;
    GPIO_Init(KEY1_GPIO_PORT, &GPIO_InitStructure);

    GPIO_InitStructure.GPIO_Pin = KEY2_PIN;
    GPIO_Init(KEY2_GPIO_PORT, &GPIO_InitStructure);
}
```

同为 GPIO 的初始化函数,初始化的流程与"LED GPIO 初始化函数"章节中的类似,主要区别是引脚的模式。函数执行流程如下:

1）使用 GPIO_InitTypeDef 定义 GPIO 初始化结构体变量,以便下面用于存储 GPIO 配置。

2）调用库函数 RCC_AHB1PeriphClockCmd 来使能按键的 GPIO 端口时钟,调用时我们使用"|"操作同时配置 2 个按键的时钟。

3）向 GPIO 初始化结构体赋值,把引脚初始化成浮空输入模式,其中的 GPIO_Pin 使用宏"KEYx_PIN"来赋值,使函数的实现方便移植。由于引脚的默认电平受按键电路影响,所以设置成"浮空/上拉/下拉"模式均没有区别。

4）使用以上初始化结构体的配置,调用 GPIO_Init 函数向寄存器写入参数,完成 GPIO 的初始化,这里的 GPIO 端口使用"KEYx_GPIO_PORT"宏来赋值,也是为了程序移植方便。

5)使用同样的初始化结构体,只修改控制的引脚和端口,初始化其他按键检测时使用的 GPIO 引脚。

（3）检测按键的状态。

初始化按键后,就可以通过检测对应引脚的电平来判断按键状态了:

```
#define KEY_ON      1
#define KEY_OFF    0

uint8_t Key_Scan(GPIO_TypeDef* GPIOx,uint16_t GPIO_Pin)
{
        if (GPIO_ReadInputDataBit(GPIOx,GPIO_Pin) == KEY_ON )
        {
                while (GPIO_ReadInputDataBit(GPIOx,GPIO_Pin) == KEY_ON);
                return    KEY_ON;
        }
        else
            return    KEY_OFF;
}
```

在这里我们定义了一个 Key_Scan 函数用于扫描按键状态。GPIO 引脚的输入电平可通过读取 IDR 寄存器对应的数据位来感知,而 STM32 标准库提供了库函数

GPIO_ReadInputDataBit 来获取位状态，该函数输入 GPIO 端口及引脚号，函数返回该引脚的电平状态，高电平返回 1，低电平返回 0。Key_Scan 函数中以 GPIO_ReadInputDataBit 的返回值与自定义的宏"KEY_ON"对比，这里设置按键按下为高电平，若检测到按键按下，则使用 while 循环持续检测按键状态，直到按键释放，按键释放后，Key_Scan 函数返回一个"KEY_ON"值；若没有检测到按键按下，则函数直接返回"KEY_OFF"。若按键的硬件没有做消抖处理，需要在这个 Key_Scan 函数中做软件滤波，防止波纹抖动引起误触发。

（4）主函数。

接下来我们使用主函数编写按键检测流程：

```
int main(void)
{
      LED_GPIO_Config();
      Key_GPIO_Config();
      while (1) {
      if ( Key_Scan(KEY1_GPIO_PORT,KEY1_PIN) == KEY_ON)
      {
            LED1_TOGGLE;
      }
      if ( Key_Scan(KEY2_GPIO_PORT,KEY2_PIN) == KEY_ON)
      {
            LED2_TOGGLE;
      }
   }
}
```

代码中初始化 LED 灯及按键后，在 while 函数里不断调用 Key_Scan 函数，并判断其返回值，若返回值表示按键按下，则反转 LED 灯的状态。

3. 下载验证

把编译好的程序下载到开发板并复位，按下按键可以控制 LED 灯亮灭状态。

## 2.4 USART——串口通信

串口通信（Serial Communication）是一种设备间非常常用的串行通信方式，因为它简单便捷,大部分电子设备都支持该通信方式。

### 2.4.1 STM32的USART简介

STM32芯片具有多个USART外设用于串口通信,它是Universal Synchronous Asynchronous Receiver and Transmitter的缩写,即通用同步异步收发器可以灵活地与外部设备进行全双工数据交换。有别于USART,它还具有UART外设(Universal Asynchronous Receiver and Transmitter),它是在USART基础上裁剪掉了同步通信功能,只有异步通信。简单区分同步和异步就是看通信时需不需要对外提供时钟输出,我们平时用的串口通信基本都是UART。

USART满足外部设备对工业标准NRZ异步串行数据格式的要求,并且使用了小数波特率发生器,可以提供多种波特率,使得它的应用更加广泛。USART支持同步单向通信和半双工单线通信,还支持局域互联网络LIN、智能卡(SmartCard)协议与lrDA(红外线数据协会)SIR ENDEC规范。USART支持使用DMA,可实现高速数据通信。

USART在STM32应用最多莫过于“打印”程序信息,一般在硬件设计时都会预留一个USART通信接口连接电脑,用于在调试程序时可以把一些调试信息“打印”在电脑端的串口调试助手工具上,从而了解程序运行是否正确、指出运行出错位置等等。

STM32的USART输出的是TTL电平信号,若需要RS-232标准的信号可使用MAX3232芯片进行转换。

### 2.4.2 USART1接发通信实验

USART只需两根信号线即可完成双向通信,对硬件要求低,使得很多模块都预留USART接口来实现与其他模块或者控制器进行数据传输,比如GSM模块、WIFI模块、蓝牙模块等。在硬件设计时,注意还需要一根“共地线”。

我们经常使用USART来实现控制器与电脑之间的数据传输。这使得我们调试程序非常方便,比如我们可以把一些变量的值、函数的返回值、寄存器标志位等通过USART发送到串口调试助手,这样我们可以非常清楚程序的运行状态,当我们正式发布程序时再把这些调试信息去除即可。

我们不仅仅可以将数据发送到串口调试助手,还可以在串口调试助手发送数据给控制器,控制器程序根据接收到的数据进行下一步工作。

首先,我们来编写一个程序实现开发板与电脑通信,在开发板上电时通过USART发送一串字符串给电脑,然后开发板进入中断接收等待状态,如果电脑有发送数据过来,开发板就会产生中断,我们在中断服务函数接收数据,并马上把数据返回发送给电脑。

1. 硬件设计

为利用USART实现开发板与电脑通信,需要用到一个USB转USART的IC,我们选择CH340G芯片来实现这个功能,CH340G是一个USB总线的转接芯片,实现USB转USART、USB转IrDA红外或者USB转打印机接口,我们使用其USB转USART功能。具体电路设计如图2-8所示。

我们将CH340G的TXD引脚与USART1的RX引脚连接,CH340G的RXD引脚与USART1的TX引脚连接。CH340G芯片集成在开发板上,其地线(GND)已与控制器的GND连通。

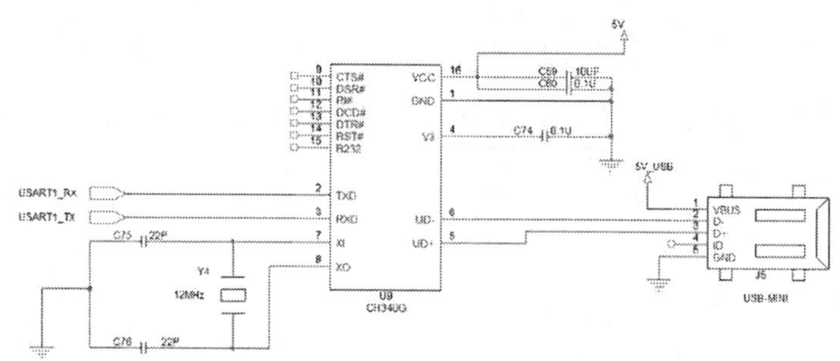

图2-8　USB转串口硬件设计

2. 软件设计

这里只讲解核心的部分代码,有些变量的设置、头文件的包含等并没有涉及。我们创建了两个文件:bsp_debug_usart.c和bsp_debug_usart.h,用来存放USART驱动程序及相关宏定义。软件编程要点包括:

(1) 使能RX和TX引脚GPIO时钟和USART时钟;

(2) 初始化GPIO,并将GPIO复用到USART上;

(3) 配置USART参数;

(4) 配置中断控制器并使能USART接收中断;

（5）使能 USART；

（6）在 USART 接收中断服务函数实现数据接收和发送。

主函数如下：

```
int main(void)
{
    Debug_USART_Config();
    Usart_SendString( DEBUG_USART,"这是一个串口中断接收回显实验\n");
    while (1)
    {
    }
}
```

首先我们需要调用 Debug_USART_Config 函数完成 USART 初始化配置，包括 GPIO 配置、USART 配置、接收中断使用等信息。接下来就可以调用字符发送函数，把数据发送给串口调试助手。最后主函数什么都不做，只是静静地等待 USART 接收中断的产生，并在中断服务函数把数据回传。

3. 下载验证

保证开发板相关硬件连接正确，用 USB 线连接开发板“USB TO UART”接口跟电脑，在电脑端打开串口调试助手，把编译好的程序下载到开发板，此时串口调试助手即可收到开发板发过来的数据。我们在串口调试助手发送区域输入任意字符，点击发送按钮，马上在串口调试助手接收区即可看到相同的字符。具体实验现象如图 2－9 所示。

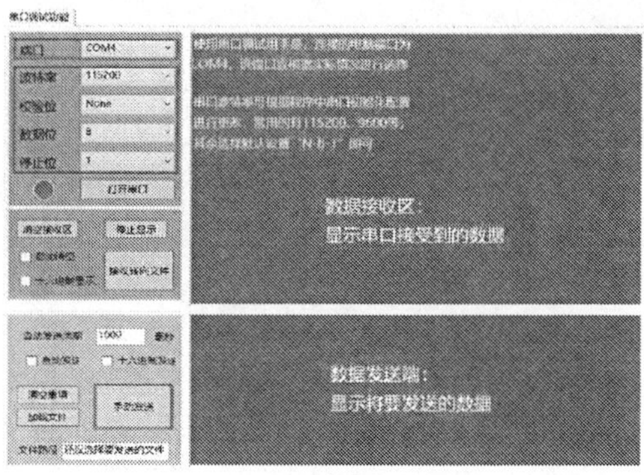


图 2－9 实验现象

## 2.5 USART1 指令控制 RGB 彩灯实验

在学习 C 语言时我们经常使用 C 语言标准函数库输入输出函数，比如 printf、scanf、getchar 等。为让开发板也支持这些函数，需要把 USART 发送和接收函数添加到这些函数的内部函数内。

正如之前所讲，可以在串口调试助手输入指令，让开发板根据这些指令执行一些任务，现在我们编写程序接收 USART 数据，根据数据内容控制 RGB 彩灯的颜色。

### 2.5.1 硬件设计

硬件设计同 2.3 节实验。

### 2.5.2 软件设计

这里只讲解核心的部分代码，有些变量的设置、头文件的包含等并没有涉及，完整的代码请参考本章配套的工程。我们创建了两个文件：bsp _usart. c 和 bsp _usart. h，用来存放 USART 驱动程序及相关宏定义。

1. 编程要点

(1) 初始化配置 RGB 彩色灯 GPIO；

(2) 使能 RX 和 TX 引脚 GPIO 时钟和 USART 时钟；

(3) 初始化 GPIO，并将 GPIO 复用到 USART 上；

(4) 配置 USART 参数；

(5) 使能 USART；

(6) 获取指令输入，根据指令控制 RGB 彩色灯。

2. 部分代码分析

```
int main(void)
{
        char ch;
        LED_GPIO_Config();
        USARTx_Config();
        Show_Message();
        while (1)
```

```
{
        ch=getchar();
        printf("接收到字符：%c\n",ch);
        switch (ch)
        {
          case '1':
          LED_RED;
          break;

          case '2':
          LED_GREEN;
          break;

          case '3':
          LED_BLUE;
          break;

          case '4':
          LED_YELLOW;
          break;

          case '5':
          LED_PURPLE;
          break;

          case '6':
          LED_CYAN;
          break;

          case '7':
          LED_WHITE;
          break;
          case '8':
          LED_RGBOFF;
```

```
                break;

                default:
                Show_Message();
                break;
            }
        }
    }
```

首先我们定义一个字符变量来存放接收到的字符。接下来调用 LED_GPIO_Config 函数完成 RGB 彩色 GPIO 初始化配置，该函数定义在 bsp_led. c 文件内。调用 USARTx_Config 函数完成 USART 初始化配置。Show_Message 函数使用 printf 函数打印实验指令说明信息。getchar 函数用于等待获取一个字符，并返回字符。我们使用 ch 变量保持返回的字符，接下来判断 ch 内容执行对应的程序。我们使用 switch 语句判断 ch 变量内容，并执行对应的功能程序。

3. 下载验证

保证开发板相关硬件连接正确，用 USB 线连接开发板“USB TO UART”接口跟电脑，在电脑端打开串口调试助手，把编译好的程序下载到开发板，此时串口调试助手即可收到开发板发过来的数据。我们在串口调试助手发送区域输入一个特定字符，点击发送按钮，RGB 彩色灯状态随之改变。

## 2.6 全彩 LED 灯

### 2.6.1 全彩 LED 灯简介

全彩 LED 灯，实质上是一种把红、绿、蓝单色发光体集成到小面积区域中的 LED 灯，控制时对这三种颜色的灯管输出不同的光照强度，即可混合得到不同的颜色，其混色原理与光的三原色混合原理一致。例如，若红、绿、蓝灯都能控制输出光照强度为[0:255]种等级，那么该灯可混合得到使用 RGB888 表示的所有颜色（包括以 RGB 三个灯管都全灭所表示的纯黑色）。

### 2.6.2 全彩 LED 灯控制原理

前面介绍 LED 灯基本控制原理的时候，只能控制 RGB 三色灯的亮灭，即 RGB

每盏灯有[0:1]两种等级,因此只能组合出 8 种颜色。要使用 STM32 控制 LED 灯输出多种亮度等级,可以通过控制输出脉冲的占空比来实现,如图 2-10 所示。

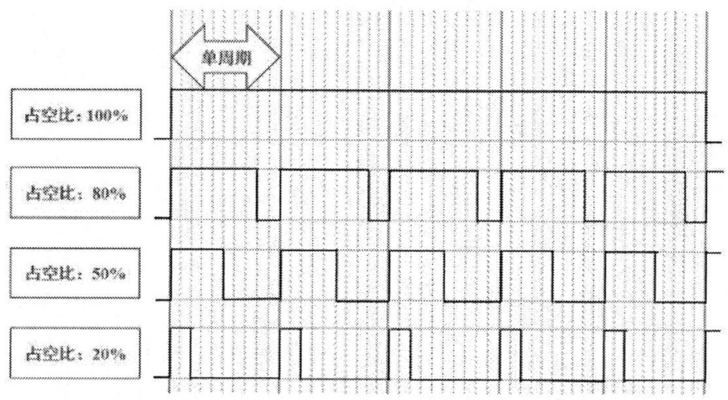


图 2-10　不同占空比的 PWM

图 2-10 中列出了周期相同而占空比分别为 100%、80%、50% 和 20% 的脉冲波形,假如利用这样的脉冲控制 LED 灯,即可控制 LED 灯亮灭时间长度的比例。若提高脉冲的频率,LED 灯将会高频率进行开关切换,由于视觉暂留效应,人眼看不到 LED 灯的开关导致的闪烁现象,而是感觉到使用不同占空比的脉冲控制 LED 灯时的亮度差别。即单个控制周期内,LED 灯亮的平均时间越长,亮度就越高,反之越暗。

把脉冲信号占空比分成 256 个等级,即可用于控制 LED 灯输出 256 种亮度,使用三种这样的信号控制 RGB 灯即可得到 256 * 256 * 256 种颜色混合的效果。而要控制占空比,直接使用 STM32 定时器的 PWM 功能即可。

### 2.6.3　硬件设计

本小节的实验工程目录为:固件库例程/TIM——全彩 LED 灯。本实验中使用的 RGB 灯硬件与前面 LED 灯章节中的完全相同,如图 2-11 所示,这是一个 RGB 灯,里面由红、蓝、绿三个小灯构成,使用 PWM 控制时可以混合成 256 种不同的颜色。本实验与 LED 灯小节的主要差异是软件中的控制方式。

本开发板中设计的 RGB 灯控制引脚是经过仔细选择的,因为本实验的软件将使用 STM32 的定时器控制 PWM 脉冲的占空比,然而并不是任意 GPIO 都具有 STM32 定时器的输出通道功能,所以在设计硬件时,需要根据《STM32 数据手册》

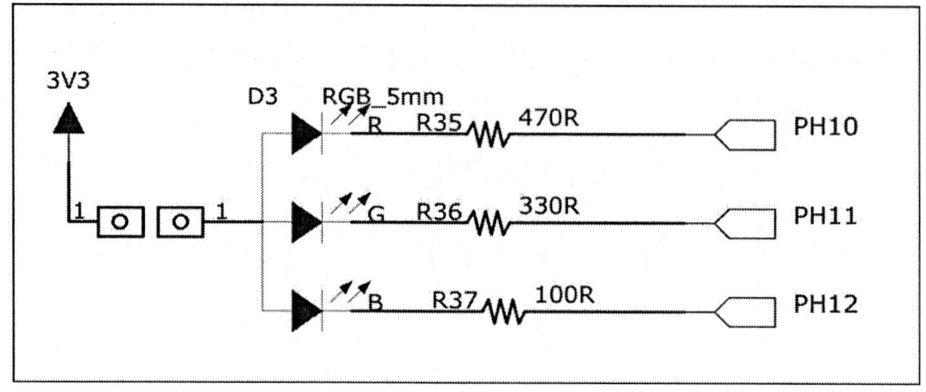


图 2－11　RGB 硬件原理图

中的说明，选择具有定时器输出通道功能的引脚来控制 RGB 灯，如表 2－1 所示。

**表 2－1　《STM32 数据手册》中本设计使用的 RGB 引脚说明**

| Pin number | | | | | | | | Pin name (function after reset) | Pin type | I/O structure | Notes | Alternate functions | Additional functions |
|---|---|---|---|---|---|---|---|---|---|---|---|---|---|
| LQFP100 | LQFP144 | UFBGA169 | UFBGA176 | LQFP176 | WLCSP143 | LQFP208 | TFBGA216 | | | | | | |
| - | - | N11 | L13 | 87 | - | 100 | P15 | PH10 | I/O | FT | | TIM5_CH1, FMC_D18, DCMI_D1, LCD_R4, EVENTOUT | |
| - | - | M11 | L12 | 88 | - | 101 | N15 | PH11 | I/O | FT | | TIM5_CH2, FMC_D19, DCMI_D2, LCD_R5, EVENTOUT | |
| - | - | L11 | K12 | 89 | - | 102 | M15 | PH12 | I/O | FT | | TIM5_CH3, FMC_D20, DCMI_D3, LCD_R6, EVENTOUT | |

本实验中的 RGB 灯使用阴极分别连接到了 PH10、PH11 及 PH12,它们分别对应定时器 TIM5 的通道 1、2、3。在本硬件设计方案中三个引脚使用了不同的定时器,它会给设计程序时带来不便,若是在硬件资源分配充足的情况下,建议这三个控制引脚使用同一个定时器的不同通道。

### 2.6.4 软件设计

本实例中关于 RGB 灯控制的代码都存储在“bsp_color_led. c”及“bsp_ color_led. h”文件里。

1. 编程要点

(1) 初始化 RGB 灯使用的 GPIO;

(2) 配置定时器输出 PWM 脉冲;

(3) 编写修改 PWM 脉冲占空比大小的函数;

(4) 测试配置的定时器脉冲控制周期是否会导致 LED 灯明显闪烁。

2. 部分代码分析

(1) LED 灯硬件相关宏定义。

为方便迁移代码适应其他硬件设计,实验中把硬件相关的部分使用宏定义到 bsp_color_led. h 文件中:

```
#define    COLOR_TIM                                  TIM5
#define    COLOR_TIM_CLK                          RCC_APB1Periph_TIM5
#define    COLOR_TIM_APBxClock_FUN                RCC_APB1PeriphClockCmd
#define    COLOR_TIM_GPIO_CLK                     RCC_AHB1Periph_GPIOH

#define    COLOR_RED_PIN                              GPIO_Pin_10
#define    COLOR_RED_GPIO_PORT                        GPIOH
#define    COLOR_RED_PINSOURCE                        GPIO_PinSource10
#define    COLOR_RED_AF                               GPIO_AF_TIM5
#define    COLOR_RED_TIM_OCxInit                      TIM_OC1Init
#define    COLOR_RED_TIM_OCxPreloadConfig         TIM_OC1PreloadConfig
```

通道比较寄存器,以 TIMx - > CCRx 方式可访问该寄存器,设置新的比较值,控制占空比。宏封装后,使用这种形式:COLOR_TIMx - > COLOR_RED_CCRx ,可访问该通道的比较寄存器。

```
#define  COLOR_RED_CCRx                        CCR1
#define  COLOR_GREEN_PIN                       GPIO_Pin_11
#define  COLOR_GREEN_GPIO_PORT                 GPIOH
#define  COLOR_GREEN_PINSOURCE                 GPIO_PinSource11
#define  COLOR_GREEN_AF                        GPIO_AF_TIM5
#define  COLOR_GREEN_TIM_OCxInit               TIM_OC2Init
#define  COLOR_GREEN_TIM_OCxPreloadConfig      TIM_OC2PreloadConfig
```

通道比较寄存器,以 TIMx - > CCRx 方式可访问该寄存器,设置新的比较值,控制占空比。宏封装后,使用这种形式:COLOR_TIMx - > COLOR_GREEN_CCRx,可访问该通道的比较寄存器。

```
#define  COLOR_GREEN_CCRx                      CCR2
#define  COLOR_BLUE_PIN                        GPIO_Pin_12
#define  COLOR_BLUE_GPIO_PORT                  GPIOH
#define  COLOR_BLUE_PINSOURCE                  GPIO_PinSource12
#define  COLOR_BLUE_AF                         GPIO_AF_TIM5
#define  COLOR_BLUE_TIM_OCxInit                TIM_OC3Init
#define  COLOR_BLUE_TIM_OCxPreloadConfig       TIM_OC3PreloadConfig
```

通道比较寄存器,以 TIMx - > CCRx 方式可访问该寄存器,设置新的比较值,控制占空比。宏封装后,使用这种形式:COLOR_TIMx - > COLOR_BLUE_CCRx ,可访问该通道的比较寄存器。

```
#define  COLOR_BLUE_CCRx                       CCR3
```

当使用不同硬件设计时,只需要修改 bsp_color_led. h 文件即可。这些宏定义非常丰富,包括使用的定时器编号 COLOR_xxx_TIMx 和定时器时钟使能库函数 COLOR_xxx_TIM_APBxClock_FUN。控制各个 LED 灯时,每个颜色占用一个通道,这些与通道相关的部分也使用宏封装起来了,如:端口号 COLOR_xxx_TIM_LED_PORT、引脚号 COLOR_xxx_TIM_LED_PIN、通道初始化库函数 COLOR_xxx_TIM_OCxInit、通道重载配置库函数 COLOR_xxx_TIM_OCxPreloadConfig 以及通道对应的比较寄存器名 COLOR_xxx_CCRx。宏中的 xxx 指 RED、GREEN 和 BLUE 三种颜色。

由于部分操作使用宏封装后不够直观,此处着重强调一下与通道相关的寄存器宏。为方便修改定时器某通道输出脉冲的占空比,初始化定时器后,可以直接使用形如"TIM5 - > CCR1 = 0xFFFFFF"的代码修改定时器 TIM5 通道 1 的比较寄存器中的数值,使用本工程中的宏封装后,形式改为“COLOR_RED_TIMx －＞COLOR_RED_CCRx＝0xFFFFFF”。

（2）初始化 GPIO。

首先,初始化用于定时器输出通道的 GPIO：

```
static void TIMx_GPIO_Config(void)
{
    GPIO_InitTypeDef GPIO_InitStructure;
    RCC_AHB1PeriphClockCmd ( COLOR_TIM_GPIO_CLK, ENABLE);

    GPIO_PinAFConfig(COLOR_RED_GPIO_PORT,COLOR_RED_PINSOURCE,COLOR_RED_AF);
    GPIO_PinAFConfig(COLOR_GREEN_GPIO_PORT,COLOR_GREEN_PINSOURCE,COLOR_GR
EEN_AF);
    GPIO_PinAFConfig(COLOR_BLUE_GPIO_PORT,COLOR_BLUE_PINSOURCE,COLOR_BLUE_
AF);

    GPIO_InitStructure.GPIO_Pin = COLOR_RED_PIN;
    GPIO_InitStructure.GPIO_Mode = GPIO_Mode_AF;
    GPIO_InitStructure.GPIO_OType = GPIO_OType_PP;
    GPIO_InitStructure.GPIO_PuPd = GPIO_PuPd_NOPULL;
    GPIO_InitStructure.GPIO_Speed = GPIO_Speed_100MHz;
    GPIO_Init(COLOR_RED_GPIO_PORT, &GPIO_InitStructure);

    GPIO_InitStructure.GPIO_Pin = COLOR_GREEN_PIN;
    GPIO_Init(COLOR_GREEN_GPIO_PORT, &GPIO_InitStructure);

    GPIO_InitStructure.GPIO_Pin = COLOR_BLUE_PIN;
    GPIO_Init(COLOR_BLUE_GPIO_PORT, &GPIO_InitStructure);
}
```

LED 灯的基本控制不同,由于本实验直接使用定时器输出通道的脉冲信号控制 LED 灯,所以这里将 GPIO 相关的引脚都配置成了复用推挽输出模式,后面将使用定时器控制引脚进行 PWM 输出。

(3)定时器 PWM 配置。

配置定时器输出 PWM 的工作模式：

```
static void TIM_Mode_Config(void)
{
    TIM_TimeBaseInitTypeDef    TIM_TimeBaseStructure;
    TIM_OCInitTypeDef    TIM_OCInitStructure;
    COLOR_TIM_APBxClock_FUN(COLOR_TIM_CLK, ENABLE);

    TIM_TimeBaseStructure.TIM_Period = 256-1;
    TIM_TimeBaseStructure.TIM_Prescaler = ((SystemCoreClock/2)/1000000)*30-1;
    TIM_TimeBaseStructure.TIM_ClockDivision = TIM_CKD_DIV1 ;
    TIM_TimeBaseStructure.TIM_CounterMode = TIM_CounterMode_Up;
    TIM_TimeBaseInit(COLOR_TIM, &TIM_TimeBaseStructure);

    TIM_OCInitStructure.TIM_OCMode = TIM_OCMode_PWM1;
    TIM_OCInitStructure.TIM_OutputState = TIM_OutputState_Enable;
    TIM_OCInitStructure.TIM_OCPolarity = TIM_OCPolarity_Low;
    COLOR_RED_TIM_OCxInit(COLOR_TIM, &TIM_OCInitStructure);
    COLOR_RED_TIM_OCxPreloadConfig(COLOR_TIM, TIM_OCPreload_Enable);

    COLOR_GREEN_TIM_OCxInit(COLOR_TIM, &TIM_OCInitStructure);
    COLOR_GREEN_TIM_OCxPreloadConfig(COLOR_TIM, TIM_OCPreload_Enable);

    COLOR_BLUE_TIM_OCxInit(COLOR_TIM, &TIM_OCInitStructure);
    COLOR_BLUE_TIM_OCxPreloadConfig(COLOR_TIM, TIM_OCPreload_Enable);
    TIM_ARRPreloadConfig(COLOR_TIM, ENABLE);
    TIM_Cmd(COLOR_TIM, ENABLE);
}
```

本配置初始化了控制 RGB 灯用的定时器，它被配置为向上计数，TIM_Period 被配置为 255，即定时器每个时钟周期计数器加 1，计数至 255 时溢出，从 0 开始重新计数；当计数器的值小于输出比较寄存器 CCRx 的值时，PWM 通道输出低电平，点亮 LED 灯。上述代码配置把输出脉冲的单个周期分成了 256 份(注意区分定时器的时钟周期和输出脉冲周期)，输出比较寄存器 CCRx 配置的值即是该脉冲周期内 LED 灯点亮的时间份数，所以修改 CCRx 的值，即可控制输出[0:255]种亮度等级。

关于定时器中的 TIM_Prescaler 分频配置，定时器时钟源 TIMxCLK = 2 *

PCLK1,而 PCLK1 = HCLK / 4,TIMxCLK = HCLK / 2 = SystemCoreClock /2,所以定时器频率为

$$= TIMxCLK/(TIM\_Prescaler + 1)$$

$$= (SystemCoreClock /2)/((SystemCoreClock/2)/1000000) * 30$$

$$= 1000000/30 = 1/30MHz$$

基本定时器配置 TIM_Prescaler 根据效果来设置即可,中断周期小,灯闪烁快;中断周期大则闪烁缓慢。因此,只要让它设置使得 PWM 控制脉冲的频率足够高,让人看不出 LED 灯闪烁即可,你可以亲自修改使用其他参数测试。

(4) 颜色混合。

初始化完定时器和 PWM 输出通道后,再编写用于设置混合颜色的函数:

```
#define   COLOR_RED_CCRx        CCR1
#define   COLOR_GREEN_CCRx      CCR2
#define   COLOR_BLUE_CCRx       CCR3

void SetRGBColor(uint32_t rgb)
{
      COLOR_TIM->COLOR_RED_CCRx = (uint8_t)(rgb>>16);
      COLOR_TIM->COLOR_GREEN_CCRx = (uint8_t)(rgb>>8);
      COLOR_TIM->COLOR_BLUE_CCRx = (uint8_t)rgb;
}

void SetColorValue(uint8_t r,uint8_t g,uint8_t b)
{
      COLOR_TIM->COLOR_RED_CCRx = r;
      COLOR_TIM->COLOR_GREEN_CCRx = g;
      COLOR_TIM->COLOR_BLUE_CCRx = b;
}
```

本工程提供 SetRGBColor 和 SetColorValue 这两个函数用于设置 RGB 灯的颜色值,这两个函数功能和原理都一样,只是输入参数格式不同,方便使用不同格式的颜色值。

在代码层面,控制 RGB 灯的颜色实质就是控制各个 PWM 通道输出脉冲的占

空比，而占空比可以通过设置定时器相应通道的输出比较寄存器值修改，又因为定时器已经把单个控制脉冲周期分成[0:255]份，控制时只要把 RGB888 各通道的颜色值直接赋予输出比较寄存器即可。

(5) 主函数。

```
int main(void)
{
    uint32_t random_color = 0;

    ColorLED_Config();
    Debug_USART_Config();
    RCC_AHB2PeriphClockCmd(RCC_AHB2Periph_RNG, ENABLE);
    RNG_Cmd(ENABLE);
    printf("\r\n 欢迎使用秉火   STM32 F429  开发板。\r\n");
    printf("\r\n 全彩  LED  灯例程\r\n");
    printf("\r\n 使用  PWM  控制  RGB  灯，可控制输出各种颜色\r\n ");
    while (1) {
      SetRGBColor(COLOR_YELLOW);
      Delay(0xFFFFFF);
      while (RNG_GetFlagStatus(RNG_FLAG_DRDY)== RESET);
      random_color = RNG_GetRandomNumber();
      printf("\r\n 随机颜色值：0x%06x",random_color&0xFFFFFF);
      SetRGBColor(random_color&0xFFFFFF);
      Delay(0x2FFFFFF);
    }
}
```

main 函数中直接调用了 ColorLED_Config 函数，而该函数内部又直接调用了前面讲解的 GPIO 和 PWM 配置函数：TIMx_GPIO_Config 和 TIM_Mode_Config。初始化完定时器后，又初始化了 STM32F4 芯片的随机数发生器外设 RNG，使用它产生随机数，然后调用 SetRGBColor 和 SetColorValue 把 RGB 灯切换成该随机颜色。实际应用中也可以根据自己的实际需要向函数设置 RGB565 的颜色值。

3. 下载验证

编译并下载本程序到开发板，给开发板上电复位，可看到 RGB 彩灯显示不同的色彩。

# 2.7　呼吸灯与 SPWM 波

学习本节需要以全彩 LED 灯小节为基础。

## 2.7.1　呼吸灯简介

呼吸灯是指灯光设备的亮度随着时间由暗到亮逐渐增强，再由亮到暗逐渐衰减，很有节奏感地一起一伏，就像是在呼吸一样，因而被广泛应用于手机、电脑等电子设备的指示灯中，冰冷的电子设备应用呼吸灯后，顿时增添了几分温暖。

## 2.7.2　呼吸灯与 PWM 控制原理

呼吸的特性是一种类似图 2－12 中的指数曲线过程，吸气是指数上升过程，呼气是指数下降过程，成年人吸气呼气整个过程持续约 3 秒。

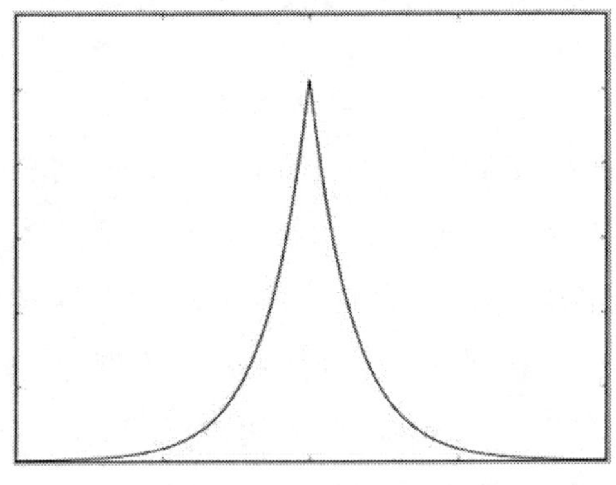

图 2－12　指数曲线

要控制 LED 灯达到呼吸灯的效果，实际上就是要控制 LED 灯的亮度拟合呼吸特性曲线。前面控制全彩 LED 灯时，通过控制脉冲的占空比来调整各个通道 LED 灯的亮度，从而达到混色的效果。若控制脉冲的占空比在 3 秒的时间周期内按呼吸特性曲线变化，那么就可以实现呼吸灯的效果了。

这种使用脉冲占空比拟合不同波形的方式称为 PWM（脉冲宽度调制）控制技术——通过对一系列脉冲的宽度进行调制，来等效地获得所需要波形（含形状和幅值）。PWM 控制的基本原理为：冲量相等而开头不同的窄脉冲加在具有惯性的环节上时，其效果基本相同。其中冲量指窄脉冲的面积；效果相同指环节输出响应波形基本相同。

例如：可以用一系列等幅不等宽的脉冲来代替一个正弦半波，如图 2－13 所示。把正弦半波 N 等分,可看成 N 个彼此相连的脉冲序列,宽度相等,但幅值不等;用矩形脉冲代替,各个矩形脉冲等幅,不等宽,中点重合,脉冲宽度按正弦规律变化,脉冲的总面积(冲量)与正弦半波相等。

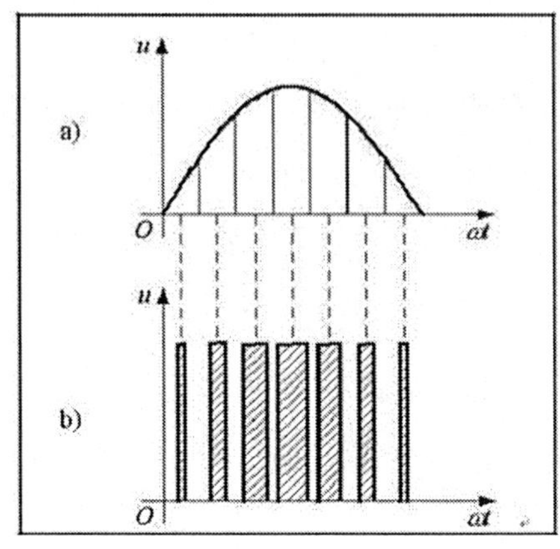


图 2－13　PWM 等效正弦波

这种脉冲波形被称为 SPWM 波形——脉冲宽度按正弦规律变化而和正弦波等效的 PWM 波形。SPWM 是一种非常典型的 PWM 波形,它在数字电路控制中应用非常广泛,如果使用低通滤波器,可以由 SPWM 波得到其等效的连续正弦半波。要改变等效输出正弦波幅值,按同一比例改变各脉冲宽度即可。

若把拟合的波形改成呼吸特性曲线,即可得到控制呼吸灯使用的 PWM 波形,要生成拟合的 PWM 波形,通常使用计算法和调制法。

(1) 计算法:根据拟合波形的频率、幅值和半周期脉冲数,准确计算 PWM 波各脉冲宽度和间隔,据此控制开关器件的通断,就可得到所需 PWM 波形。

(2) 调制法:拟合波形作调制信号,进行调制得到期望的 PWM 波;该方法一般采用等腰三角波为载波,其任一点水平宽度和高度呈线性关系且左右对称。载波(等腰三角波)与平缓变化的调制信号波(即要拟合的波形)相交,在载波与信号波的交点控制器件通断,就得宽度正比于信号波幅值的脉冲,符合 PWM 的要求,如图 2－14 所示。相对于计算法,其处理过程计算简单。

在本小节的实例中,演示如何使用计算法得到的呼吸曲线 PWM 波和 SPWM 波,并使用 STM32 定时器 TIM 的 PWM 功能输出波形控制 LED 灯,达到呼吸灯的效果。

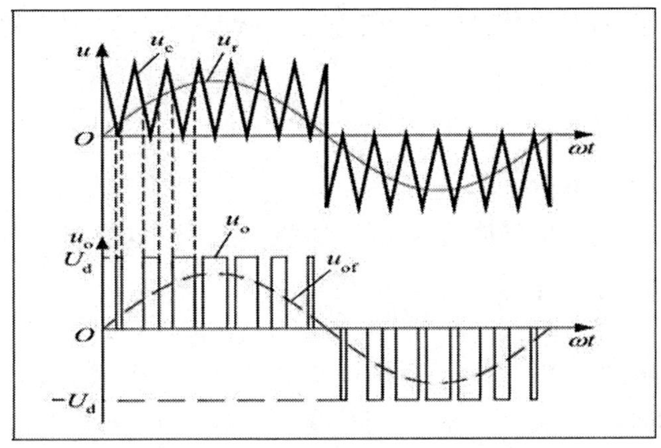


图2-14　调制法得到PWM波

### 2.7.3　硬件设计

本章设计了3个实验,其工程名为:TIM—单色呼吸灯、TIM—全彩呼吸灯和TIM—输出SPWM波,它们的简要介绍如表2-2所示。

表2-2　各实验工程功能介绍

| 实验工程名称 | 说明 |
| --- | --- |
| TIM—单色呼吸灯 | 使用呼吸曲线PWM波控制LED灯,可实现红、绿、蓝三种颜色的单色呼吸灯 |
| TIM—全彩呼吸灯 | 在单色呼吸灯的基础上,添加对PWM波的幅值控制,分为256个等级,从而实现RGB888全彩的呼吸灯 |
| TIM—输出SPWM波 | 在全彩呼吸灯的基础上,把呼吸曲线PWM波改成SPWM波,演示使用STM32输出幅值可控的典型SPWM波 |

本实验中使用的RGB灯硬件与前面全彩LED灯小节中的完全相同,本实例与LED灯小节的区别在于软件中的控制方式不同。

### 2.7.4　单色呼吸灯实验

首先以单色呼吸灯工程为例,其核心的驱动代码分别位于bsp_breath_led.c和bsp_breath_led.h文件中,可根据应用需要移植这些文件。

1. 编程要点

(1) 初始化PWM输出通道,初始化PWM工作模式;

(2) 计算获取PWM数据表;

(3) 编写中断服务函数,在中断服务函数根据 PWM 数据表切换比较寄存器的值。

2. 部分代码分析

(1) LED 灯硬件相关宏定义。

为方便迁移代码适应其他硬件设计,实验中把硬件相关的部分使用宏定义到 bsp_breath_led. h 文件中:

```
#define   RED_LIGHT   1
#define   GREEN_LIGHT   2
#define   BLUE_LIGHT   3

#define   LIGHT_COLOR                         RED_LIGHT
#if       LIGHT_COLOR == RED_LIGHT
#define   BRE_TIM                            TIM5
#define   BRE_TIM_CLK                        RCC_APB1Periph_TIM5
#define   BRE_TIM_APBxClock_FUN              RCC_APB1PeriphClockCmd
#define   BRE_TIM_IRQn                          TIM5_IRQn
#define   BRE_TIM_IRQHandler                    TIM5_IRQHandler

#define   BRE_LED_PIN                        GPIO_Pin_10
#define   BRE_LED_GPIO_PORT                  GPIOH
#define   BRE_LED_GPIO_CLK                      RCC_AHB1Periph_GPIOH
#define   BRE_LED_PINSOURCE                  GPIO_PinSource10
#define   BRE_LED_AF                         GPIO_AF_TIM5
#define   BRE_LED_CCRx                          CCR1
#define   BRE_LED_TIM_CHANNEL                   TIM_Channel_1
#define   BRE_TIM_OCxInit                    TIM_OC1Init
#define   BRE_TIM_OCxPreloadConfig           TIM_OC1PreloadConfig
```

选择红色呼吸灯,复用为定时器控制,一共有 4 个通道,通道比较寄存器,可以 TIMx - >CCRx 方式访问该寄存器,设置新的比较值,控制占空比。宏封装后,使用这种形式:BRE_TIMx - >BRE_RED_CCRx,可访问该通道的比较寄存器。

```
#elif      LIGHT_COLOR == GREEN_LIGHT
#define    BRE_TIM                            TIM5
#define    BRE_TIM_CLK                        RCC_APB1Periph_TIM5
#define    BRE_TIM_APBxClock_FUN              RCC_APB1PeriphClockCmd
#define    BRE_TIM_IRQn                            TIM5_IRQn
#define    BRE_TIM_IRQHandler                      TIM5_IRQHandler

#define    BRE_LED_PIN                        GPIO_Pin_11
#define    BRE_LED_GPIO_PORT                  GPIOH
#define    BRE_LED_GPIO_CLK                        RCC_AHB1Periph_GPIOH
#define    BRE_LED_PINSOURCE                  GPIO_PinSource11
#define    BRE_LED_AF                         GPIO_AF_TIM5

#define    BRE_LED_CCRx                            CCR2
#define    BRE_LED_TIM_CHANNEL                     TIM_Channel_2
#define    BRE_TIM_OCxInit                    TIM_OC2Init
#define    BRE_TIM_OCxPreloadConfig           TIM_OC2PreloadConfig
```

选择绿色呼吸灯，复用为定时器控制，一共有 4 个通道，通道比较寄存器，可以 TIMx－＞CCRx 方式访问该寄存器，设置新的比较值，控制占空比。宏封装后，使用这种形式：BRE_TIMx－＞BRE_GREEN_CCRx，可访问该通道的比较寄存器。

```
#elif      LIGHT_COLOR == BLUE_LIGHT
#define    BRE_TIM                            TIM5
#define    BRE_TIM_CLK                        RCC_APB1Periph_TIM5
#define    BRE_TIM_APBxClock_FUN              RCC_APB1PeriphClockCmd
#define    BRE_TIM_IRQn                            TIM5_IRQn
#define    BRE_TIM_IRQHandler                      TIM5_IRQHandler

#define    BRE_LED_PIN                        GPIO_Pin_12
#define    BRE_LED_GPIO_PORT                  GPIOH
#define    BRE_LED_GPIO_CLK                        RCC_AHB1Periph_GPIOH
#define    BRE_LED_PINSOURCE                  GPIO_PinSource12
#define    BRE_LED_AF                         GPIO_AF_TIM5
```

```
#define    BRE_LED_CCRx                        CCR3
#define    BRE_LED_TIM_CHANNEL                 TIM_Channel_3
#define    BRE_TIM_OCxInit                   TIM_OC3Init
#define    BRE_TIM_OCxPreloadConfig          TIM_OC3PreloadConfig
#endif
```

选择蓝色呼吸灯,复用为定时器控制,一共有 4 个通道,通道比较寄存器,可以 TIMx - > CCRx 方式访问该寄存器,设置新的比较值,控制占空比。宏封装后,使用这种形式:BRE_TIMx - > BRE_BLUE_CCRx ,可访问该通道的比较寄存器。

为方便切换 LED 灯的颜色,它定义了三组宏,通过修改代码中的—#define LIGHT_COLOR RED_LIGHT ‖ 语句,可以切换使用红、绿、蓝三种颜色的呼吸灯。

在每组宏定义中,与全彩 LED 灯实验中的类似,定义了定时器编号、定时器时钟使能库函数、引脚重映射操作、GPIO 端口和引脚号、通道对应的比较寄存器名以及中断通道和中断服务函数名。

与全彩 LED 灯实验不同,本实验中定时器的比较寄存器 CCRx 在控制呼吸灯的单个周期内需要切换为 PWM 表中不同的数值,所以需要利用定时器中断。

(2) 初始化 GPIO。

首先,初始化用于定时器输出通道的 GPIO。由于本实验直接使用定时器输出通道的脉冲信号控制 LED 灯,此处代码把 GPIO 相关的引脚配置成了复用推挽输出模式,后面将使用定时器控制引脚进行 PWM 输出。

(3) 定义 PWM 表。

在本工程中的 bsp_breath_led. c 文件定义了一个 PWM。PWM 表是利用本工程目录下的 python 脚本 index_wave. py 生成的。该脚本运行后会在工程目录下生成一个包含该 PWM 表的 py_index_Wave. c 文件,复制这些数据到 bsp_breathing. c 文件,即可得到本工程中的 indexWave 数组。实际上使用 C 语言也可以编写这样的脚本制作出 PWM 表,只是使用 python 脚本比较方便绘制图形而已,PWM 表如下:

```
0<=X<=10:
10<=X<=20:
```

该 python 脚本生成 PWM 表数据的原理,实质是按照如图 2 – 15 函数曲线进行采样。python 脚本在这样的函数曲线上取 110 个点,即可得到上述代码中 PWM 表数组 indexWave。

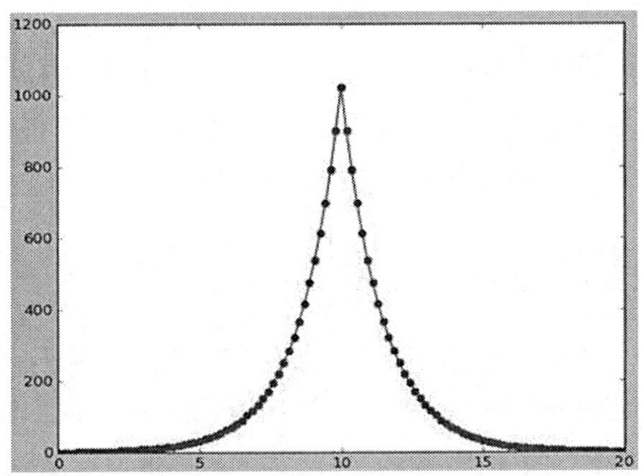


图 2－15　绘制 PWM 表的图形

可以看到，这个 PWM 表记录了呼吸特性曲线，在本实验中，PWM 表的数据将会被赋值到定时器的 CCRx 比较寄存器，从而控制输出占空比呈呼吸特性曲线变化的 PWM 波。

至于计算 PWM 表时，为什么选择采样 110 个点以及为什么表中的最大元素为 1024，需要结合下面定时器和中断服务函数中的配置来理解。

（4）定时器 PWM 配置。

本配置主体与全彩 LED 灯实验中的类似，代码中初始化了控制 RGB 灯用的定时器，它被配置为向上计数，PWM 通道输出也被配置成当计数器 CNT 的值小于输出比较寄存器 CCRx 的值时，PWM 通道输出低电平，点亮 LED 灯。在函数的最后还使能了定时器中断，每当定时器的一个计数周期完成时，产生中断，配合中断服务函数，即可切换 CCRx 比较寄存器的值。

代码中的 TIM_Period 和 TIM_Prescaler 是关键配置。其中 TIM_Period 被配置为（1024－1），它控制定时器的定时周期，定时器的计数寄存器 CNT 从 0 开始，每个时钟会对计数器加 1，计数至 1023 时完成一次计数，产生中断，也就是说一共 1024 个计数周期，与 PWM 表元素中的最大值相同。若定时器的输出比较寄存器 CCRx 被赋值为 PWM 表中的元素，即可改变输出对应占空比的 PWM 波，控制 LED 灯，如：

1）CCRx＝1，那么在 CNT < CCRx 时，通道输出低电平，LED 灯亮，在 CNT >

CCRx 时,输出高电平,LED 灯灭,此时$\frac{T_{LED-ON}}{T_{LED-OFF}}=\frac{1}{1024}$;

2) CCRx = 474,那么在 CNT < CCRx 时,通道输出低电平,LED 灯亮,在 CNT > CCRx 时,输出高电平,LED 灯灭,此时$\frac{T_{LED-ON}}{T_{LED-OFF}}=\frac{474}{1024}$;

3) CCRx = 1024,那么在 CNT < CCRx 时,通道输出低电平,LED 灯亮,在 CNT > CCRx 时,输出高电平,LED 灯灭,此时$\frac{T_{LED-ON}}{T_{LED-OFF}}=\frac{1024}{1024}$。

根据本工程中的 PWM 表更新 CCRx 的值,即可输出占空比呈呼吸特性曲线变化的 PWM 波形,达到呼吸灯的效果。最终,拟合曲线的周期由 TIMPeriod、PWM 表的点数、TIM_Prescaler 以及下面中断服务函数的 period_cnt 比较值共同决定,本工程需要调整这些参数使得拟合曲线的周期约为 3 秒,从而达到较平缓的呼吸效果。

(5) 定时器中断服务函数。

在中断服务函数中,包含两个静态变量 period_cnt 和 pwm_index。其中 pwm_index 比较容易理解,它用于指示当前要使用 PWM 表中的哪个元素,从而在"BRE_TIMx - > BRE_CCRx = indexWave[pwm_index];"语句中可以给 CCRx 赋予正确的数值,而且当 PWM 表中的数据都使用一遍时,pwm_index 将重新指向 PWM 表的开头,开始下一次呼吸循环。

在本实验的单次呼吸循环中,每个 PWM 表元素都会使用 10 次,代码中利用 period_cnt 变量指示当前使用的次数,当 period_cnt > period_class 时(即 period_cnt > 10 时),pwm_index 才会指向下一个元素。每个 PWM 表元素使用多次,主要是为了在 TIMPeriod、PWM 表的点数、TIM_Prescaler 都固定的情况下,通过调整每个元素的重复次数可以调整整个拟合波形的周期。如把代码中的比较值 period_class 改为 100,每个 PWM 表遍历一次的时间就变为原来配置的 10 倍,其拟合的呼吸周期也就相应地改变了。

(6) 主函数。

```
int main(void)
{
    Debug_USART_Config();
    printf("\r\n 欢迎使用秉火    STM32 F429 开发板。\r\n");
    printf("\r\n 呼吸灯例程\r\n");
    printf("\r\n RGB LED 以呼吸灯的形式闪烁\r\n ");
```

```
        BreathLED_Config();
        while (1) {
        }
}
```

main 函数中直接调用了 BreathLED_Config 函数，而该函数内部又直接调用了前面讲解的 GPIO 和 PWM 配置函数：TIMx_GPIO_Config 和 TIMx_Mode_Config。初始化完成后，定时器开始工作，然后它会在中断服务函数中切换 PWM 数据，控制 LED 灯显示呼吸效果。

3. 下载验证

编译并下载本程序到开发板，给开发板上电复位，可看到 LED 灯显示呼吸效果。

### 2.7.5　全彩呼吸灯及输出 SPWM 波实验

全彩呼吸灯例程和输出 SPWM 波实验的工程基本一样，只是控制使用的 PWM 表不同，一个为呼吸特性曲线，另一个为正弦半波曲线，下面讲解主要以全彩呼吸灯实验为例子。这两个工程的核心驱动代码分别位于 bsp_breath_led. c 和 bsp_breath_led. h 文件中，可根据应用需要移植这些文件。这两个工程都是在单色呼吸灯例程拓展的，主要增加了对拟合曲线幅值等级的控制功能。下面主要以全彩呼吸灯的例程分析，输出 SPWM 波例程只是宏的名称和 PWM 表的数据不一样。

1. LED 灯硬件相关宏定义

类似地，实验中把硬件相关的部分使用宏定义到 bsp_breath_led. h 文件中，使用不同硬件设计时，修改该文件即可。硬件相关宏定义（bsp_breath_led. h 文件）与单色呼吸灯的定义不同，本实验需要同时定义三组 PWM 通道，而且在代码的开头还增加了 AMPLITUDE_CLASS 宏，它在后面会被用于控制拟合曲线的电压等级，此处把它定义为 256，与 RGB 各通道的颜色等级一致，通过控制各通道的电压幅值，达到混合不同色彩的效果。

2. 初始化 GPIO

首先，初始化用于定时器输出通道的 GPIO。本实验对 GPIO 的初始化也相对单色呼吸灯实验作了修改，同时初始化 3 个通道。

3. 定义 PWM 表

在全彩呼吸灯和 SPWM 波工程中定义了如 PWM 表所示。代码中列出的 PWM 表内元素的最大值均为 512，元素个数均为 180，把两个表绘制成曲线如图 2-16 所示。

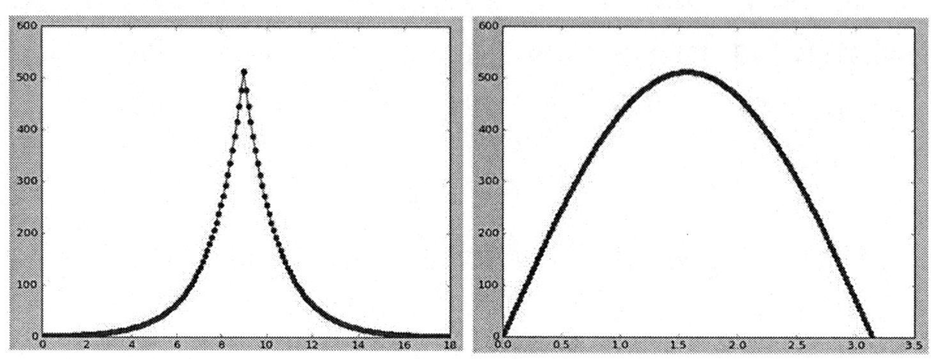


图 2-16 极值为 512、点数为 180 的呼吸曲线和正弦曲线

这些 PWM 表均由工程目录下的 python 脚本生成。脚本使用的采样函数如下：

```
0<= x <=9:
9< x <=18:
```

该函数与单色呼吸灯实验中的类似，只是 x 的取值范围不同而导致 PWM 表的极大值不同。脚本运行后会在工程目录下生成一个包含该 PWM 表的 py_index_Wave. c 文件，复制这些数据到 bsp_breath_led. c 文件，即可得到工程中呼吸灯的 indexWave 数组。生成 SPWM 的采样曲线函数如下：

```
0<=x<= π :
y = 512*sin(x)
```

脚本运行后会在工程目录下生成一个包含该 PWM 表的 py_pwm_sinWave. c 文件，复制这些数据到 bsp_spwm. c 文件，即可得到工程中 SPWM 的 indexWave 数组。

使用这样的函数曲线，使得呼吸 PWM 表和 SPWM 表的极大值均为 512，而脚本中又控制两个表的采样点均为 180 个，在实际应用中可根据需求作不同的更改，此处仅为了演示方便，使用同样的配置。

4. 定时器 PWM 配置

本配置中同时使能 3 个 PWM 通道，而定时器初始化中的 TIM_Period 成员被配置为(512 - 1)，即 PWM 表元素的极大值，TIM_Prescaler 被配置为 12，相对于单色呼吸灯实验，提高了定时器的时钟频率。

5. 定时器中断服务函数

本中断服务函数相对于单色呼吸灯例程增加了对拟合曲线电压等级的控制，它是利用计数变量 amplitude_cnt、电压分级宏 AMPLITUDE_CLASS 以及电压等级变量 rgb_color 实现的，其实现原理如下：

为便于讲解，先假设用于配置拟合波形周期长度的 period_class 值为 1，即在控制周期长度时，每个 PWM 表中的元素只使用 1 次(关于 period_class 的作用请复习前面单色呼吸灯实验中的说明)。

在这个基础上增加对电压的分级，用于控制拟合波形的输出电压，本实验中由宏 AMPLITUDE_CLASS 控制，其值为 256，即可输出 256 种不同的电压等级。该宏值在中断中会与 amplitude_cnt 进行比较(第 19 行)，amplitude_cnt 每次进入中断加 1，当 amplitude_cnt 大于 AMPLITUDE_CLASS 时才会进入周期配置的判断，以便使 PWM 表指向下一个元素，也就是说增加电压分级配置后，遍历每个 PWM 表元素时，每个元素会增加 256 个周期。

在这 256 个周期内，会进入控制电压等级的处理(第 41 ~ 70 行)，处理的过程是使用电压等级值 rgb_color 与 amplitude_cnt 进行比较，本实验中 rgb_color 包含红、绿、蓝 3 个通道的电压值，各通道的取值范围是[0:255]，与 RGB888 颜色格式一致。当通道的电压值 R/G/B 数据大于 amplitude_cnt 时，向该通道的比较寄存器赋予 PWM 表中当前指向的元素值，否则赋予 0 值。根据定时器的配置可知，比较寄存器中的值就是该通道输出低电平的时间，即 LED 灯亮的时间，所以，在 256 个周期时间内，各通道有 R/G/B 个周期会点亮 LED 灯当前 PWM 表元素表示的时间。

所以，3 个通道控制的 LED 灯点亮的时间比例即为 RGB888 颜色值表示的量，混合后可得到该颜色。又由于 PWM 表中的元素值则表示了混合颜色的亮度，把 PWM 表遍历一遍，即控制混合颜色亮度呈 PWM 表变化，即可得到该颜色的呼吸灯效果。

6. 主函数

main 函数中初始化呼吸灯使用的定时器和 GPIO 后，定时器开始工作，然后它会在中断服务函数中切换 PWM 数据，并且根据 rgb_color 的值控制拟合曲线的电压值,达到控制 LED 灯可以各种颜色显示呼吸效果。在 main 函数中,可通过修改 rgb_color 的值来改变呼吸灯的颜色。

对于输出 SPWM 波的工程,也直接使用了定时器输出的 SPWM 波控制 RGB 彩灯,因为正弦曲线和呼吸曲线变化方向类似,所以它控制 RGB 灯时,看起来也有呼吸灯的效果,在实际应用中可以使用类似的方法控制 SPWM 波拟合正弦曲线的频率和电压,通过定时器 PWM 模式初始化中的结构体成员 TIM_OCInitStructure. TIM_OCPolarity 可控制当定时器计数值小于 CCRx_Val 时为高电平还是低电平。

7. 下载验证

编译并下载本程序到开发板,给开发板上电复位,可看到 LED 灯显示呼吸效果。

## 2.8 IWDG——独立看门狗

### 2.8.1 IWDG 简介

STM32 有两个看门狗,一个是独立看门狗,另外一个是窗口看门狗,独立看门狗号称宠物狗,窗口看门狗号称警犬。本章我们主要分析独立看门狗的功能框图和它的应用。独立看门狗用通俗一点的话来解释就是一个 12 位的递减计数器,当计数器的值从某个值一直减到 0 的时候,系统就会产生一个复位信号,即 IWDG_RESET。如果在计数没减到 0 之前,刷新了计数器的值的话,那么就不会产生复位信号,这个动作就是我们经常说的喂狗。看门狗功能由 VDD 电压域供电,在停止模式和待机模式下仍能工作。

### 2.8.2 怎么用 IWDG

独立看门狗一般用来检测和解决由程序引起的故障,比如一个程序正常运行的时间是 50ms,在运行完这段程序之后紧接着进行喂狗,我们设置独立看门狗的定时溢出时间为 60ms,比我们需要监控的程序 50ms 多一点,如果超过 60ms 还没有喂狗,就说明我们监控的程序出故障了,那么就会产生系统复位,让程序重新运行。

### 2.8.3 IWDG 超时实验

1. 硬件设计

实验需要 IWDG 一个,按键一个,LED 一个。IWDG 属于单片机内部资源,不需要外部电路,需要一个外部的按键和 LED,通过按键来喂狗,喂狗成功 LED 亮;喂狗失败,程序重启,LED 灭一次。

2. 软件设计

我们编写两个 IWDG 驱动文件,bsp_iwdg. h 和 bsp_iwdg. c,用来存放 IWDG 的初始化配置函数。IWDG 配置函数源代码如下:

```
void IWDG_Config(uint8_t prv ,uint16_t rlv)
{
    IWDG_WriteAccessCmd( IWDG_WriteAccess_Enable );
    IWDG_SetPrescaler( prv );
    IWDG_SetReload( rlv );
    IWDG_ReloadCounter();
    IWDG_Enable();
}
```

首先使能预分频寄存器 PR 和重装载寄存器 RLR 可写,设置预分频值和重装载寄存器值,然后把重装载寄存器的值放到计数器中,并使能 IWDG。IWDG 配置函数有两个形参,形参 prv 用来设置预分频的值,取值可以是:

```
IWDG_Prescaler_4: IWDG prescaler set to 4
IWDG_Prescaler_8: IWDG prescaler set to 8
IWDG_Prescaler_16: IWDG prescaler set to 16
IWDG_Prescaler_32: IWDG prescaler set to 32
IWDG_Prescaler_64: IWDG prescaler set to 64
IWDG_Prescaler_128: IWDG prescaler set to 128
IWDG_Prescaler_256: IWDG prescaler set to 256
```

这些宏在 stm32f10x_iwdg. h 中定义,宏展开是 8 位的 16 进制数,具体作用是配置预分频寄存器 IWDG_PR,获得各种分频系数。形参 rlv 用来设置重装载寄存器 IWDG_RLR 的值,取值范围为 0 ~ 0XFFF。溢出时间 Tout = prv/40 * rlv(s),prv 可以是[4,8,16,32,64,128,256]。如果我们需要设置 1s 的超时溢出,prv 可以取 IWDG_Prescaler_64,rlv 取 625,即调用:IWDG_Config(IWDG_Prescaler_64,625)。

Tout = 64/40 * 625 = 1s。喂狗函数源代码如下：

```
void IWDG_Feed(void)
{
    IWDG_ReloadCounter();
}
```

把重装载寄存器的值放到计数器中，喂狗，防止 IWDG 复位。然后当计数器的值减到 0 时，会产生系统复位。主函数源代码如下：

```
int main(void)
{
    LED_GPIO_Config();
    Delay(0X8FFFFF);
    if (RCC_GetFlagStatus(RCC_FLAG_IWDGRST) != RESET)
    {
        LED_RED;
        RCC_ClearFlag();
    }
    else
    {
        LED_BLUE;
    }
    Key_GPIO_Config();
    IWDG_Config(IWDG_Prescaler_64 ,625);
    while (1)
    {
        if ( Key_Scan(KEY1_GPIO_PORT,KEY1_PIN) == KEY_ON )
        {
            IWDG_Feed();
            LED_GREEN;
        }
    }
}
```

主函数中我们初始化好 LED 和按键相关的配置，设置 IWDG 1s 超时溢出之后，进入 while 死循环，通过按键来喂狗，如果喂狗成功，则亮绿灯；如果喂狗失败的话,系统重启,程序重新执行,当执行到 RCC_GetFlagStatus 函数的时候,则会检测到是 IWDG 复位,然后让红灯亮。如果喂狗一直失败的话,则会一直产生系统复位,加上前面延时的效果,则会看到红灯一直闪烁。

我们这里是通过按键来模拟一个喂狗程序,真正的项目中则不是这样使用的。while 部分是我们在项目中具体需要写的代码,这部分的程序可以用独立看门狗来监控,如果我们知道这部分代码的执行时间,比如是 500ms,那么我们可以设置独立看门狗的溢出时间是 510ms,比 500ms 多一点,如果要被监控的程序正常执行的话,那么执行完毕之后就会执行喂狗的程序,如果程序超时,到达不了喂狗的程序,此时就会产生系统复位。所以要想更精确地监控程序,可以使用窗口看门狗,窗口看门狗规定必须在规定的窗口时间内喂狗。

3. 下载验证

把编译好的程序下载到开发板,在 1s 的时间内通过按键来不断地喂狗,如果喂狗失败,红灯闪烁。如果一直喂狗成功,则绿灯常亮。

## 2.9　WWDG——窗口看门狗

### 2.9.1　WWDG 简介

STM32 有两个看门狗,一个是独立看门狗,一个是窗口看门狗,两者的区别如图 2-17 所示。我们知道独立看门狗的工作原理就是一个递减计数器不断地往下递减计数,当减到 0 之前如果没有喂狗的话,产生复位。窗口看门狗跟独立看门狗一样,也是一个递减计数器不断地往下递减计数,当减到一个固定值 0X40 时还不喂狗的话,产生复位,这个值叫窗口的下限,是固定的值,不能改变。这个是跟独立

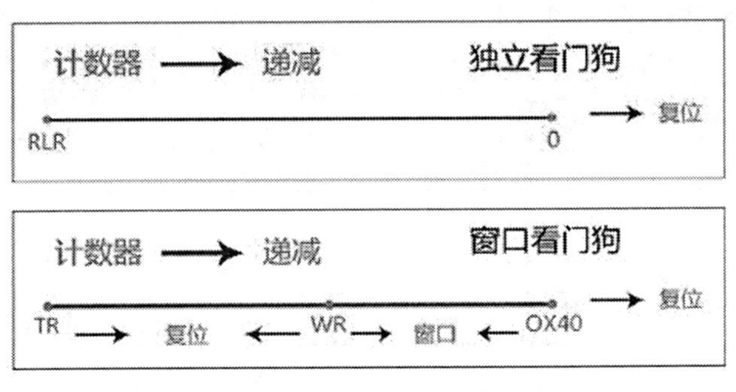


图 2-17　IWDG 与 WWDG 的区别

看门狗类似的地方,不同的地方是窗口看门狗的计数器的值在减到某一个数之前喂狗的话也会产生复位,这个值叫窗口的上限,上限值由用户独立设置。

窗口看门狗计数器的值必须在上窗口和下窗口之间才可以喂狗,这就是窗口看门狗中窗口两个字的含义。

RLR 是重装载寄存器,用来设置独立看门狗的计数器的值。TR 是窗口看门狗的计数器的值,由用户独立设置,WR 是窗口看门狗的上窗口值,由用户独立设置。

### 2.9.2 怎么用 WWDG

WWDG 一般被用来监测,由外部干扰或不可预见的逻辑条件造成的应用程序背离正常的运行序列而产生的软件故障。比如一个程序段正常运行的时间是50ms,在运行完这个段程序之后紧接着进行喂狗,如果在规定的时间窗口内还没有喂狗,就说明我们监控的程序出故障了,那么就会产生系统复位,让程序重新运行。

### 2.9.3 WWDG 喂狗实验

1. 硬件设计

实验需要 WWDG 一个,LED 两个。WWDG 属于单片机内部资源,不需要外部电路,需要两个 LED 来指示程序的运行状态。

2. 软件设计

我们编写两个 WWDG 驱动文件,bsp_wwdg.h 和 bsp_wwdg.c,用来存放 WWDG 的初始化配置函数。WWDG 配置函数代码如下:

```
void WWDG_Config(uint8_t tr, uint8_t wr, uint32_t prv)
{
    RCC_APB1PeriphClockCmd(RCC_APB1Periph_WWDG, ENABLE);
    WWDG_SetCounter( tr );
    WWDG_SetPrescaler( prv );
    WWDG_SetWindowValue( wr );
    WWDG_Enable(WWDG_CNT);
    WWDG_ClearFlag();
    WWDG_NVIC_Config();
    WWDG_EnableIT();
}
```

WWDG 配置函数有三个形参,tr 是递减计数器的值,取值范围为0X7F ~ 0X40,

一般我们设置成最大0X7F,wr是上窗口的值,这个我们要根据监控的程序的运行时间来设置,但是值必须在0X40和计数器的值之间,prv用来设置预分频的值,取值可以是:

```
WWDG_Prescaler_1: WWDG counter clock = (PCLK1/4096)/1
WWDG_Prescaler_2: WWDG counter clock = (PCLK1/4096)/2
WWDG_Prescaler_4: WWDG counter clock = (PCLK1/4096)/4
WWDG_Prescaler_8: WWDG counter clock = (PCLK1/4096)/8
```

首先要开启WWDG时钟,设置递减计数器、预分频器和上窗口的值,然后使能WWDG,并清除提前唤醒中断标志位,配置WWDG中断优先级,开启WWDG中断。

这些宏在stm32f10x_wwdg.h中定义,宏展开是32位的16进制数,具体作用是设置配置寄存器CFR的位[8:7]和WDGTB[1:0],获得各种分频系数。

WWDG中断优先级初始化函数源代码如下:

```
static void WWDG_NVIC_Config(void)
{
    NVIC_InitTypeDef NVIC_InitStructure;
    NVIC_PriorityGroupConfig(NVIC_PriorityGroup_1);
    NVIC_InitStructure.NVIC_IRQChannel = WWDG_IRQn;
    NVIC_InitStructure.NVIC_IRQChannelPreemptionPriority = 0;
    NVIC_InitStructure.NVIC_IRQChannelSubPriority = 0;
    NVIC_InitStructure.NVIC_IRQChannelCmd = ENABLE;
    NVIC_Init(&NVIC_InitStructure);
}
```

在递减计数器减到0X40的时候,我们开启了提前唤醒中断,这个中断我们称它为死前中断或者叫遗嘱中断,在中断函数里面我们应该处理最重要的事情,而且必须得快,因为递减计数器再减一次,就会产生系统复位。提前唤醒中断复位程序如下:

```
void WWDG_IRQHandler(void)
{
    WWDG_ClearFlag();
    LED2(ON);
}
```

如果发生了此中断,表示程序已经出现了故障,这是一个死前中断。在此中断复位程序中应该干最重要的事,比如保存重要的数据等,这个时间具体有多长,要由 WDGTB 的值决定:

```
WDGTB:0    113us
WDGTB:1    227us
WDGTB:2    455us
WDGTB:3    910us
```

这里 WWDG_ClearFlag 函数是为了清除中断标志位,这里点亮 LED 只是示意性的操作。

喂狗函数源代码如下:

```
void WWDG_Feed(void)
{
    WWDG_SetCounter( WWDG_CNT );
}
```

喂狗就是重新刷新递减计数器的值防止系统复位,一般设置成最大值 WDG_CNT = 0X7F,喂狗一般是在主函数中喂。主函数程序源代码如下:

```
int main(void)
{
    uint8_t wwdg_tr, wwdg_wr;
    LED_GPIO_Config();
    LED3(ON);
    Delay(0XFFFFFF);
    WWDG_Config(127,80,WWDG_Prescaler_8);
    wwdg_wr = WWDG->CFR & 0X7F;
    while (1)
    {
        LED3(OFF);
        wwdg_tr = WWDG->CR & 0X7F;
        if ( wwdg_tr < wwdg_wr )
        {
            WWDG_Feed();
        }
```

```
    }
}
```

在主函数的喂狗函数初始化配置中，tr 是递减计数器的值，其取值范围为 0X7F ~ 0X40，超出范围会直接复位；wr 是窗口值，其取值范围为 0X7F ~ 0X40；prv 是预分频器值，其取值可以是：

WWDG_Prescaler_1: WWDG counter clock = (PCLK1(45MHz)/4096)/1，约 10968Hz 91us；
WWDG_Prescaler_2: WWDG counter clock = (PCLK1(45MHz)/4096)/2，约 5484Hz 182us；
WWDG_Prescaler_4: WWDG counter clock = (PCLK1(45MHz)/4096)/4，约 2742Hz 364us；
WWDG_Prescaler_8: WWDG counter clock = (PCLK1(45MHz)/4096)/8，约 1371Hz 728us。

例如，tr = 127(0X7F，tr 的最大值)，wr = 80(0X50，0X40 为 wr 最小值)，prv = WWDG_Prescaler_8，则窗口时间为 728 * （127 - 80） = 34.2ms < 刷新窗口 < ~728 * 64 = 46.6ms，也就是说调用 WWDG_Config 进行这样的配置，若在之后的 34.2ms 前喂狗，系统会复位，在 46.6ms 后没有喂狗，系统也会复位，需要在刷新窗口的时间内喂狗，系统才不会复位。

这里我们把 WWDG 的计数器的值设置为 0X7F，上窗口值设置为 0X5F，分频系数为 8 分频，则计数器减 1 的时间约为 728us。在 while 死循环中，我们不断读取计数器的值，当计数器的值减小到小于上窗口值的时候，我们喂狗，让计数器重新计数。

While 循环的循环体一般是我们需要监控的程序，这部分代码的运行时间，决定了上窗口值应该设置为多少，当监控的程序运行完毕之后，我们需要执行喂狗程序，比起独立看门狗，这个喂狗的窗口时间是非常短的，对时间要求很精确。我们把计数器值初始化成最大 0X7F，当开启 WWDG 时候，这个值会不断减小，当计数器的值大于窗口值时喂狗的话，会复位，当计数器减少到 0X40，还没有喂狗的话就非常非常危险了，计数器再减一次到了 0X3F 时就复位，所以要当计数器的值在窗口值和 0X40 之间的时候喂狗，其中 0X40 是固定的。如果没有在这个窗口时间内喂狗的话，那就说明程序出故障了，会产生提前唤醒中断，最后系统复位。

3. 下载验证

把编译好的程序下载到开发板，LED3 被点亮，一段时间之后熄灭，之后 LED3 一直就没有被点亮过，说明系统没有产生复位，如果产生复位的话 LED3 会再被点亮一次。中断服务程序中的 LED 也没被点亮过,说明喂狗正常。

## 2.10 RTC——实时时钟

### 2.10.1 RTC 简介

RTC—real time clock,实时时钟,主要包含日历、闹钟和自动唤醒这三部分的功能,其中的日历功能我们使用的最多。日历包含两个 32bit 的时间寄存器,可直接输出时秒、分、时、星期、日、月、年。比起 F103 系列的 RTC 只能输出秒中断,剩下的其他时间需要软件来实现,F429 的 RTC 可谓是脱胎换骨,让我们在软件编程时大大降低了难度。

### 2.10.2 RTC 功能框图解析

RTC 的功能框图如图 2-18 所示。

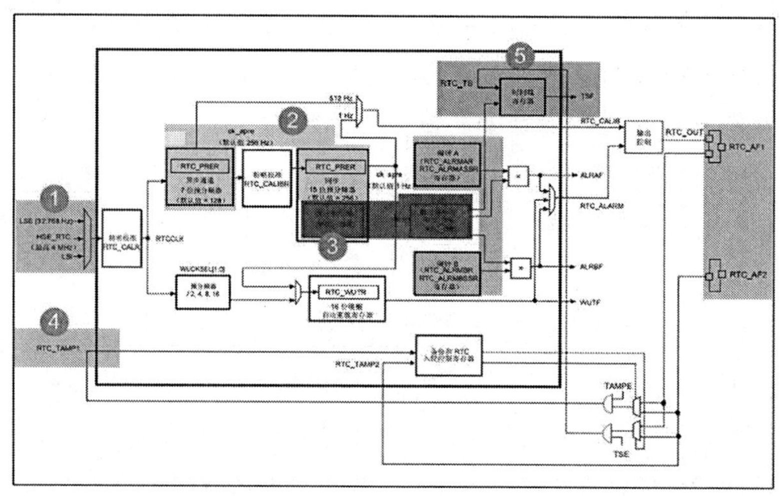


图 2-18 RTC 功能框图

### 2.10.3 时钟源

RTC 时钟源—RTCCLK 可以从 LSE、LSI 和 HSE_RTC 这三者中得到。其中使用最多的是 LSE,LSE 由一个外部的 32.768KHZ(6PF 负载)的晶振提供,精度高,稳定,RTC 首选。LSI 是芯片内部的 30KHZ 晶体,精度较低,会有温漂,一般不建议使用。HSE_RTC 由 HSE 分频得到,最高是 4M,使用的也较少。

1. 预分频器

预分频器PRER由7位的异步预分频器APRE和15位的同步预分频器SPRE组成。异步预分频器时钟CK_APRE用于为二进制RTC_SSR亚秒递减计数器提供时钟,同步预分频器时钟 CK_SPRE 用于更新日历。异步预分频器时钟设置为fCK_APRE = fRTC_CLK/(PREDIV_A +1),同步预分频器时钟设置为fCK_SPRE = fRTC_CLK/(PREDIV_S +1)。使用两个预分频器时,推荐将异步预分频器配置为较高的值,以最大程度降低功耗。一般我们会使用LSE生成1HZ的同步预分频器时钟,通常的情况下,我们会选择 LSE 作为 RTC 的时钟源,即 fRTCCLK = fLSE = 32.768KHZ。然后经过预分频器PRER分频生成1HZ的时钟用于更新日历。使用两个预分频器分频的时候,为了最大限度地降低功耗,我们一般把同步预分频器设置成较大的值,为了生成1HZ的同步预分频器时钟CK_SPRE,最常用的配置是PREDIV_A = 127,PREDIV_S = 255。计算公式为:

$$fCK\_SPRE = fRTCCLK/\{(PREDIV\_A+1)*(PREDIV\_S+1)\}$$
$$= 32.768/\{(127+1)*(255+1)\} = 1HZ$$

2. 实时时钟和日历

实时时钟一般是这样表示的:时/分/秒/亚秒,其中时分秒可直接从RTC时间寄存器(RTC_TR)中读取,有关时间寄存器的具体说明如图2-19和表2-3所示。

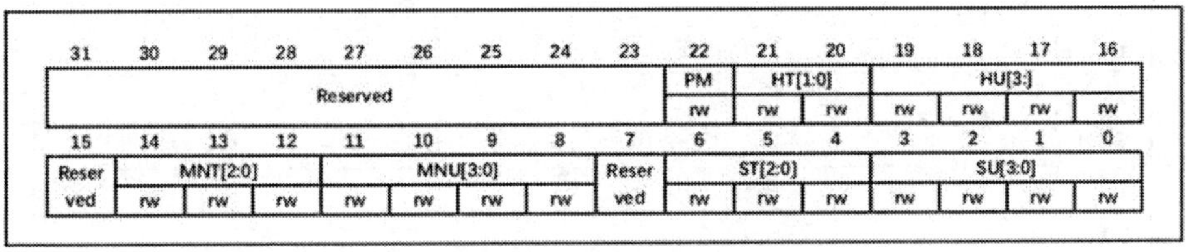

| 31 | 30 | 29 | 28 | 27 | 26 | 25 | 24 | 23 | 22 | 21 | 20 | 19 | 18 | 17 | 16 |
|---|---|---|---|---|---|---|---|---|---|---|---|---|---|---|---|
| Reserved | | | | | | | | | PM | HT[1:0] | | HU[3:] | | | |
| | | | | | | | | | rw | rw | rw | rw | rw | rw | rw |
| 15 | 14 | 13 | 12 | 11 | 10 | 9 | 8 | 7 | 6 | 5 | 4 | 3 | 2 | 1 | 0 |
| Reserved | MNT[2:0] | | | MNU[3:0] | | | | Reserved | ST[2:0] | | | SU[3:0] | | | |
| | rw | rw | rw | rw | rw | rw | rw | | rw | rw | rw | rw | rw | rw | rw |

图2-19　RTC时间寄存器(RTC_TR)

**表2-3　时间寄存器位功能说明**

| 位名称 | 位说明 |
|---|---|
| PM | AM/PM符号,0:AM/24小时制,1:PM |
| HT[1:0] | 小时的十位 |
| HU[3:0] | 小时的个位 |
| MNT[2:0] | 分钟的十位 |
| MNU[3:0] | 分钟的个位 |
| ST[2:0] | 秒的十位 |
| SU[3:0] | 秒的个位 |

亚秒由 RTC 亚秒寄存器(RTC_SSR)的值计算得到,公式为:亚秒值 = (PREDIV_S - SS[15:0])/(PREDIV_S+1),SS[15:0]是同步预分频器计数器的值,PREDIV_S 是同步预分频器的值,有关亚秒寄存器的说明如图 2-20 所示。

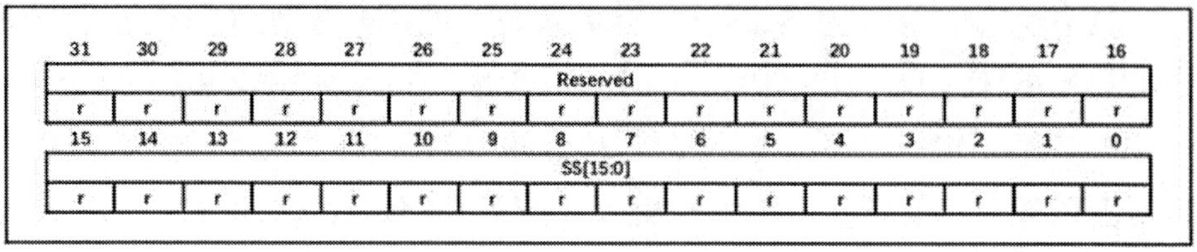

| 31 | 30 | 29 | 28 | 27 | 26 | 25 | 24 | 23 | 22 | 21 | 20 | 19 | 18 | 17 | 16 |
|---|---|---|---|---|---|---|---|---|---|---|---|---|---|---|---|
| Reserved | | | | | | | | | | | | | | | |
| r | r | r | r | r | r | r | r | r | r | r | r | r | r | r | r |
| **15** | **14** | **13** | **12** | **11** | **10** | **9** | **8** | **7** | **6** | **5** | **4** | **3** | **2** | **1** | **0** |
| SS[15:0] | | | | | | | | | | | | | | | |
| r | r | r | r | r | r | r | r | r | r | r | r | r | r | r | r |

图 2-20 RTC 亚秒寄存器(RTC_SSR)

日期包含的年月日可直接从 RTC 日期寄存器(RTC_DR)中读取,有关日期寄存器的具体说明如图 2-21 和表 2-4 所示。

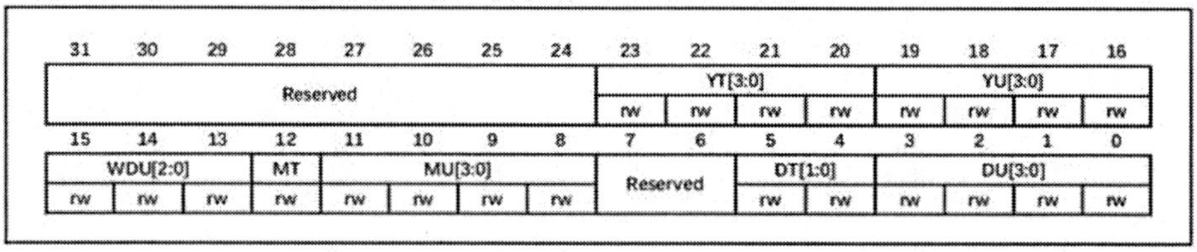

| 31 | 30 | 29 | 28 | 27 | 26 | 25 | 24 | 23 | 22 | 21 | 20 | 19 | 18 | 17 | 16 |
|---|---|---|---|---|---|---|---|---|---|---|---|---|---|---|---|
| Reserved | | | | | | | | YT[3:0] | | | | YU[3:0] | | | |
| | | | | | | | | rw | rw | rw | rw | rw | rw | rw | rw |
| **15** | **14** | **13** | **12** | **11** | **10** | **9** | **8** | **7** | **6** | **5** | **4** | **3** | **2** | **1** | **0** |
| WDU[2:0] | | | MT | MU[3:0] | | | | Reserved | | DT[1:0] | | DU[3:0] | | | |
| rw | rw | rw | rw | rw | rw | rw | rw | | | rw | rw | rw | rw | rw | rw |

图 2-21 RTC 日期寄存器(RTC_DR)

**表 2-4 RTC 日期寄存器位功能说明**

| 位名称 | 位说明 |
|---|---|
| YT[1:0] | 年份的十位 |
| YU[3:0] | 年份的个位 |
| WDU[2:0] | 星期几的个位,000:禁止,001:星期一,…,111:星期日 |
| MT | 月份的十位 |
| MU | 月份的个位 |
| DT[1:0] | 日期的十位 |
| DU[3:0] | 日期的个位 |

当应用程序读取日历寄存器时,默认是读取影子寄存器的内容,每隔两个 RTC_CLK周期,便将当前日历值复制到影子寄存器。我们也可以通过将 RTC_CR 寄存器的 BYPSHAD 控制位置 1 来直接访问日历寄存器,这样可避免等待同步的持续时间。

RTC_CLK 经过预分频器后,有 1 个 512HZ 的 CK_APRE 和 1 个 1HZ 的 CK_SPRE,这两个时钟可以成为校准的时钟输出 RTC_CALIB,RTC_CALIB 最终要

输出则需映射到 RTC_AF1 引脚,用来对外部提供时钟。

3. 闹钟

RTC 有两个闹钟,闹钟 A 和闹钟 B,当 RTC 运行的时间跟预设的闹钟时间相同的时候,相应的标志位 ALRAF(在 RTC_ISR 寄存器中)和 ALRBF 会置 1。利用这个闹钟我们可以做一些备忘提醒功能。

如果使能了闹钟输出(由 RTC_CR 的 OSEL[0:1]位控制),则 ALRAF 和 ALRBF 会连接到闹钟输出引脚 RTC_ALARM,RTC_ALARM 最终连接到 RTC 的外部引脚 RTC_AF1(即 PC13),输出的极性由 RTC_CR 寄存器的 POL 位配置,可以是高电平或者低电平。

4. 时间戳

时间戳即时间点的意思,就是某一个时刻的时间。时间戳复用功能 (RTC_TS) 可映射到 RTC_AF1 或 RTC_AF2,当发生外部的入侵事件时,即发生时间戳事件时, RTC_ISR 寄存器中的时间戳标志位 (TSF) 将置 1,日历会保存到时间戳寄存器( RTC_TSSSR、RTC_TSTR 和 RTC_TSDR)中。时间戳往往用来记录危急时刻的时间,以供事后排查问题时查询。

5. 入侵检测

RTC 自带两个入侵检测引脚 RTC_AF1(PC13)和 RTC_AF2(PI8),这两个输入既可配置为边沿检测,也可配置为带过滤的电平检测。当发生入侵检测时,备份寄存器将被复位。

备份寄存器 (RTC_BKPxR) 包括 20 个 32 位寄存器,用于存储 80 字节的用户应用数据。这些寄存器在备份域中实现,可在 VDD 电源关闭时通过 VBAT 保持上电状态。备份寄存器不会在系统复位或电源复位时复位,也不会在器件从待机模式唤醒时复位。

### 2.10.4 RTC——日历实验

利用 RTC 的日历功能制作一个日历,显示格式为:年 - 月 - 日 - 星期,时 - 分 - 秒。

1. 硬件设计

该实验用到了片内外设 RTC,为了确保在 VDD 断电的情况下时间可以保存且继续运行,VBAT 引脚外接了一个 CR1220 电池座,如图 2 – 22 所示,用来放 CR1220 电池给 RTC 供电。

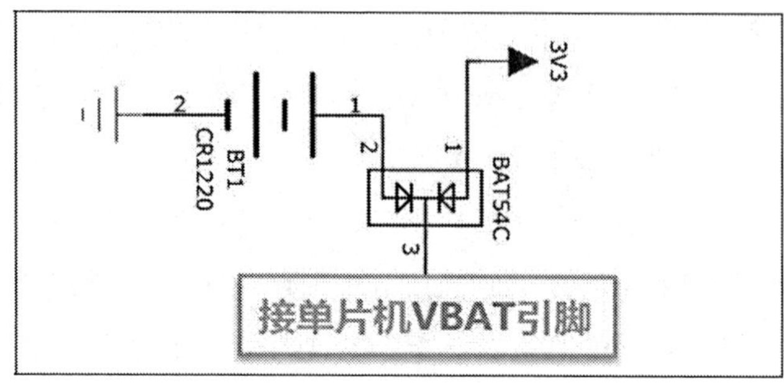


图 2 – 22　RTC 外接 CR1220 电池座子

2. 软件设计

编程要点包括:

(1) 选择 RTC_CLK 的时钟源;

(2) 配置 RTC_CLK 的分频系数,包括异步和同步两个;

(3) 设置初始时间,包括日期;

(4) 获取时间和日期,并显示。

3. 下载验证

把程序编译好下载到开发板,通过电脑端口的串口调试助手或者液晶可以看到时间正常运行。当 VDD 不断电的情况下,发生外部引脚复位,时间不会丢失。当 VDD 断电或者发生外部引脚复位,VBT 有电池供电时,时间不会丢失。当 VDD 断电且 VBAT 也不供电的情况下,时间会丢失,然后根据程序预设的初始时间重新启动。

### 2.10.5　RTC——闹钟实验

在日历实验的基础上,利用 RTC 的闹钟功能制作一个闹钟,在每天的[XX 小时 – XX 分钟 – XX 秒钟]产生闹钟,然后蜂鸣器响。

1. 硬件设计

硬件设计跟日历实验部分的硬件设计一样。

2. 软件设计

闹钟实验是在日历实验的基础上添加,相同部分的代码不再讲解。

3. 下载验证

把编译好的程序下载到开发板，当日历时间到了闹钟时间时，蜂鸣器一直响，但日历会继续运行。

# 第 3 章　STM32 运动控制模块开发

## 3.1　自动通风系统

在工业上通风是很关键的技术，可以通过通风减少工业污染物对室内外空气环境的影响和破坏。当检测到室内空气质量达到设定的污染限值，能自动启动风机，要求使用 STM32 处理器对风机进行控制。

### 3.1.1　风机介绍

风机又称为轴流风机，主要用于加速空气流动和散热。轴流风机用途非常广泛，其气流方向与风叶轴向相同，如电风扇、空调外机风扇就是轴流方式运行风机。轴流风机通常用在流量要求较高而压力要求较低的场合。轴流风机固定位置并使空气移动。轴流风机主要由风机叶轮和机壳组成，结构简单但是对风速控制要求较高。

### 3.1.2　轴流风机工作原理

1. 工作原理

当叶轮旋转时，气体从进风口轴向进入叶轮，受到叶轮上叶片的推挤而使气体的能量升高，然后流入导叶。导叶将偏转气流变为轴向流动，同时将气体导入扩压管，进一步将气体动能转换为压力能，最后引入工作管路。

2. 轴流风机的控制原理

轴流风机有三根引出线，这三根线分别是电源正极接线、电源负极接线、转速控制线。电源正极接线和电源负极接线用来为轴流风机供电，转速控制线用来实现对轴流风机转速的控制。控制轴流风机转速的信号是一种脉冲宽度调制信号，简称 PWM 波。通过调制 PWM 的脉冲宽度（占空比）可以实现对轴流风机的转速调节，如图 3－1 所示。

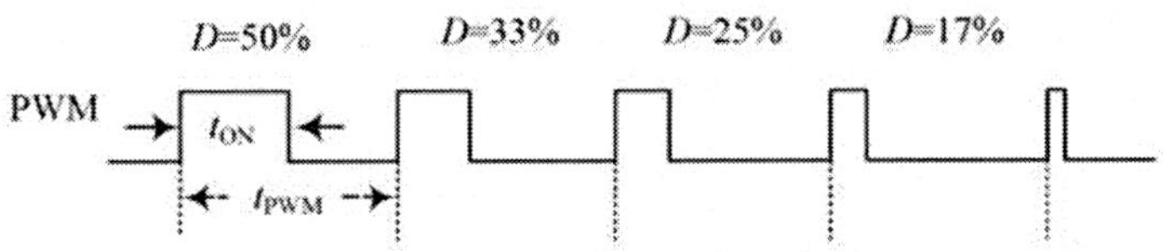


图 3－1　PWM 脉冲宽度

### 3.1.3　硬件连接框图

本硬件结构主要由 STM32 单片机、轴流风机、串口和 LCD 屏幕组成，如图3－2 所示。

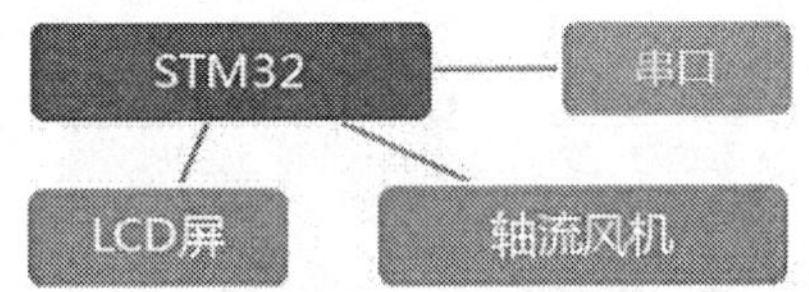


图 3－2　自动通风系统硬件结构

### 3.1.4　软件设计

1．程序流程图

程序设计流程图如图 3－3 所示：

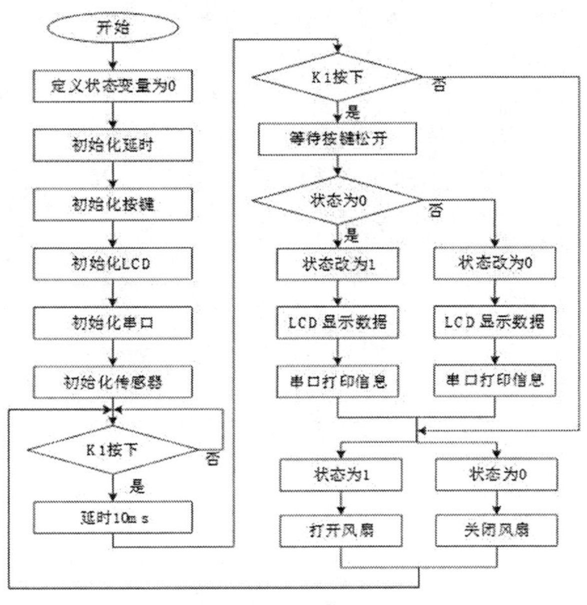


图 3－3　程序流程图

2．部分代码分析

主函数程序代码如下：

```
void main(void)
{
    unsigned char fan_flag = 0;
    delay_init(168);
    key_init();
    lcd_init(FAN1);
    usart_init(115200);
    fan_init();

    LCDDrawFnt16(4+30,30+20*7,4,320,"风扇关",0x0000,0xffff)
    while(1)
    {
    if(key_status(K1) == DOWN)
    {
        delay_ms(10);
        if(key_status(K1) == DOWN)
        {
            while(key_status(K1) == DOWN);
            if((fan_flag & 0x01) == 0)
            {
                fan_flag |= 0x01;
                LCDDrawFnt16(4+30,30+20*7,4,320,"风扇开",0x0000,0xffff);
                printf("FAN ON!\r\n");
            }
            else
            {
                fan_flag &= 0xfe;
                LCDDrawFnt16(4+30,30+20*7,4,320,"风扇关",0x0000,0xffff);
                printf("FAN OFF!\r\n");
            }
        }
    }
```

```
            fan_control(fan_flag);
        }
}
```

首先我们要定义储存风扇传感器状态变量,并初始化延时函数、按键函数、LCD、串口和风扇。在 while 循环体中,我们要先判断按键是否被按下,此处的延时函数是为了防止按键发生抖动,若按下按键,则要对风扇的状态进行判断并更新,使用串口打印出提示信息,从而根据状态变量控制风扇传感器。

风扇传感器初始化函数程序源代码如下:

```
void fan_init(void)
{
        GPIO_InitTypeDef GPIO_InitStructure;
        RCC_AHB1PeriphClockCmd(RCC_AHB1Periph_GPIOB, ENABLE);
        GPIO_InitStructure.GPIO_Pin = GPIO_Pin_10;
        GPIO_InitStructure.GPIO_OType = GPIO_OType_PP;
        GPIO_InitStructure.GPIO_Mode = GPIO_Mode_OUT;
        GPIO_InitStructure.GPIO_PuPd = GPIO_PuPd_DOWN;
        GPIO_InitStructure.GPIO_Speed = GPIO_Speed_2MHz;
        GPIO_Init(GPIOB, &GPIO_InitStructure);
        GPIO_SetBits(GPIOB,GPIO_Pin_10);
}
```

首先定义一个 GPIO_InitTypeDef 类型的结构体,并开启风扇传感器相关的 GPIO 外设时钟,然后选择要控制的 GPIO 引脚,设置引脚的输出类型为推挽模式,设置引脚模式为普通输出模式和下拉模式,引脚输出速率为 2MHz,最后一定要记得初始化 GPIO 配置。

风扇控制驱动函数程序源代码如下:

```
void fan_control(unsigned char cmd)
{
    if(cmd & 0x01)
        GPIO_ResetBits(GPIOB,GPIO_Pin_10);
    else
        GPIO_SetBits(GPIOB,GPIO_Pin_10);
}
```

3. 下载验证

在开发环境打开系统工程,通过编译后,将程序下载到 STM32 开发平台中,暂不执行程序。使用串口线连接 STM32 开发平台与 PC,打开串口工具并配置波特率等,设置完成后运行程序。PC 端串口工具的调试窗口用来显示相应的信息。

## 3.2 直流电机驱动模块

本节实验中用到的直流电机是指能够将电能转化为机械能的直流电动机。随着直流电机控制方法等技术层面的不断改进,其在航空航天、数控机床、机器人、电动汽车、计算机外围设备和家用电器等方面都获得了广泛应用。

### 3.2.1 直流电机驱动模块简介

本节采用的直流电机驱动模块是 H 桥 L298 逻辑的双路直流电机驱动模块,该直流电机驱动模块具有启动性能好、启动转矩大的特点,并且通过光耦隔离产生输入信号,能够很大程度上减少干扰。同时,由于该直流电机驱动模块带有隔离和欠压保护,并且符合电磁兼容 EMC 设计规范,有静电泄放电路,所以也具有稳定可靠的优势,是工业级的电机驱动模块。另外,直流电机驱动模块能够实现电机的正反转和对电机转速的控制,能同时驱动两台直流电机,适合应用于机器人的设计或者智能车的设计。

### 3.2.2 直流电机驱动模块工作原理

1. 引脚连接

VCC 接电源正极 5V/3.3V,ENAx 为电机使能端,通过接 PWM 波对电机进行调速(ENA1 可接 PWM 调节 1#电机的速度,ENA2 接 PWM 调节 2#电机的速度),INx 控制电机正反转、刹车和制动(IN1 和 IN2 控制 1# 电机,IN3 和 IN4 控制 2# 电机),GND 接电源地。信号逻辑如表 3 – 1 所示。

**表 3－1　直流电机驱动模块信号逻辑表**

| 注:其中 0 为低电平,1 为高电平,X 为任意电平,悬空时为高电平 | | | | | | | |
|---|---|---|---|---|---|---|---|
| 1#电机接口控制信号逻辑 | | | | 2#电机接口控制信号逻辑 | | | |
| IN1 | IN2 | ENA1 | OUT1、OUT2 输出 | IN3 | IN4 | ENA2 | OUT3、OUT4 输出 |
| 0 | 0 | X | 刹车 | 0 | 0 | X | 刹车 |
| 1 | 1 | X | 悬空 | 1 | 1 | X | 悬空 |
| 1 | 0 | PWM | 正转调速 | 1 | 0 | PWM | 正转调速 |
| 0 | 1 | PWM | 反转调速 | 0 | 1 | PWM | 反转调速 |
| 1 | 0 | 1 | 全速正转 | 1 | 0 | 1 | 全速正转 |
| 0 | 1 | 1 | 全速反转 | 0 | 1 | 1 | 全速反转 |

2. 工作原理

(1) 直流电机驱动模块工作原理。

整个电机驱动模块可以分为 4 个部分:键盘部分、控制部分、驱动部分和电机部分。以单片机 STM32F103 作为控制器,并产生 PWM 信号,然后将 STM32F103 产生的高低电平控制信号和 PWM 信号分别作为电机驱动模块的控制端输入信号(INx)和使能端输入信号(ENA),最后通过驱动模块驱动电机转动。上文提到的键盘部分可以通过控制器与上位机的通信,设置成以外部键入的方式来选择怎样控制电机的制动方式。

接下来我们讲述如何通过 PWM 来控制电机转速。想要控制电机的转速,可以通过两种方式,其中一种方法是改变电机两端的电压值,从而让电机的转速发生变化。另外一种方法就是通过改变 PWM 波形的占空比来控制电机的转速。这两种方法中,第二种方法更容易实现,所以本节实验通过 PWM 来控制电机的转速。例如,我们用一个额定电压 3.3V 的电机,以 1 秒为一个时间周期,第一个周期内,给电机通电 1 秒钟(通电电压大小为 3.3V),相当于占空比为 1,说明这 1 秒内电机应当是全速转动的;第二个周期内,给电机通电 0.5 秒钟(通电电压大小仍为 3.3V),剩余 0.5 秒电机两端电压为 0,相当于 PWM 占空比为 50%,说明这个周期内电机只有一半的时间在全速转动,另一半时间电机靠惯性在转动。这就是 PWM 调速的原理,即在一个周期内,高低电平持续的时间是可变的,通过改变在一个周期内高电平所占整个周期时间的长短去控制电机的转速。

(2) PWM 波捕获原理。

因为直流电机驱动模块需要用到 PWM 波作为使能信号 ENA,并且通过调节

PWM 的频率来实现对电机速率的改变,所以我们这里简单介绍一下产生 PWM 的实验原理。

PWM 是英文“Pulse Width Modulation”的缩写,是脉冲宽度调制的意思,简称脉宽调制。脉宽调制是利用微处理器的数字输出来对模拟电路进行控制的一种非常有效的技术,广泛应用在从测量、通信到功率控制与变换的多个领域中。产生 PWM 波形是 STM32 通用定时器的一个重要应用,所以我们需要先了解通用定时器的功能以及如何完成对其参数的配置。

STM32 的通用定时器由一个通过可编程预分频器(PSC)驱动的 16 位自动装载计数器(CNT)构成。STM32 的通用定时器可以用于测量输入信号的脉冲长度(输入捕获)或者产生输出波形(输出比较和 PWM)等。使用定时器预分频器和 RCC 时钟控制器预分频器,脉冲长度和波形周期可以在几个微秒到几个毫秒间调整。STM32 的每个通用定时器都是相互独立的,没有互相共享的任何资源。STM32F103 系列的单片机一共有 11 个定时器,其中 TIM1 和 TIM8 是高级定时器,TIM2 ~ TIM5 是通用定时器,TIM6 和 TIM7 是基本定时器;另外还有两个看门狗定时器 IWDG 和 WWDG 以及一个系统滴答定时器。通用定时器 TIM2 ~ TIM5 具有基本的定时器功能,支持 16 位向上计数模式、向下计数模式和中央对齐模式。除此之外,通用定时器 TIMx 都有 4 个独立的通道(TIMx_CH1 ~4),这些通道可以用于输入捕获、输出比较、生成 PWM 波形(边缘或中间对齐模式)以及单脉冲模式输出。由于通用定时器 TIMx 都位于低速的 APB1 总线上,所以使能通用定时器的时钟时应该选择 RCC_APB1Periph_TIMx。

接下来我们详细介绍一下通用定时器的 PWM 工作原理。PWM 对外输出脉宽(即占空比)可调的方波信号,信号频率由自动重装载寄存器 ARR 的值决定,占空比由捕获比较寄存器 CCR 的值决定。自动重装载寄存器 ARR 包含了将要传送至实际的自动重装载寄存器的数值,ARR 是 16 位的,所以计数重装载值可在 0 ~ 65535 的计数范围内。捕获比较寄存器 CCR 也是 16 位的寄存器,我们以通道 CCR1 为例,通道可用于输入(捕获模式)和输出(比较模式),当 CCR1 设置为输出模式时,CCR1 包含了装入当前捕获/比较寄存器的值(预装载值),如果 CCMR1 寄存器选择预装载特性,写入的数值会被立即传输至当前寄存器中,否则只有当更新事件发生时,此预装载值才会传输至当前捕获/比较寄存器中,并与计数器 CNT 进行比较然后产生输出信号；当 CCR1 设置为输入模式时，CCR1 包含了有上一次输入捕获事件传输的计数器的值。这里我们还需要再介绍一个预分频器 PSC，预分频器 PSC 有一个输入时钟 CK_PSC 和一个输出时钟 CK_CNT，输入时钟 CK_PSC 就是上面时钟源的输出，输出 CK_CNT 则用来驱动计数器 CNT 计数，通过设置预分频器 PSC 的值可以得到不同的 CK_CNT，可以实现 1 ~ 65536 分频，计算方法为：$f_{CK\_CNT} = f_{CK\_PSC} / (PSC + 1)$。

PWM 工作模式有 PWM1 和 PWM2 两种，两种模式的区别如表 3 –2 所示。

**表 3 –2　PWM 工作模式**

| PWM1 和 PWM2 模式的区别 | | |
|---|---|---|
| 模式 | 计数器 CNT 计算方式 | 说明 |
| PWM1 | 递增 | CNT < CCR，通道 CH 为有效，否则为无效 |
| | 递减 | CNT > CCR，通道 CH 为无效，否则为有效 |
| PWM2 | 递增 | CNT < CCR，通道 CH 为无效，否则为有效 |
| | 递减 | CNT > CCR，通道 CH 为有效，否则为无效 |

我们以 TIM2 的通道 CH1 为例，选择 PWM1 向上计数模式，CNT < CCR 时通道 CH1 为有效电平，对于 STM32F103MINI 板来说，TIM2_CH1 对应的引脚为 PA0（不同的 TIMx 输出的引脚是不同的，有时候可能需要复用功能重映射）。如图 3 –4 所示，当计数器 CNT 计数到最大值时，就是寄存器 ARR 的值，当 CNT < CCR 时，输出为有效电平（OC1REF =1），否则为无效电平（OC1REF =0），所以刚开始计数的时候计数器 CNT 小于捕获/比较寄存器 CCR1 的值，此时 PA0 输出高电平，随着计数器 CNT 值慢慢地增加，当计数器 CNT 大于捕获/比较寄存器 CCR1 的值时，PA0 电

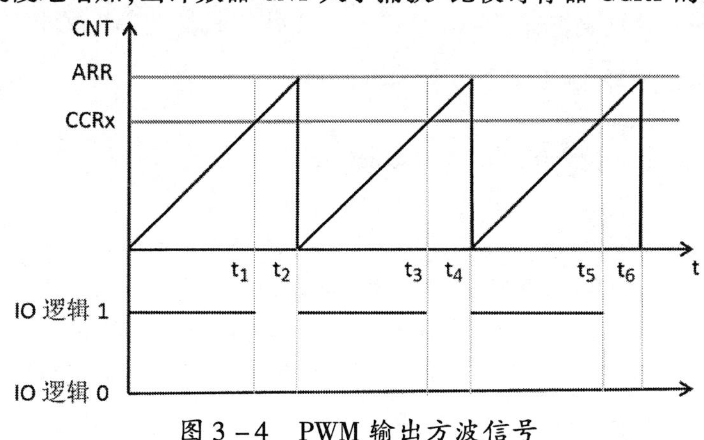


图 3 –4　PWM 输出方波信号

平就会翻转,输出低电平,计数器 CNT 的值继续增加,当 CNT = ARR 的值时, CNT 重新回到 0 继续计数,PA0 电平翻转,输出高电平,此时一个完整的 PWM 信号就诞生了。

PWM 的输出频率。PWM 输出的是一个方波信号,信号的频率是由 TIMx 的时钟频率和寄存器 ARR 所决定的,输出信号的占空比则由寄存器 CCRx 确定:占空比 = (CCRx / ARR) * 100 %。PWM 频率的计算公式为:

$F_{PWM}$ = 72M/((ARR +1) * (PSC +1))(单位:Hz)

其中 F 就是 PWM 输出的频率,单位是 HZ;ARR 就是自动重装载寄存器的自动重装载值;PSC 就是预分频器的预分频数;72MHz 就是系统的时钟频率。自动重装载值 ARR 的计算公式如下:

Tout = ((ARR +1) * (PSC +1))/Tclk

其中 Tclk 表示 TIMx 的输入时钟频率(单位为 MHz);Tout 表示 TIMx 的溢出时间(单位为 us)。如果计时 1 秒,输入时钟频率为 72MHz,加入 PSC 预分频器的值为 35999,那么:((PSC +1)/72M) * (ARR +1) = ((1 +35999)/72M) * (ARR + 1) =1s,则可计算出自动重装载值 ARR =1999。

### 3.2.3 部分代码分析

1. 产生 PWM 控制信号

本节实验利用通用定时器来产生 PWM 波,通过定时器 TIM2 的 4 个通道产生 4 路周期为 1ms 的 PWM 波形,选择 STM32F103RTC6 核心板为控制器,4 路 PWM 捕获输出端引脚分别是 PA0、PA1、PA2、PA3,工作模式均选择模式 1。

```
void TIM2_PWM_Init(u16 arr, u16 psc)
{
    GPIO_InitTypeDef GPIO_InitStructure;
    NVIC_InitTypeDef NVIC_InitTStructure;
    TIM_TimeBaseInitTypeDef TIM_TimeBaseInitStructure;
    TIM_OCInitTypeDef TIM_OCInitStructure;
    RCC_APB1PeriphClockCmd(RCC_APB1Periph_TIM2, ENABLE);
    RCC_APB2PeriphClockCmd(RCC_APB2Periph_GPIOA , ENABLE);
```

```
GPIO_InitStructure.GPIO_Pin = GPIO_Pin_0|GPIO_Pin_1 | GPIO_Pin_2 |
    GPIO_Pin_3;
GPIO_InitStructure.GPIO_Mode = GPIO_Mode_AF_PP;
GPIO_InitStructure.GPIO_Speed = GPIO_Speed_50MHz;
GPIO_Init(GPIOA, &GPIO_InitStructure);

TIM_TimeBaseInitStructure.TIM_Period = arr;
TIM_TimeBaseInitStructure.TIM_Prescaler = psc;
TIM_TimeBaseInitStructure.TIM_ClockDivision = TIM_CKD_DIV1;
TIM_TimeBaseInitStructure.TIM_CounterMode = TIM_CounterMode_Up;
TIM_TimeBaseInit(TIM2, &TIM_TimeBaseInitStructure);

TIM_OCInitStructure.TIM_OCMode = TIM_OCMode_PWM1;
TIM_OCInitStructure.TIM_OutputState = TIM_OutputState_Enable;
TIM_OCInitStructure.TIM_OCPolarity = TIM_OCPolarity_High;
TIM_OC1Init(TIM2, &TIM_OCInitStructure);

TIM_OCInitStructure.TIM_OCMode = TIM_OCMode_PWM1;
TIM_OCInitStructure.TIM_OutputState = TIM_OutputState_Enable;
TIM_OCInitStructure.TIM_OCPolarity = TIM_OCPolarity_High;
TIM_OC2Init(TIM2, &TIM_OCInitStructure);

TIM_OCInitStructure.TIM_OCMode = TIM_OCMode_PWM1;
TIM_OCInitStructure.TIM_OutputState = TIM_OutputState_Enable;
TIM_OCInitStructure.TIM_OCPolarity = TIM_OCPolarity_High;
TIM_OC3Init(TIM2, &TIM_OCInitStructure);

TIM_OCInitStructure.TIM_OCMode = TIM_OCMode_PWM1;
TIM_OCInitStructure.TIM_OutputState = TIM_OutputState_Enable;
TIM_OCInitStructure.TIM_OCPolarity = TIM_OCPolarity_High;

TIM_OC3Init(TIM2, &TIM_OCInitStructure);

TIM_OCInitStructure.TIM_OCMode = TIM_OCMode_PWM1;
TIM_OCInitStructure.TIM_OutputState = TIM_OutputState_Enable;
```

```
        TIM_OCInitStructure.TIM_OCPolarity = TIM_OCPolarity_High;
        TIM_OC4Init(TIM2, &TIM_OCInitStructure);

        TIM_OC1PreloadConfig(TIM2, TIM_OCPreload_Enable);
        TIM_OC2PreloadConfig(TIM2, TIM_OCPreload_Enable);
        TIM_OC3PreloadConfig(TIM2, TIM_OCPreload_Enable);
        TIM_OC4PreloadConfig(TIM2, TIM_OCPreload_Enable);
        TIM_Cmd(TIM2, ENABLE);

        NVIC_PriorityGroupConfig(NVIC_PriorityGroup_2);
        NVIC_InitTStructure.NVIC_IRQChannel = TIM2_IRQn;
        NVIC_InitTStructure.NVIC_IRQChannelPreemptionPriority = 1;
        NVIC_InitTStructure.NVIC_IRQChannelSubPriority = 2;
        NVIC_InitTStructure.NVIC_IRQChannelCmd = ENABLE;
        NVIC_Init(&NVIC_InitTStructure);
}
```

其中 arr 表示自动重装载寄存器的值,psc 表示时钟的分频因子。根据自己的需求定义 GPIO 结构体、中断优先级结构体、定时器结构体,并开启相应的时钟。接下来我们要配置 PWM 捕获输出端的引脚,并选择输出通道。选择要初始化的定时器,并配置自动重装载值、预分频系数和时钟分频因子,选择计数器向上计数模式。接下来需要配置定时器输出通道的 PWM 工作模式(这一步必不可少,否则不会产生输出信号),最后千万要记得使能所需定时器通道上相应的预装载寄存器。

2. 电机制动方式

```
void motorIO_Init(void)
{
        GPIO_InitTypeDef GPIO_In;
        RCC_APB2PeriphClockCmd(RCC_APB2Periph_GPIOB, ENABLE);
        RCC_APB2PeriphClockCmd(RCC_APB2Periph_AFIO, ENABLE);
        GPIO_PinRemapConfig(GPIO_Remap_SWJ_Disable, ENABLE);
        GPIO_In.GPIO_Mode= GPIO_Mode_Out_PP;
        GPIO_In.GPIO_Pin=GPIO_Pin_0|GPIO_Pin_1|GPIO_Pin_2|GPIO_Pin_3;
        GPIO_In.GPIO_Speed= GPIO_Speed_50MHz;
```

```
        GPIO_Init(GPIOB,&GPIO_In);
        GPIO_ResetBits(GPIOB,GPIO_Pin_0|GPIO_Pin_1|GPIO_Pin_2|GPIO_Pin_3);
        RCC_APB2PeriphClockCmd(RCC_APB2Periph_GPIOC, ENABLE);

        GPIO_In.GPIO_Mode= GPIO_Mode_Out_PP;
        GPIO_In.GPIO_Pin=GPIO_Pin_0|GPIO_Pin_1|GPIO_Pin_2|GPIO_Pin_3;
        GPIO_In.GPIO_Speed= GPIO_Speed_50MHz;
        GPIO_Init(GPIOC,&GPIO_In);
        GPIO_ResetBits(GPIOC,GPIO_Pin_0|GPIO_Pin_1|GPIO_Pin_2|GPIO_Pin_3);
}
```

该函数的主要功能是产生电机制动的电平信号并配置 GPIO 口响应引脚，这里共配置了 8 个引脚，因为本实验是基于 4 路 PWM 控制信号驱动 4 个电机的，所以根据上述电机驱动模块的介绍可知，每个电机需要 2 个高低电平信号，所以我们一共需要配置 8 个电机制动信号产生引脚。PWM 产生部分和电机驱动部分内容可以根据自己的需求进行引脚配置。

3．主函数程序代码

```
int main()
{
        motorIO_Init();
        TIM2_PWM_Init(23999,2);
        delay_init();
        uart_init(9600);
        while(1)
        {
           if(CommandDatatable[0]==0XFF && CommandDatatable[4]==0XFF)
           {
              switch (CommandDatatable[2])
              {
                   case 0X01:
                   {
```

```
        TIM_SetCompare1(TIM2,6000);
        TIM_SetCompare2(TIM2,6000);
        TIM_SetCompare3(TIM2,6000);
        TIM_SetCompare4(TIM2,6000);
        MOTOR_GO_FORWARD;
        printf("forward\r\n");
        break;
  }
case 0X02:
{
        TIM_SetCompare1(TIM2,6000);
        TIM_SetCompare2(TIM2,6000);
        TIM_SetCompare3(TIM2,6000);
        TIM_SetCompare4(TIM2,6000);
    MOTOR_GO_BACK;
    printf("back\r\n");
    break;
  }
  case 0X03:
{
        TIM_SetCompare1(TIM2,2000);
        TIM_SetCompare2(TIM2,6000);
        TIM_SetCompare3(TIM2,2000);
        TIM_SetCompare4(TIM2,6000);
        MOTOR_GO_LEFT;
        printf("left\r\n");
        break;
}
case 0X04:
{
        TIM_SetCompare1(TIM2,6000);
        TIM_SetCompare2(TIM2,2000);
        TIM_SetCompare3(TIM2,6000);
        TIM_SetCompare4(TIM2,2000);
        MOTOR_GO_RIGHT;
```

```
                printf("right\r\n");
                break;
            }
            case 0X05:
            {
                TIM_SetCompare1(TIM2,13000);
                TIM_SetCompare2(TIM2,13000);
                TIM_SetCompare3(TIM2,13000);
                TIM_SetCompare4(TIM2,13000);
                MOTOR_GO_STOP;
                printf("stop\r\n");
                break;
            }
            default:break;
        }
        resetCommandDatatable();
    }
}
```

通过调用电机驱动初始化函数和 PWM 波产生初始化函数来实现 4 个电机协同,进而实现前进、后退、左转、右转 4 个方向的变化,本实验中可通过调整 PWM 波的占空比从而实现电机转速的改变,这里采用改变比较寄存器的初始值来实现调节占空比的功能。通过实验测试,比较值的有效变化范围为 1400 ~ 19000,比较值小于 1400 时驱动不了电机,大于 19000 时,电机转速变化不是很明显,所以我们设置比较寄存器的初始值变化范围为 1400 ~ 19000。该实验中左转右转的实现是通过电机差速来完成的。其中,arr = 23999,psc = 2,周期 T = (23999 + 1) * (2 + 1)/72000000 = 0.001s = 1ms。指令采用的是 16 进制编码形式,例如实现前进功能的指令为 FF000100FF,以此类推,实现后退、左转、右转、刹车的指令分别为 FF000200FF、FF000300FF、FF000400FF、FF000500FF。

## 3.3 步进电机

### 3.3.1 步进电机简介

步进电机是一种将电脉冲转化为角位移的执行设备。通俗一点讲:当步进驱动器接收到一个脉冲信号,它就驱动步进电机按设定的方向转动一个固定的角度(即步进角)。我们可以通过控制脉冲个数来控制角位移量,从而达到准确定位的目的;同时我们可以通过控制脉冲频率来控制电机转动的速度和加速度,从而达到调速的目的。

28BYJ48 型步进电机是四相八拍电机,电压为 DC5V ~ DC12V。当对步进电机按一定顺序施加一系列连续不断的控制脉冲时,它可以连续不断地转动。每一个脉冲信号使得步进电机的某一相或两相绕组的通电状态改变一次,也就对应转子转过一定的角度。当通电状态的改变完成一个循环时,转子转过一个齿距。四相步进电机可以在不同的通电方式下运行,常见的通电方式有单(单相绕组通电)四拍(A – B – C – D – A……)、双(双相绕组通电)四拍(AB – BC – CD – DA – AB……)、四相八拍(A – AB – B – BC – C – CD – D – DA – A……)。

所以说,要想启动步进电机只需要依次给各个相输入高电平信号就可以了。注意,当给某一相输入信号的时候,其他相要重新置 0。也就是说,同一时刻只能保持一个相位。

### 3.3.2 ULN2003 模块工作原理

1. ULN2003 模块驱动电路原理图

ULN2003 模块驱动电路原理如图 3 – 5 所示。

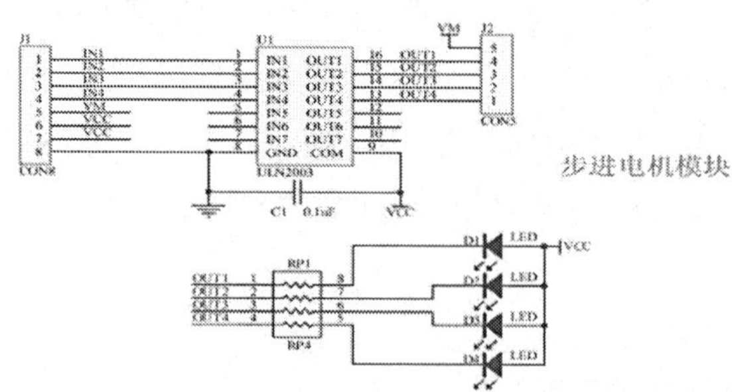


图 3 – 5 ULN2003 模块驱动电路原理图

2. 硬件引脚连接方式

1B、2B、3B、4B 连接单片机 IO 口,1C、2C、3C、4C 连接步进电机,VCC 连接 5V 电源,GND 接地。

3. 转动角度计算

28BYJ4 这款步进电机的减速比为 1:64,步进角为 5.625/64 度。那么要转一圈需要的脉冲是多少呢？一个脉冲转 5.625/64 = 0.087890625 度,所以要转 360 度需要的脉冲数为 360/(5.625/64) = 4096 个,由于电机为 8 拍,所以对于 8 拍的循环要执行 4096/8 = 512 次,这样电机能转一圈停下。

### 3.3.3 软件设计

启动 keil 5 新建一个工程,编写步进电机模块的控制代码。

1. 部分代码分析

主函数程序代码如下:

```
void main()
{
    motor_init();
    delay_init ();
    while(1)
    {
        Motor_Ctrl_Angle(1,45,5000);delay_ms(500);delay_ms(500);
    }
}
```

电机驱动的 IO 口初始化函数如下:

```
void motor_init(void)
{
     GPIO_InitTypeDef GPIO_InitStruct;
     RCC_APB2PeriphClockCmd(RCC_APB2Periph_AFIO,ENABLE);
     RCC_APB2PeriphClockCmd(RCC_APB2Periph_GPIOB,ENABLE);
     GPIO_PinRemapConfig(GPIO_Remap_SWJ_Disable, ENABLE);
     GPIO_InitStruct.GPIO_Mode = GPIO_Mode_Out_PP;
     GPIO_InitStruct.GPIO_Pin= GPIO_Pin_12|GPIO_Pin_13|GPIO_Pin_14|GPIO_Pin_15;
     GPIO_InitStruct.GPIO_Speed = GPIO_Speed_50MHz;
```

```
    GPIO_Init(GPIOB,&GPIO_InitStruct);
    GPIO_ResetBits(GPIOB, GPIO_Pin_12|GPIO_Pin_13|GPIO_Pin_14|GPIO_Pin_15);
}
```

控制电机反转的一个八拍脉冲函数如下：

```
void motor_control_F(int n)
{
    INT1orange_H;
    delay_us(n);

    INT4blue_L;
    delay_us(n);

    INT2yellow_H;
    delay_us(n);

    INT1orange_L;
    delay_us(n);

    INT3pink_H;
    delay_us(n);

    INT2yellow_L;
    delay_us(n);

    INT4blue_H;
    delay_us(n);

    INT3pink_L;
    delay_us(n);
}
```

控制电机正转的一个八拍脉冲函数如下：

```
void motor_control_Z(int n)
{
    INT4blue_H;
```

```
        delay_us(n);

        INT1orange_L;
        delay_us(n);

        INT3pink_H;
        delay_us(n);

        INT4blue_L;
        delay_us(n);

        INT2yellow_H;
        delay_us(n);

        INT3pink_L;
        delay_us(n);

        INT1orange_H;
        delay_us(n);

        INT2yellow_L;
        delay_us(n);
}
```

控制电机转动一定角度总函数如下：

```
void Motor_Ctrl_Angle(int mode,int angle,int n)
{
        u16 j;
        if(mode==1)
        {
            for(j=0;j<64*angle/45;j++)
            {
                motor_control_F(n);
            }
              Motor_Close();
```

```
        }
        else if(mode==0)
        {
            for(j=0;j<64*angle/45;j++)
            {
                motor_control_Z(n);
            }
         Motor_Close();
        }
        else ;
    }
```

其中,输入模式 mode =0 表示正转,mode =1 表示反转;angle 表示角度;n 表示延时时间,设置为 5000。

2. 下载验证

在开发环境中打开系统工程,通过编译后,使用 J - Link 将程序下载到 STM32 开发平台中,暂不执行程序。使用串口线连接 STM32 开发平台与 PC,打开串口工具并配置波特率等,设置完成后运行程序。程序运行后,步进电机每隔一秒反转 45 度。

# 第 4 章　STM32 传感器模块开发

## 4.1　温湿度传感器 DHT11

由于温度与湿度不管是从物理量本身还是对人们的实际生活都非常重要，所以温湿度一体的传感器就相应产生了。使用 STM32 采集温湿度传感器的数据，数据可通过显示屏实时显示，或者向上位机传送数据，并在 PC 端或 APP 上显示出当前时刻的温湿度数据。

### 4.1.1　温湿度传感器简介

温湿度传感器是传感器中的一种，其工作原理是让空气通过一个检测装置测量出温湿度后，按一定的规律变换成电信号或其他所需形式的信息输出，用以满足用户需求。本节以型号为 DHT11 的温湿度传感器为例，传感器外观如图 4－1 所示，通过与单片机 STM32 相连接实现对温湿度的数据采集和处理，并通过 LCD 显示屏将检测到的温湿度显示出来。

图 4－1　DHT11 温湿度传感器外观图

### 4.1.2　温湿度传感器工作原理

1. 引脚连接

VCC 供电为 3.3～5.5V，DATA 串行数据，单总线可以直接与单片机 IO 口连接，GND 接电源地。

2. 串行通信说明(单线双向)

(1) 单总线说明。

示例中所用温湿度传感器 DHT11 采用简化的单总线通信。单总线即只有一根数据线,系统中的数据交换、控制均由单总线完成。单总线由于外接上拉电阻的结构,使得当总线闲置时,其状态为高电平。设备是主从结构,只有主机呼叫从机时,从机才能应答,因此主机访问器件都必须严格遵循单总线序列,如果出现序列混乱,器件将不响应主机。

(2) 单总线传送数据位定义。

DATA 用于 STM32 与 DHT11 之间的通信和同步,采用单总线数据格式,收到主机起始信号后,传感器一次性从数据总线(SDA)串出 40 位数据,高位先出。STM32 把数据总线(SDA)拉低一段时间至少 18ms(最大不得超过 30ms),通知传感器准备数据。传感器把数据总线(SDA)拉低 83μs,再接高 87μs 作为主机的响应起始信号。

(3) 校验位数据定义。

8bit 湿度高位 + 8bit 湿度低位 + 8bit 温度高位 + 8bit 温度低位 = 8bit 校验位。其中湿度高位为湿度整数部分数据,湿度低位为湿度小数部分数据;温度高位为温度整数部分数据,温度低位为温度小数部分数据,且当温度低于 0℃ 时温度数据的低 8 位的最高位置为 1。若该数据关系式不成立,则说明接收数据不正确,放弃该数据,重新接收;若该数据关系式成立,则说明接收数据正确。

### 4.1.3 部分代码分析

读取 DHT11 数据函数程序代码:

```
uint8_t Read_DHT11(DHT11_Data_TypeDef *DHT11_Data)
{
    uint16_t count;
    DHT11_Mode_Out_PP();
    DHT11_DATA_OUT(DHT11_LOW);
    delay_us(20000);
    DHT11_DATA_OUT(DHT11_HIGH);
    delay_us(30);
    DHT11_Mode_IPU();
```

```
    if(DHT11_DATA_IN()==Bit_RESET)
    {
        count=0;
        while(DHT11_DATA_IN()==Bit_RESET)
        {
            count++;
            if(count>1000)   return 0;
            delay_us(10);
        }
        count=0;
        while(DHT11_DATA_IN()==Bit_SET)
        {
             count++;
             if(count>1000)   return 0;
             delay_us(10);
        }
        DHT11_Data->humi_int= Read_Byte();
        DHT11_Data->humi_deci= Read_Byte();
        DHT11_Data->temp_int= Read_Byte();
        DHT11_Data->temp_deci= Read_Byte();
        DHT11_Data->check_sum= Read_Byte();
        DHT11_Mode_Out_PP();
        DHT11_DATA_OUT(DHT11_HIGH);
        if(DHT11_Data->check_sum == DHT11_Data->humi_int + DHT11_Data-
>humi_deci+ DHT11_Data->temp_int+ DHT11_Data->temp_deci)
        {
             return 1;
        }
        else
        {
             return 0;
        }
    }
    else
    {
```

```
            return 0;
        }
    }
```

该函数的主要作用是读取并核对温湿度传感器 DHT11 输出的数据。结合温湿度传感器 DHT11 工作原理，首先我们要配置传感器的工作模式，主机拉高，延时 18ms，总线拉高，主机延时 30us，这样一个时间段为一个周期。我们将主机设为输入，判断从机响应信号。语句 if(DHT11_DATA_IN( ) = = Bit_RESET)则是用来判断从机是否有低电平信号，若从机不响应则跳出，响应则向下运行。然后开始循环读取湿度整数位和小数位的数据以及温度整数位和小数位的数据，并校正读取的数据是否正确。读取传感器数据字节的函数如下：

```
uint8_t Read_Byte(void)
{
    uint8_t i, temp=0;
    for(i=0;i<8;i++)
    {
        while(DHT11_DATA_IN()==Bit_RESET);
        delay_us(40);
        if(DHT11_DATA_IN()==Bit_SET)
        {
            while(DHT11_DATA_IN()==Bit_SET);
            temp|=(uint8_t)(0x01<<(7-i));
        }
        else
        {
            temp&=(uint8_t)~(0x01<<(7-i));
        }
    }
    return temp;
}
```

该函数读取输出的一个字节，高位(MSB)先输出，每 bit 以 50us 低电平标置开始，轮询直到从机发出的 50us 低电平结束；DHT11 以 26 – 28us 的高电平表示“0”，以 70us 高电平表示“1”，通过检测 x us 后的电平即可区别这两个状态，延时 x us 这个时延需要大于数据 0 持续的时间,此处延时为 40us,所以检测 40us 后的电平即可区别这两个状态。40us 后若仍为高电平表示数据“1”,把第 7 – i 位置 1,高位(MSB)先行;40us 后为低电平表示数据“0”,把第 7 – i 位置 0,高位(MSB)先行。主函数程序如下:

```
int main()
{
    delay_init(168);
    uart_init(9600);
    SysTick_Init();
    DHT11_GPIO_Config();
    if(Read_DHT11(&DHT11_Data)==SUCCESS)
    {
        printf("\r\n 温度为%d.%d%RH\r\n",DHT11_Data.temp_int,DHT11_
Data.temp_deci);
        printf("\r\n 湿度为%d.%d℃\r\n", DHT11_Data.humi_int,DHT11_
Data.humi_deci);
    }
}
```

主函数中,我们首先需要初始化系统函数,初始化 DHT11 的引脚配置等,接着调用 Read_DHT11 读取温湿度即可,若读取成功则输出该温湿度数据信息。此处,我们也可以添加一个延时函数,表示隔一段时间输出一次温湿度数据信息。

## 4.2　光照强度传感器 BH1750

光照强度传感器在生活中应用很广泛,比如根据光线自动控制路灯的开关、根据光线自动调整的窗帘、根据光线调节屏幕背光等等;光照强度的测量可以通过光敏电阻、光敏二极管或者数字光照传感器来完成。本节以数字光照强度传感器 BH1750 为例,把 STM32 作为处理器,利用光照强度传感器与 STM32 进行通信,从而实现对光照强度的检测。

### 4.2.1　光照强度传感器 BH1750 简介

BH1750 是一种用于两线式串行总线接口(IIC)的数字型光照强度传感器集成

电路,其输出的数字电平可以直接与单片机IO口连接,从而进一步实现与PC端通信。这种集成电路可以根据收集的光线强度数据来调整液晶或者键盘背景灯的亮度,并且利用它的高分辨率可以探测较大范围的光强度变化。光照强度传感器模块外观如图4-2所示。

图4-2 光照强度传感器外观图

### 4.2.2 IIC说明

1. IIC总线的功能简介

IIC(内部集成电路)总线接口用作微控制器和IIC串行总线之间的接口。它提供多主模式功能,可以控制所有IIC总线特定的序列、协议、仲裁和时序。它支持标准和快速模式。根据器件的不同,可利用DMA功能来减轻CPU的工作量。除了接收和发送数据之外,IIC总线接口还可以从串行格式转换为并行格式,反之亦然。中断由软件使能或禁止。该接口通过数据引脚(SDA)和时钟引脚(SCL)连接到IIC总线。它可以连接到标准(高达100 kHz)或快速(高达400 kHz)IIC总线。在本章所述实例中,写测量指令和读测量结果指令就是由IIC总线接口完成的。

2. IIC的通信过程

IIC由时钟线(SCL)和数据线(SDA)组成,其中时钟线管理IIC的通信时间,数据线用来传输数据。IIC通信的过程就是时钟线输出方波脉冲,每一个脉冲代表一个“0”或“1”的数字信号,连续传输8次,组成一个8位的二进制数,也就是一个字节的数据,反复这个过程就能实现两个设备之间的通信。

IIC通信的两个设备是有主从关系的,本章所述实例中STM32单片机是主设备,BH1750是从设备。时钟线是由主设备输出、从设备输入的,即单片机和BH1750通信的时候,单片机的IO口要给SCL引脚输出一个方波脉冲。由于IIC设备支持的最大通信频率一般都是400kHz,所以一个时钟周期(一个高电平加一个低电平为一个周期)不能小于2.5us。单片机输出时钟的时候一定要注意高低电平延时的时间,延时的时间越长,通信的速率越慢。另外,时钟线不会一直输出脉冲,只会在需要通信的时候输出,并且要遵循一定的规则。需要通信的时候时钟线先要输出一个“起始信号”告诉从设备要开始通信了,其实就是电平由高到低跳变,但是这个高电平的持续时间不能太短。然后再根据固定的时间输出高低脉冲,直到到了要停止通信的时候,时钟线要输出一个“结束信号”告诉从设备不通信了,其实就是电平一直拉高。

而数据线传输的数据是双向的,单片机可以给 BH1750 发数据,也可以读取 BH1750 的数据需要注意的。首先,单片机要先发一个 7bit 的寄存器地址,再发送一个 1bit 的读写位(0 表示是写入,1 表示读取),寄存器地址和读写位加起来刚好是一个字节,等待 BH1750 会给一个 ACK 应答位。然后单片机就可以接着发送数据了,每次都是以 1 个字节为间隔发。收也是类似的,只是把单片机发数据改成收数据。寄存器地址是用来区分从设备的各个器件的,因为有时候同一根时钟线和数据线可能会连接多个从设备,也就是说主设备发送的数据所有的从设备都可以收到,所以主设备要先发送一个器件地址,告诉所有的从设备我是给哪个设备发命令,其他设备收到了也不要执行。

对于 STM32 的 IIC 功能来说,由于 STM32 集成的 IIC 库比较精简,只需要配置相关参数即可使用,以下是 STM32 的 IIC 库代码。

```
typedefstruct{
uint32_t I2C_ClockSpeed;
uint16_t I2C_Mode;
uint16_t I2C_DutyCycle;
uint16_t I2C_OwnAddress1;
uint16_t I2C_Ack;
uint16_t I2C_AcknowledgedAddress;
}I2C_InitTypeDef;
```

第一行设置 SCL 时钟频率,此值要低于 400000;第二行指定工作模式,可选 I2C 模式及 SMBUS 模式;第三行指定时钟占空比,可选 low/high = 2:1 及 16:9 模式;第四行指定自身的 I2C 设备地址;第五行使能或关闭响应(一般都要使能);第六行指定地址的长度,可为 7 位或 10 位。

### 4.2.3　光照强度传感器工作原理

1. 引脚连接

VCC 供给电压 3 ~ 5v,SCL 是 IIC 总线时钟线,SDA 是 IIC 总线数据线,ADDR

是 IIC 地址引脚(本节所述实例中 ADDR 引脚接地),GND 接电源地。

2. 工作原理

BH1750 的内部由光敏二极管、运算放大器、ADC 采集、晶振等组成。PD 二极管通过光生伏特效应将输入光信号转换成电信号,经运算放大电路放大后,由 ADC 采集电压,然后通过逻辑电路转换成 16 位二进制数存储在内部的寄存器中(注:进入光窗的光越强,光电流越大,电压就越大,所以通过电压的大小就可以判断光照强弱,但是要注意的是电压和光强虽然是一一对应的,但不是成正比的,所以这个芯片内部是做了线性处理的,这也是为什么不直接用光敏二极管而用集成 IC 的原因)。BH1750 引出了时钟线和数据线,单片机通过 IIC 协议可以与 BH1750 模块通信,可以选择 BH1750 的工作方式,也可以将 BH1750 寄存器的光照度数据提取出来。

### 4.2.4 部分代码分析

初始化传感器函数程序代码如下:

```
void Cmd_Write_BH1750(u8 cmd)
{
    I2C_Start();
    I2C_Send_Byte(BH1750_Addr+0);
    while(I2C_Wait_Ack());
    I2C_Send_Byte(cmd);
    while(I2C_Wait_Ack());
    I2C_Stop();
    delay_ms(5);
}
```

该函数通过 IIC 协议发送开始信号,然后发送设备地址 + 写数据位,等待从机产生 Ack 响应信号,然后发送内部寄存器地址,等待从机产生 Ack 响应信号,发送停止信号,完成初始化。读取光照强度传感器数据函数程序代码如下:

```
void Read_BH1750(void)
{
        I2C_Start();
        I2C_Send_Byte(BH1750_Addr+1);
        while(I2C_Wait_Ack());
        BUF[0]=I2C_Read_Byte(1);
        BUF[1]=I2C_Read_Byte(0);
        I2C_Stop();
        delay_ms(5);
}
```

该函数的目的是读取传感器函数的值,并将其存储在 BUF[0]和 BUF[1]中。主函数程序代码如下:

```
int main()
{
        delay_init(168);
        uart_init(9600);
        SysTick_Init();
        Init_BH1750();
        delay_ms(200);
        Start_BH1750();
        delay_ms(180);
        Read_BH1750();
        BH1750_DATA=Convert_BH1750();
        printf("\r\n 光照强度传感器实验\r\n");
        printf("光照强度： %f \r\n",BH1750_DATA");
        delay_ms(1000);
}
```

首先调用初始化函数,初始化光照强度传感器 BH1750,然后给传感器上电设置清除数据寄存器和分辨率模式,并读取光照强度传感器输出的值存储在 BUF[0]和 BUF[1]中。最后处理 BUF[0]和 BUF[1]中的数据,输出光照强度的值,并赋值给 BH1750_DATA,然后通过串口打印出光照强度的值。

## 4.3 紫外线强度传感器 UVM30A

基于对紫外线广泛的应用，就需要针对不同波长、不同强度的应用场景来满足对紫外线应用的不同需求。例如紫外线在医疗领域中可以有效地治疗光照性皮肤病，在火焰探测领域中可以用于发生火灾时易发生明火的场所，在电弧探测领域中可以判断高压电力设备的安全运行状况，在纸钞识别中可以辨别纸币的真伪等。由于这些应用都需要对紫外线的强度进行很好的把控，所以就产生了对紫外线强度进行检测的紫外线强度传感器。

### 4.3.1 紫外线强度传感器简介

紫外线强度传感器是传感器的一种，它能检查到人感官觉察不到的紫外线，又能避免日光、灯光和其他常见光源的干扰，对火陷的发现和熄火保护、特殊场所的光电控制都是很有用的。紫外线强度传感器是利用光敏元件通过光伏模式和光导模式将紫外线信号转换为可测量的电信号，所以能有效地检测紫外线强度变化。其中光伏模式是指不需要串联电池，串联电阻中有电流，而传感器相当于一个小电池，输出电压，但是制作比较难，成本高；光导模式是指需要串联一个电池工作，传感器相当于一个电阻，电阻值随光的强度变化而变化，制作容易，成本较低。因而紫外线强度传感器在目前的安全防护、自动化控制方面有比较好的应用价值。

### 4.3.2 紫外线强度传感器工作原理

1. 引脚连接

VDD 供电 3.3 ~5.5VDC，OUT 是电信号输出引脚，可以直接与单片机 IO 口相连，GND 接地或电源负极。

2. 工作原理

图 4 – 3　紫外线强度传感器外观图

本节所述实例中所用的是型号为 UVM30A 的紫外线强度传感器模块，其外观如图4 –3所示，该传感器模块通过光敏传感器接收紫外线信号，并输出单片机能够处理的电压信号。紫外线强度传感器模块的 OUT 引脚输出的就是电压信号，该信号可以和单片机的 IO 口直接相连，考虑到单片机内部电平传输的因素,我们需要将传感器输出的模拟电压信号通过 ADC 模数转换器转换为数字信号。本节我们采用的是紫外线强度传感器模块与单片机 STM32 相连进行控制检测的。其中模数转换器采用的是 STM32 内部的 ADC 模数转换器,具体操作见代码处分析。

### 4.3.3　部分代码分析

数模转换函数程序代码:

```
u16 Get_Adc_UVM30A(u8 ch)
{
    ADC_RegularChannelConfig(ADC2, ch, 1, ADC_SampleTime_480Cycles );
    ADC_SoftwareStartConv(ADC2);
    while(!ADC_GetFlagStatus(ADC2, ADC_FLAG_EOC ));
    return   ADC_GetConversionValue(ADC2);
}
```

该函数的目的是获取 ADC 值:输入通道编号,0 ~ 16 取值范围为 ADC_Channel_0 ~ ADC_Channel_16,输出为最近一次 ADC2 规则组的转换结果。本实验中选择的是 ADC2 通道,一共 480 个周期,提高采样时间可以提高精确度,然后使能指定 ADC2 的软件转换启动功能,等待转换结束之后返回最近一次 ADC2 规则组的转换结果即可。获取传感器输出值函数程序代码:

```
float Get_Adc_UVM_30A(void)
{
    float temp_UVM30A;
    float adcx_UVM30A;
    adcx_UVM30A=Get_Adc_Average_UVM30A(ADC_Channel_4,20);
    temp_UVM30A=(float)adcx_UVM30A*(1.3/4096);
    temp_UVM30A=temp_UVM30A*1000;
    return temp_UVM30A;
}
```

该函数是为了获取紫外线强度传感器的最终值,经过模数转换和处理之后,输出由模拟量转化的数字电压量。主函数程序代码:

```
int main()
{
    delay_init(168);
    uart_init(9600);
    SysTick_Init();
    printf("\r\n 紫外线强度检测实验\r\n");
    Adc_Init_UVM30A();
    UVM30A_Grade();
    delay_ms(1000);
}
```

初始化传感器之后，调用 UVM30A_Grade 函数，将紫外线强度传感器的电压值转化为紫外线等级，并输出最终的电压值和相应的紫外线等级。

## 4.4 酒精浓度传感器 MQ－3

气体传感器是传感器的一种，可以用来检测生活中或者工业上的各种不同成分气体的浓度。例如在家庭和工厂的气体泄漏检测装置中，用来探测液化气、丁烷、丙烷、甲烷、氢气、烟雾等的探测。而酒精浓度传感器则是用于机动车驾驶人员及其他严禁酒后作业人员的现场检测或者其他场所酒精气体的检测的。本节我们重点讲如何利用酒精浓度传感器模块和 STM32 单片机对一些环境中的酒精浓度进行检测。

### 4.4.1 酒精浓度传感器简介

酒精浓度传感器是气体传感器中的主力产品之一，常用的有燃料电池型（电化学型）和半导体型，能够制造成便携型呼气酒精测试器，适合于现场使用，半导体型基本使用于民用市场；电化学型基本使用于执法交警部门，在国外，电化学型使用范围更广。本节所采用的是型号为 MQ－3 的酒精浓度传感器，是一种常用的半导体型传感器，其外观如图 4－4 所示，所使用的气敏材料是在清洁空气中电导率较低的二氧化锡（$SnO_2$），具有灵敏度高的优点。当传感器所处环境中存在酒精气体时，传感器的电导率随

图 4－4 酒精浓度传感器外观图

空气中酒精气体浓度的增加而增大。使用简单的电路即可将电导率的变化转换为与该气体浓度相对应的输出信号。

### 4.4.2　酒精浓度传感器工作原理

1. 引脚连接

VCC 接电源正极 5V，DOUT 是 TTL 高低电平输出端，AOUT 是模拟量输出端（可以直接与单片机 IO 口连接，作为单片机内部 ADC 的输入信号），GND 接电源地。传感器模块引脚如图 4－5 所示。

图 4－5　酒精浓度传感器引脚图

2. 工作原理

酒精浓度传感器可以从气体中将酒精气体检测出来，气体中的酒精气体浓度越大，检测到的信号就越大。例如酒精检测仪是通过检测人呼出的气体中酒精浓度的大小来检测人体血液中酒精的含量。而在本节我们所用到的酒精浓度传感器 MQ－3，是通过气敏元件电阻值的变化来检测酒精浓度的，其酒精浓度与气敏元件的关系为酒精浓度越大，气敏元件的电阻值就越小。由于酒精浓度传感器可以将测得的气体浓度转化为 TTL 高低电平信号或者模拟电压信号，所以可以将 MQ－3 的 DOUT 或者 AOUT 引脚直接与单片机的 IO 口连接，进而通过单片机控制酒精浓度传感器完成对酒精浓度的检测。

其中，对于 DOUT 引脚和 AOUT 引脚的使用方法是不一样的。当选择 DOUT 引脚作为酒精浓度传感器的输出端时，输出端需要接入电位器并且设定阈值，然后通过比较器比较才可以输出高低电平。若传感器检测到信号，则输出低电平信号；若传感器没有检测到信号，则输出高电平信号，并且等于电源电压。当选择 AOUT 引脚作为酒精浓度传感器的输出端时，由于输出的是模拟电信号，所以不需要接电位器，直接与单片机 STM32 内部的 ADC 通道接口相连，就可以将测到的酒精浓度转化为量化的数字电压信号，当传感器检测到酒精气体时，电压每升高 0.1V，实际气体的浓度就增加 20ppm，根据这个参数关系就可以在单片机里将测到的模拟量电压值转化为浓度值。

由于本节采用的是带有 ADC 模数转换器的 STM32，所以我们选择 AOUT 引脚作为输出端,并且通过对 STM32 的引脚配置,使 AOUT 输出的模拟信号量直接作为内部 ADC 的输入信号,具体操作见程序代码处分析。

### 4.4.3 部分代码分析

ADC 转换函数程序代码:

```
u16 Get_Adc_MQ(u8 ch)
{
    ADC_RegularChannelConfig(ADC1, ch,1,ADC_SampleTime_480Cycles );
    ADC_SoftwareStartConv(ADC1);
    while(!ADC_GetFlagStatus(ADC1, ADC_FLAG_EOC ));
    return   ADC_GetConversionValue(ADC1);
}
```

该函数是为了获取 ADC 的转换值,输入所选择的 ADC 通道编号,输出最近一次 ADC1 规则组的转换结果。获取酒精浓度传感器输出值函数程序代码:

```
float Get_Adc_MQ_3(void)
{
    float temp;
    float adcx;
    adcx=Get_Adc_Average_MQ_3(ADC_Channel_5,20);
    temp=(float)adcx*(3.3/4096);
    temp=temp*1000;
    return temp;
}
```

该函数是获取酒精浓度传感器的输出值。其中,temp = ( float ) adcx * (3.3/4096)表示 12 位的 ADC,其最大数字量是 4096,则 ADC 输出值只能在 0 ~ 4096 之间,把数字量转化为带单位的值时,就要用参考电压来计算得到多少伏的量,此处所用的基准电压是 3.3V。主函数程序代码:

```
int main()
{
    delay_init(168);
    uart_init(9600);
    SysTick_Init();
    Adc_Init_MQ_3();
```

```
        printf("\r\n 酒精浓度传感器实验\r\n");
        MQ_3_DATA=Get_Adc_MQ_3();
        printf("酒精浓度所对应的电压值：%f mv\r\n",MQ_3_DATA);
        delay_ms(1000);
    }
```

该实验同紫外线强度传感器实验一样,都通过 ADC 转换来获取传感器输出的最终电压值。

## 4.5　人体红外传感器 HC – SR501

在生活中,人体红外传感器有着很广泛的应用。由于人体红外传感器是用来检测是否有人体产生的红外信息,所以当有人活动时,感应探测器探测到有人进入时,感应探测器将收集人体产生的红外信号,生成脉冲信号,其后脉冲信号传给主控器,主控器判断后作出相应的指示。因此,人体红外传感器可以用于生活中的防盗报警、来客告知等,也可以在自动门系统中或者放在玄关、卫生间、走廊等需要临时照明的场所作为感应开关使用,还可以起到最大限度节约电能的作用。

### 4.5.1　人体红外传感器简介

人体红外传感器又称作热释电传感器。所谓热释电,是指当热释电元件受到红外辐射而温度升高时,表面电荷将减少,相当于释放了一部分电荷。而热释电传感器就是将释放的电荷经放大器可转换为电压输出,这样就把人体产生的红外信号转化为了电信号。通常该电信号可以直接作为单片机 IO 口的输入信号,从而进一步实现与 PC 端相连,使传感器的输出结果通过单片机处理直接显示出是否有人的结果。本节采用的是型号为 HC – RS501的人体红外传感器,是野火公司设计的基于红外线技术的自动控制模块,其传感器模块外观如图 4 – 6 所示,采用的是被动式红外探头设计,灵敏度高,可靠性强,超低电压工作模式, 广泛应用于各类自动感应电器设备,尤其是干电池供电的自动控制产品。

图 4 – 6　人体红外传感器外观图

### 4.5.2 人体红外传感器工作原理

1. 引脚连接

VCC 接电源正极 5V，OUT 是输出端（输出的是高低电平，可以直接与单片机 IO 口连接，通过判断输出端的高低电平来确定是否有人活动），GND 接电源地。人体红外传感器模块引脚如图 4－7 所示。

图 4－7 人体红外传感器引脚图

2. HC－SR501 人体红外传感器工作原理

人体都有恒定的体温，一般在 37 度左右，所以会发出特定波长为 10um 左右的红外线，被动式红外探头就是靠探测人体发射的 10um 左右的红外线进行工作的。人体发射的 10um 左右的红外线通过菲涅尔滤光片增强后聚集到红外感应源上，红外感应源通常采用热释电元件，这种元件在接收到人体红外辐射温度发生变化时就会失去电荷平衡，向外释放电荷，后续电路经检测处理后产生电信号。HC－SR501 具有全自动感应的特点，即当人进入其感应范围则输出高电平，人离开感应范围则自动延时关闭高电平，输出低电平。STM32 单片机系统通过普通 I/O 引脚与 HC－SR501 模块连接即可实现对人体发出的红外信号的检测，具体操作见程序代码处分析。

### 4.5.3 部分代码分析

获取人体红外传感器返回值函数程序代码：

```
uint8_t HC_SR501(void)
{
	if (PFI==1)
	{
		return 1;
	}
	return 0;
}
```

该实验选取的人体红外传感器 HC－SR501 输出的是高低电平信号，所以我们通过 IO 口获取传感器的输出信号，然后获取返回值，作为判断是否检测到有人的条件，若检测到有人，则返回1，否则返回0。判断是否有人函数程序代码：

```
void HC_SR501_Result(void )
{
    if(HC_SR501()==1)
    {
        printf("有人\r\n");
        delay_ms(500);
    }
    else
    {
        printf("没人\r\n");
        delay_ms(500);
    }
}
```

此处如果人体红外感应模块检测到有人，则输出检测结果显示"有人"，否则输出检测结果"无人"，并且每隔0.5s显示一次判断结果。主函数程序代码：

```
int main()
{
    delay_init(168);
    uart_init(9600);
    SysTick_Init();
    HC_SR501_init();
    printf("\r\n 人体红外检测结果\r\n");
    HC_SR501_Result();
}
```

## 4.6 超声波传感器HC－SR04

超声波传感技术广泛地应用在生产实践的不同方面。在临床医学中可以利用超声波传感技术诊断疾病，具有对受检者无痛苦、无损害、方法简便、现象清晰、准确率高等优点；在工业方面，超声波传感技术可以实现对金属的无损伤探伤和超声波测厚，有效地解决了在过去因为无法探测到物体组织内部而受到阻碍的问题。基于在超声波传感技术上的应用，将超声波与信息技术、新材料技术等结合起来，出现了越来越多的智能化、灵敏度高的超声波传感器。

### 4.6.1 超声波传感器简介

超声波传感器可以广泛应用在物位(液位)检测、机器人防撞、各种超声波接近开关以及防盗报警等相关领域。例如,超声波传感器可以对集装箱状态进行检测,判断集装箱是空的状态还是满的状态;超声波传感器也可以应用于食品加工厂,实现塑料包装检测的闭环控制系统;超声波传感器还可以用于检测透明物体、液体、任何表面粗糙、光滑、光的密致材料和不规则物体。基于超声波在测距方面的应用,本节将采用型号为 HC-SR04 的超声波测距传感器,传感器模块外观如图 4-8 所示。利用该传感器与单片机 STM32 进行通信,实现对距离的采集、处理和显示等操作。

图 4-8 超声波传感器外观图

### 4.6.2 超声波传感器工作原理

1. 引脚连接

VCC 接电源正极 5V,TRIG 是控制端(触发控制,接收 STM32 的定时器产生的脉冲信号),ECHO 是接收端(模块输出脉冲作为响应信号,检测是否有信号返回),GND 接电源地。超声波传感器模块引脚如图 4-9 所示。

图 4-9 超声波传感器引脚图

2. 工作原理

(1) 基本工作原理。

使用单片机的一个引脚发送一个至少 10us 高电平的 TTL 脉冲信号到模块的 Trig 引脚,用于触发模块工作。模块检测到触发信号之后,会自动发送 8 个 40khz 的方波,然后自动切换至监测模式,监测是否有信号返回(超声波信号遇障碍物会返回)。如果有信号返回,通过模块的 Echo 引脚会输出一个高电平, 高电平持续的时间就是超声波从发射到返回的时间。因为声音在空气中的速度为 340 米/秒,即可计算出所测的距离。

(2) 距离换算。

换算公式为:测试距离 m =(高电平时间 * 声速(340m/s))/2。其中,公式中除以 2 的原因:超声波信号往返的耗时等于高电平持续时间,我们求距离,需要除以 2。测量距离单位为 m,高电平时间为 s, 如果我们把测量距离的单位换为 cm,高电平时间改为 us,则上面的公式就修改为:测量距离 cm = 高电平时间 us/(1000/17);而 1000/17 ≈ 58.82。通常情况下为了方便计算,距离换算就是将求得的高电平时间除以 58,所以此时得到的距离换算公式为:测量距离 cm = 高电平时间 us /58。

(3) 超声波时序图。

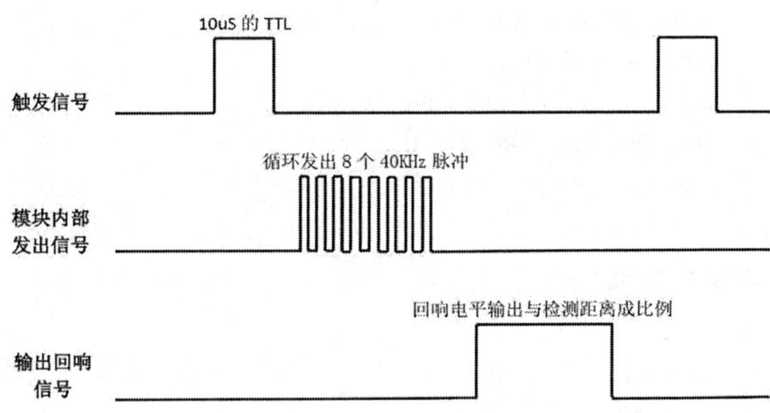


图 4 - 10　超声波时序图

图 4 - 10 表明,只需要提供一个 10 us 以上脉冲信号,该模块内部就会发出 8 个 40 kHz 的周期电平并检测回波,一旦检测到有回波信号,则输出回响信号,其中回响信号的脉冲宽度与所测的距离成正比。所以可以通过发射信号到接收到的回响信号的时间间隔计算得到距离。测量周期最好为 60 ms 以上,以防止发射信号对回响信号的影响。

### 4.6.3　部分代码分析

超声波测距模块函数程序代码:

```
float  HCSR04_distance(void)
{
    float  distance;
    float  temp=0;

    TIM14_PWM_Init(500-1,84-1);
    TIM5_CH1_Cap_Init(0XFFFFFFFF,84-1);
    LED1 = 1;
    TIM_SetCompare1(TIM14,TIM_GetCapture1(TIM14)+1);
    if(TIM_GetCapture1(TIM14)==300)TIM_SetCompare1(TIM14,0);
    if(TIM5CH1_CAPTURE_STA&0X80)
    {
        temp=TIM5CH1_CAPTURE_STA&0X3F;
        temp*=0XFFFFFFFF;
        temp+=TIM5CH1_CAPTURE_VAL;
        TIM5CH1_CAPTURE_STA=0;
        distance = temp * 170 /10000;
    }
    return distance;
}
```

该函数中,第三行语句表示定时器时钟为84M,分频系数为84,则计数频率为84M/84 =1MHz,重装载值500,PWM 频率为1M/500 =2KHz。if 判断语句表示计数器在自加到 ARR 值的过程中会不断和 CCRX 的值相比较,一旦二者相等就产生匹配事件,但要注意计数器不会理会这件事,它会继续自加直到等于 ARR。其中,计数器分频系数在 TIM_TimeBaseStructure. TIM_Prescaler = X1 确定,ARR 值由 TIM_TimeBaseStructure. TIM_Period = X2 确定。占空比 = CCR/ARR,频率 = 72M/(X1 +1)/X2。TIM_GetCapture1(TIM14) +1 就是 CCR 的值,也就是 CCR 自加1,说明 TIM_GetCapture1(TIM14)读取的值在增大 。换算距离公式 distance = temp * 170 /10000,单位为 cm。主函数程序代码:

```
int main()
{
      delay_init(168);
      uart_init(9600);
      SysTick_Init();
      printf("\r\n 超声波测距实验\r\n");
      HCSR04_DATA=HCSR04_distance();
      printf("测试距离：%fcm \r\n",HCSR04_DATA);
      delay_ms(1000);
}
```

调用超声波测距模块函数,并将测试距离赋值给 HCSR04_DATA,从而以 cm 为单位输出测试距离。

### 4.6.4　下载验证

在开发环境中打开系统工程,通过编译后,将程序下载到 STM32 开发平台中,执行程序,小车平台就会移动起来,遇到障碍物时,在一定距离时,发出相应信号。

## 4.7　GPS 卫星定位模块

随着汽车、手机等高档消费品的普及,卫星定位导航系统也迅速发展,其应用领域也越来越广泛。GPS 卫星定位系统在道路工程中,可以用于建立各种道路工程控制网及测定航测外控点等,有效改善了常规测量手段布网困难且精度低的状况;在汽车导航和交通管理中,GPS 卫星定位系统可以实现对车辆的跟踪、提供出行路线规划和导航、将车辆信息以数字形式在控制中心的电子地图上显示出来、对遇有险情或发生事故的车辆进行紧急援助等;除此之外,可以利用 GPS 系统的空间卫星上载有的精确时钟能够提供发布时间和频率信息的功能进行精确时间或频率的控制,该应用可为许多工程实验服务。基于对定位、导航、测量等的需求,需要开发符合条件的定位模块,本节我们将介绍 GPS 卫星定位模块的基本应用。

### 4.7.1　GPS 卫星定位模块简介

本节采用的是 ATGM332D－5N 系列的模块,该模块产品都是基于中科微第四代低功耗 GNSS SOC 单芯片—AT6558,支持多种卫星导航系统。AT6558 是一款真正意义的六合一多模卫星导航定位芯片，包含 32 个跟踪通道，可以同时接收 6 个卫星导航系统的 GNSS 信号，并且实现联合定位、导航与授时。ATGM332D－5N 系列模块具有高灵敏度、低功耗、低成本等优势，适用于车载导航、手机或平板电脑等手持设备的定位、嵌入式定位设备、可穿戴设备。

### 4.7.2 GPS 卫星定位模块工作原理

1. 引脚连接

ATGM332D 型号的 GPS 卫星定位模块的引脚如图 4－11 所示。

VCC 接电源正极 5V，PPS 是时间脉冲信号线，模块接收到 GPS 时间信息后，输出可调节的脉冲信号，默认为 1Hz，脉冲上升沿与 UTC 时间对齐。（实验过程中将 PPS 引脚悬空即可），RXD 是串口数据接收信号线，使用 TTL 电平，TXD 是串口数据发送信号线，使用 TTL 电平，GND 接电源地。

图 4－11 GPS 卫星定位模块引脚图

2. 工作原理

ATGM332D 型号的 GPS 卫星定位模块及其配套的有源天线外观如图 4－12 所示。

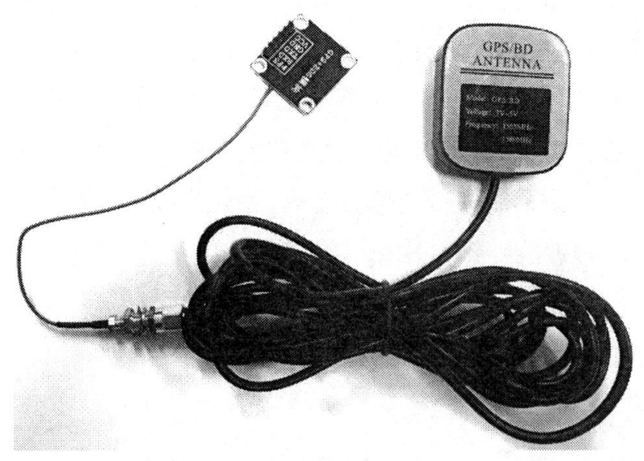


图 4－12 GPS 卫星定位模块外观图

本节实验采用的方法是通过 STM32 单片机系统控制 ATGM332D 模块，整个测试过程是将 STM32 通过串口 usart1 与 ATGM332D 模块通信，GPS 模块将输出的 NMEA 信息（定位信息）通过串口 usart1 发送给 STM32，然后通过 GPS 日志文件对 NMEA 信息进行解码，并把结果通过 usart1 输出到电脑的串口调试助手上，我们从串口调试助手上即可看出当前的定位信息，串口调试助手的 GPS 界面如图 4－13 所示。这里需要注意的是，必须使用 1.2.0 或以上版本的串口调试助手才能支持带北斗功能的定位模块。

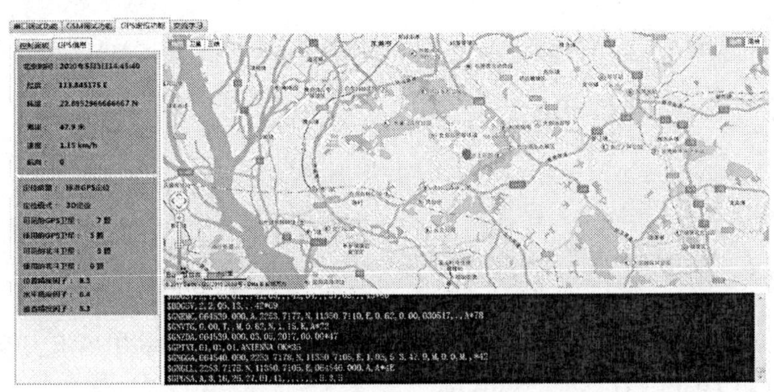

图 4－13　串口调试助手 GPS 界面

具体操作过程可以参考《秉火 GPS/北斗双模定位模块 BH－ATGM332D 用户手册》。

### 4.7.3　部分代码分析

解码函数程序代码：

```
int nmea_decode_test(void)
{
    double deg_lat;
    double deg_lon;
    nmeaINFO info;
    nmeaPARSER parser;
    uint8_t new_parse=0;
    nmeaTIME beiJingTime;

    nmea_property()->trace_func = &trace;
```

```
    nmea_property()->error_func = &error;
    nmea_property()->info_func = &gps_info;
    nmea_zero_INFO(&info);
    nmea_parser_init(&parser);
    printf("OK\n");
    while(1)
    {
        if(GPS_HalfTransferEnd)
    {
        nmea_parse(&parser, (const char*)&gps_rbuff[0], HALF_GPS_RBUFF_
SIZE, &info);
        GPS_HalfTransferEnd = 0;
        new_parse = 1;
        }
        else if(GPS_TransferEnd)
        {
            nmea_parse(&parser, (const char*)&gps_rbuff[HALF_GPS_RBUFF_
SIZE], HALF_GPS_RBUFF_SIZE, &info);
        GPS_TransferEnd = 0;
        new_parse =1;
    }
    if(new_parse )
    {
          GMTconvert(&info.utc,&beiJingTime,8,1);
          printf("OK\n");
             printf("\r\n 时间 %d-%02d-%02d,%d:%d:%d\r\n", beiJingTime.
year+1900, beiJingTime.mon,beiJingTime.day,beiJingTime.hour,beiJingTime.min,beiJing
Time.sec);
              deg_lat = nmea_ndeg2degree(info.lat);
              deg_lon = nmea_ndeg2degree(info.lon);
              printf("\r\n 维度：%f，经度：%f r\n",deg_lat,deg_lon);
              printf("\r\n 海拔高度：%f 米", info.elv);
              printf("\r\n 速度：%f km/h ", info.speed);
              printf("\r\n 航向：%f 度", info.direction);
```

```
            printf("\r\n正在使用的GPS卫星：%d，可见GPS卫星；%d",info.
satinfo.inuse,info.satinfo.inview);
                    printf("\r\n正使用的北斗卫星:%d,可见北斗卫星:
%d",info.BDsatinfo.inuse,info.BDsatinfo.inview);
                    printf("\r\nPDOP:%f，HDOP:%f，VDOP: %f",
info.PDOP,info.HDOP,info.VDOP);
                    new_parse = 0;
            }
        }
    }
```

该函数的作用是对 GPS 模块传回的 NMEA 信息进行解码。首先我们要定义经度纬度等各类数据的显示形式，此处我们定义 deg_lat、deg_lon 分别为经度纬度数据，并转换成[degree].[degree]格式的数据。其次，我们需要定义解码时使用的数据结构和数据标志，若识别到解码标志，我们则调用解码函数，开始进行解码。主函数程序代码：

```
int main()
{
    delay_init(168);
    uart_init(9600);
    SysTick_Init();
    GPS_Config();
    printf("\r\nGPS 测试模块\r\n");
    printf("\r\n 本程序对 GPS 模块串口传回的数据解码\r\n");
    printf("\r\n 实验时请给开发板介入 GPS 模块\r\n");
    nmea_decode_test();
    delay_ms(1000);
}
```

该实验主要是通过 GPS 卫星定位模块进行定位，然后通过调用 GPS 解码测试函数，对 GPS 模块传回的 NMEA 信息进行解码，进而输出解码之后的信息。

## 4.8　红外避障模块

红外传感技术已经在现代科技、国防和工农业等领域获得了广泛的应用，而红外传感器是一种能够感应目标红外辐射的器件。其利用红外线的物理性质来进行测量。而红外避障模块就是利用红外传感技术实现避障的传感器模块，其中避障是指移动机器人在行走过程中，通过传感器感知到在其规划路线上存在静态或动态障碍物时，按照一定的算法实时更新路径，绕过障碍物，最后达到目标点。实现避障的必要条件是环境感知，在未知或部分未知的环境下避障需要通过传感器获取周围环境信息，包括障碍物的尺寸、形状和位置等信息，因此传感器技术在移动机器人避障中起着十分重要的作用。目前常见的避障传感器主要有视觉传感器、激光传感器、红外传感器、超声波传感器等模块，而本节采用的是具有结构简单、反应灵敏、便于近距离进行路面情况检测的红外避障传感器，其外观如图4－14所示。

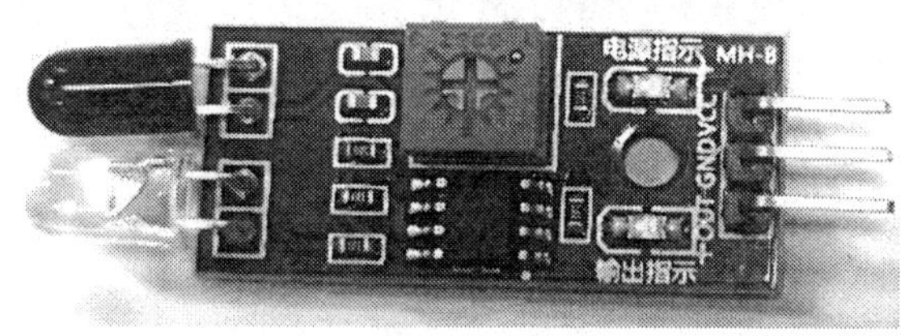


图 4－14　红外避障传感器外观图

### 4.8.1　红外避障传感器简介

红外避障传感器对环境光线适应能力很强，具有一对红外线发射与接收管，发射管发出红外线对障碍物进行检测，当遇到障碍物时，红外线反射回来被接收管接收，然后通过比较器、控制模块等处理，便可实现避障的目的。该传感器输出的是数字信号 0 或 1，可以直接与单片机的 IO 口连接，进一步实现与上位机的通信。除此之外，红外避障传感器还有干扰小、便于装配、使用方便等特点，可以广泛应用于机器人避障、流水线计数等场合。

### 4.8.2　红外避障传感器工作原理

1. 引脚连接

VCC 接电源正极 5V，OUT 是输出端(输出的是数字量 0 或 1，可以直接与单片机的 IO 口连接)，GND 接电源地。将单片机核心板通过 IO 口与红外循迹模块相连并安装在智能车模型上。需要注意，在烧写程序前，要把 WIFI 接单片机串口的数据线拔掉。传感器模块上的 VCC OUT GND 对应核心板上的 P2\P3 中的 VCC OUT GND，用杜邦线对应接好，禁止反接、错接，防止传感器模块被烧坏。

2. 工作原理

红外测距采用的是三角测距的原理。红外发射器按照一定角度发射红外光束,当红外光束碰到障碍物时,红外光会反射回来,检测到反射光之后,通过结构上的几何三角关系,就可以计算出物体距离。红外避障传感器具有一对红外线发射与接收管,发射管发射出一定频率的红外线,当检测方向遇到障碍物(反射面)时,红外线反射回来被接收管接收,经过比较器电路处理之后,绿色指示灯会亮起,同时信号输出接口输出数字信号(一个低电平信号)。由于该传感器输出的是数字信号,所以可以将传感器的输出端直接与单片机 STM32 的 IO 口连接或者可以进一步与上位机连接,经过控制器处理之后可以直接显示出避障检测的结果。具体操作见程序代码处分析。

### 4.8.3　部分代码分析

启动 keil 5 新建一个工程,编写红外避障传感器模块的控制代码,查看红外避障传感器模块的输出数据,并不断改变板块的颜色,反复查看并对比红外避障传感器模块输出数据的情况。使用 USB 数据线连接,烧录下载程序。红外避障检测函数程序代码:

```
void BIZG_detect_barrier(void)
{
	int data;
	data=GPIO_ReadInputDataBit(GPIOF,GPIO_Pin_12);
	if(data == 0)
	{
		printf("\r\n 有障碍物\r\n");
		carstop( );
	}
	else
	{
		printf("\r\n 无障碍物\r\n");
		cargo( );
	}
}
```

该函数是为了判断是否检测到障碍物,若未检测到障碍物(接收管未接收到红外光),对应输出状态为1;否则,检测到障碍物(接收管接收到红外光),对应输出状态为0。红外避障检测结果函数程序代码:

```
void BIZG_Result(void )
{
    if(BIZG()==1)
    {
        printf("\r\n 无障碍物\r\n");
        cargo( ); // “前进” 指令
        printf("\r\n 前进\r\n");
        delay_ms(2000);
    }
    else
    {
        printf("\r\n 有障碍物\r\n");
        carstop( ); // “停止” 指令
        printf("\r\n 停止\r\n");
        delay_ms(2000);
    }
}
```

该函数是为了判断是否检测到障碍物并输出检测结果(当该传感器模块应用于避障小车或者机器人方面时,可以在判断是否有障碍物后,发出前进或其他动作指令)。主函数程序代码:

```
int main()
{
    delay_init(168);
    uart_init(9600);
    SysTick_Init();
    BIZG_Init();
    printf("\r\n 红外避障检测实验\r\n");
    BIZG_Result();
    delay_ms(1000);
}
```

该实验所使用的的传感器模块输出的是“0”或“1”数字信号，所以该实验的关键就是判断传感器模块输出的电平信号即可。

### 4.8.4　下载验证

在开发环境打开系统工程，通过编译后，将程序下载到 STM32 开发平台中，执行程序，小车平台就会移动起来，遇到障碍物时，发出相应信号同时能够避开障碍物。

## 4.9　红外循迹模块

循迹传感器常用于智能机器人、智能车或者无人机等，主要负责轨迹规划和轨迹跟踪。通常，循迹模块和避障模块搭配使用功能会更灵活。循迹传感器实现的功能主要是通过检测到预先设定好的轨迹来判断是否进行下一步操作，该传感器可以用于电度表脉冲数据采样、传真机碎纸机纸张检测、障碍检测、黑白线检测。

### 4.9.1　红外循迹传感器简介

本节采用的是型号为 TCRT5000 的红外循迹传感器检测模块，与上一章红外避障传感器模块用的是同一个传感器模块，如图 4－15 所示，基本原理都是通过发射红外线对目标物体进行检测，然后通过接收管是否能接收到反射回来的红外线判断是否进行下一步操作。具体介绍可参考上一节红外避障传感器模块简介。

图 4－15　红外循迹传感器外观图

### 4.9.2　红外循迹传感器工作原理

1. 引脚连接

VCC 接电源正极 5V，OUT 是输出端（输出的是数字量 0 或 1，可以直接与单片机的 IO 口连接），GND 接电源地。将单片机核心板通过 IO 口与红外循迹模块相连并安装在智能车模型上。串口连接，在烧写程序前，要把 WIFI 接单片机串口的数据线拔掉。传感器模块上的 VCC OUT GND 对应核心板上的 P2\P3 中的 VCC

OUT GND,用杜邦线对应接好,不得接反或接错,否则烧坏传感器模块。

2. 工作原理

红外测距采用的是三角测距的原理。红外发射器按照一定角度发射红外光束,当红外光束碰到预先设置好的白色轨迹线时,红外光会反射回来,检测到反射光之后,通过结构上的几何三角关系,就可以计算出物体距离。红外循迹传感器具有一对红外线发射与接收管,发射管发射出一定频率的红外线,当检测方向遇到白色轨迹线时,红外线反射回来被接收管接收,经过比较器电路处理之后,绿色指示灯会亮起,同时信号输出接口输出低电平数字信号“0”;当检测方向遇到黑色轨迹线时,发射管发出的红外线被吸收,所以接收管不能接收到红外线,使信号输出接口输出高电平数字信号“1”。由于该传感器输出的是数字信号,所以可以将传感器的输出端直接与单片机 STM32 的 IO 口连接或者可以进一步与上位机连接,经过控制器处理之后可以直接显示出避障检测的结果。具体操作见程序代码处分析。

### 4.9.3 部分代码分析

启动 keil 5 新建一个工程,编写红外循迹模块的控制代码,查看红外循迹模块的输出数据,并不断改变板块的颜色,反复查看并对比红外循迹模块输出数据的情况。使用 USB 数据线连接,烧录下载程序。红外循迹传感器检测函数程序代码:

```
void XUNJI_detect_line(void)
{
    if(S_XUNJI_Input = =0)
    {

        printf("\r\n 未碰到黑线\r\n");
    }
    else
    {
        printf("\r\n 碰到黑线\r\n");
    }
}
```

该函数表示,当没有检测到黑线时(接收管接收到反射回去的红外线),对应输出端的输出信号为低电平数字信号“0”;当检测到有黑线时(接收管没有接收到红外线),对应输出端的输出信号为高电平数字信号“1”。其中, S_XUNJI_Input 表示循迹返回值，即传感器模块的信号输出端的值，如果返回值为 0，则说明没有检测到黑线。红外循迹传感器检测结果函数程序代码：

```
void XUNJI_Result(void )
{
    if(XUNJI()==1)
    {
        printf("有黑线\r\n");
        cargo();
        printf("前进\r\n");
        delay_ms(2000);//
    }
    else
    {
        printf("没有黑线\r\n");
        carstop();
        printf("停止\r\n");
        delay_ms(2000);
    }
}
```

该函数是为了判断传感器是否检测到黑线。其中，XUNJI 函数表示传感器将输出的数字电平信号作为单片机的 IO 口输出信号，如果 XUNJI( ) = 1，则说明单片机对应引脚 1 输入高电平，表示传感器检测到了黑线。主函数程序代码：

```
int main()
{
    delay_init(168);
    uart_init(9600);
    SysTick_Init();
    XUNJI _Init();
    printf("\r\n 红外循迹检测实验\r\n");
    XUNJI_Result();
    delay_ms(1000);
}
```

该实验所用传感器模块同红外避障检测实验，可参考红外避障检测实验源代码。

## 4.10 电机转速检测传感器

测量电机转速的第一步就是要将电机的转速表示为单片机可以识别的脉冲信号,从而进行脉冲计数。霍尔器件作为一种转速测量系统的传感器,它有结构牢固、体积小、重量轻、寿命长、安装方便等优点且功耗小、频率高(可达 1MHz),因此选用霍尔传感器检测脉冲信号,其基本的测量原理如图 4-16 所示,当电机转动时,带动传感器运动,产生对应频率的脉冲信号,经过信号处理后输出到计数器或其他的脉冲计数装置,进行转速的测量。

### 4.10.1 AH3144 霍尔传感器工作原理

1. 工作原理

AH3144E、AH3144L 高灵敏度单极霍尔开关电路是由电压调整器、霍尔电压发生器、差分放大器、斯密特触发器和集电极开路的输出级组成的磁敏传感电路,其输入为磁感应强度,输出是一个数字电压信号。霍尔传感器的原理示意图如图 4-16所示。它是一种单磁极工作的磁敏电路,适合于矩形或者柱形磁体下工作,其工作温度范围为 -40 ~150℃,可应用于汽车工业和军事工程中。

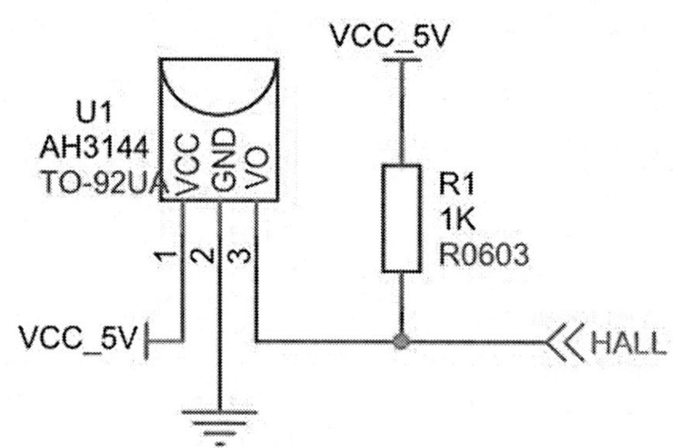


图 4-16 霍尔传感器原理图

2. 硬件连接框图

传感器可以采用霍尔传感器 AH3144,它是一种磁传感器,当电机带叶轮转动时,我们在叶轮上固定一块小磁铁,将传感器靠近小磁铁时,叶轮上小磁铁每经过一次霍尔传感器就会产生一个脉冲信号,并通过单片机端口位将脉冲信号传递给单片机。单片机在将数据处理后，就通过串口上传数据。霍尔传感器硬件结构如图 4－17 所示。

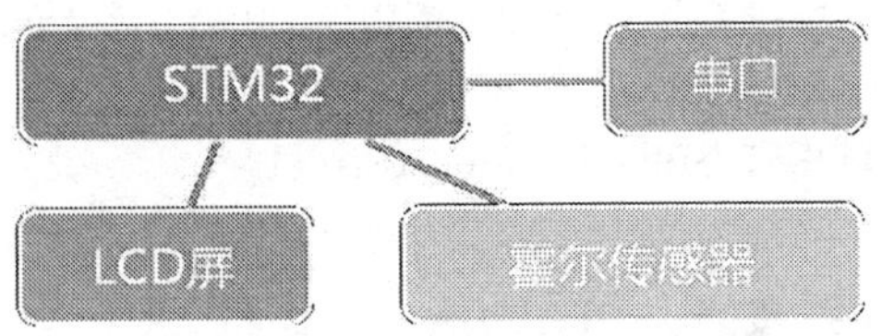


图 4－17　霍尔传感器硬件结构

### 4.10.2　软件设计

霍尔传感器的程序流程图如图 4－18 所示。

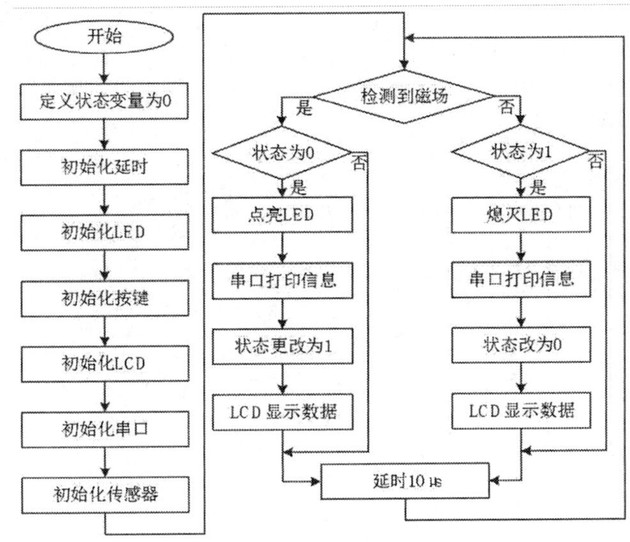


图 4－18　程序流程图

1. 部分代码分析

霍尔传感器初始化函数程序代码：

```
void hall_init(void)
{
    GPIO_InitTypeDef GPIO_InitStructure;
    RCC_AHB1PeriphClockCmd(RCC_AHB1Periph_GPIOB, ENABLE);

    GPIO_InitStructure.GPIO_Pin = GPIO_Pin_11;
```

```
        GPIO_InitStructure.GPIO_OType = GPIO_OType_PP;
        GPIO_InitStructure.GPIO_Mode = GPIO_Mode_IN;
        GPIO_InitStructure.GPIO_PuPd = GPIO_PuPd_DOWN;
        GPIO_InitStructure.GPIO_Speed = GPIO_Speed_2MHz;
        GPIO_Init(GPIOB, &GPIO_InitStructure);
    }
```

首先定义一个 GPIO_InitTypeDef 类型的结构体,并开启霍尔相关的 GPIO 外设时钟。其次选择要控制的 GPIO 引脚,并配置引脚的输出类型为推挽,引脚模式为输入模式和下拉模式,引脚速率为 2MHz。主函数程序代码:

```
void main(void)
{
    unsigned char hall_status = 0;
    delay_init(168);
    led_init();
    key_init();
    lcd_init(HALL1);
    usart_init(115200);
    hall_init();

    LCDDrawFnt16(4+30,30+20*7,4,320,"未检测到磁场",0x0000,0xffff);
    LCDDrawFnt16(160,30+20*7,4,320,"D3：关",0x0000,0xffff);
    while(1)
    {
        if(get_hall_status() == 1)
        {
            if(hall_status == 0)
            {
                led_control(D3);
                printf("hall!\r\n");
                hall_status = 1;
                LCDDrawFnt16(4+30,30+20*7,4,320,"检测到磁场",0x0000,
                  0xffff);
                LCDDrawFnt16(160,30+20*7,4,320,"D3：开",0x0000,0xffff);
            }
```

```
            }
            else
            {
                  if(hall_status == 1)
                  {
                        led_control(0);
                        printf("no hall!\r\n");
                        hall_status = 0;
                        LCDDrawFnt16(4+30,30+20*7,4,320,"未检测到磁场",0x0000,
                           0xffff);
                        LCDDrawFnt16(160,30+20*7,4,320,"D3：关",0x0000,0xffff);
                  }
            }
            delay_us(10);
      }
}
```

第一行定义存储霍尔状态变量为 hall_status；while(1)死循环中，首先判断是否检测到磁场，若检测到磁场，则霍尔传感器状态发生改变，点亮 LED 等，通过串口打印出提示信息，并更新传感器状态。否则，表示没有检测到磁场。

2. 下载验证

在开发环境打开电机转速检测系统工程，通过编译后，将程序下载到 STM32 开发平台中，暂不执行程序。使用串口线连接 STM32 开发平台与 PC，打开串口工具并配置波特率等，设置完成后运行程序。

程序运行后，当传感器检测到有磁场时，点亮 LED，PC 端串口工具的数据接收窗口会显示相应的信息；当传感器没有检测到磁场时，熄灭 LED，PC 端串口工具的数据接收窗口会显示相应的信息。

## 4.11　加速度传感器

体感技术，简单来说就是使人能与机器交互。它的作用在于，人们可以很直接地使用肢体动作，与周边的装置或环境互动，而无须使用任何复杂的控制设备，便可让人们身历其境地与内容做互动。捕捉手部动作的 VR 手套，通过 VR 手套可以获取到手指、手掌等部位的动作变化,使用三轴加速度传感器对传感器本身的加速度变化进行采集,并将采集信息发送至上位机上等待处理。

### 4.11.1 加速度传感器工作原理

加速度传感器有多种实现方式,主要可分为压电式、电容式及热感应式三种,这三种技术各有其优缺点。以电容式 3 轴加速度计的技术原理为例,其外观如图4－19所示。

图 4－19 加速度传感器外观图

电容式加速度计能够感测不同方向的加速度或振动等运动状况。其主要为利用硅的机械性质设计出的可移动机构,机构中主要包括两组硅梳齿,一组固定,另一组随运动物体移动;前者相当于固定的电极,后者的功能则是可移动电极。当可移动的梳齿产生了位移,就会随之产生与位移成比例电容值的改变。

LIS3DH 有两种工作方式,一种是其内置了多种算法来处理常见的应用场景(如静止检测、运动检测、屏幕翻转、失重、位置识别、单击和双击等等),用户只需简单配置算法对应的寄存器即可开始检测,一旦检测到目标事件,LIS3DH 的外围引脚 INT1 会产生中断。其中 LIS3DH 的外观如图 4－20 所示,三轴加速度传感器的示意图如图 4－21 所示。另一种是支持用户通过 SPI/I2C 来读取底层加速度数据,并自行通过软件算法来做进一步复杂的处理,如计步等。

图 4－20 LIS3DH 外观图

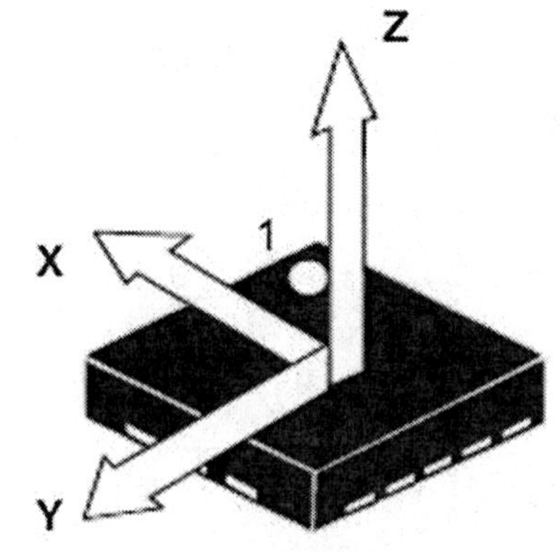


图 4－21 三轴加速度传感器外观图

三轴加速度传感器的原理图如图 4－22 所示。

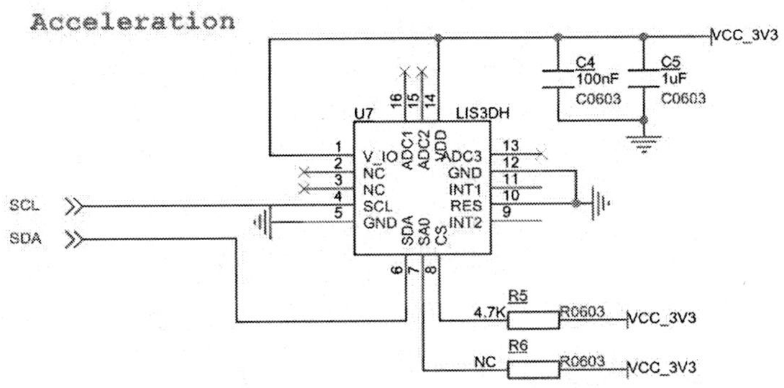


图 4－22　三轴加速度传感器原理图

### 4.11.2　硬件连接框图

设计中通过三轴加速度传感器采集 XYZ 三轴信息，并将采集信息打印在 PC 上，定时进行更新，硬件结构主要由 STM32、三轴加速度传感器、LCD 屏幕与串口通信接口组成，如图 4－23 所示。

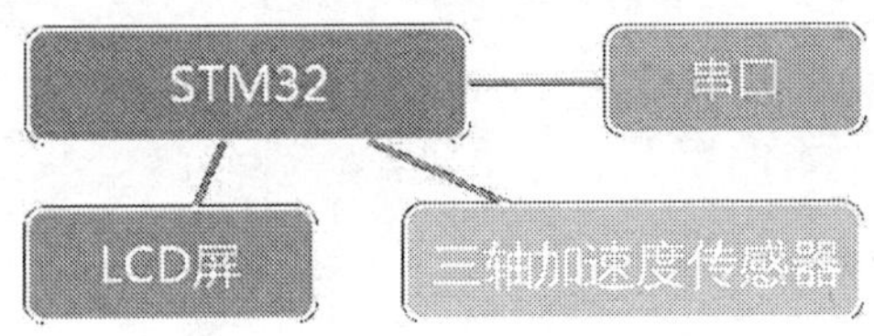


图 4－23　硬件连接框图

### 4.11.3　软件设计

1. 程序流程图

程序设计流程如图 4－24 所示。

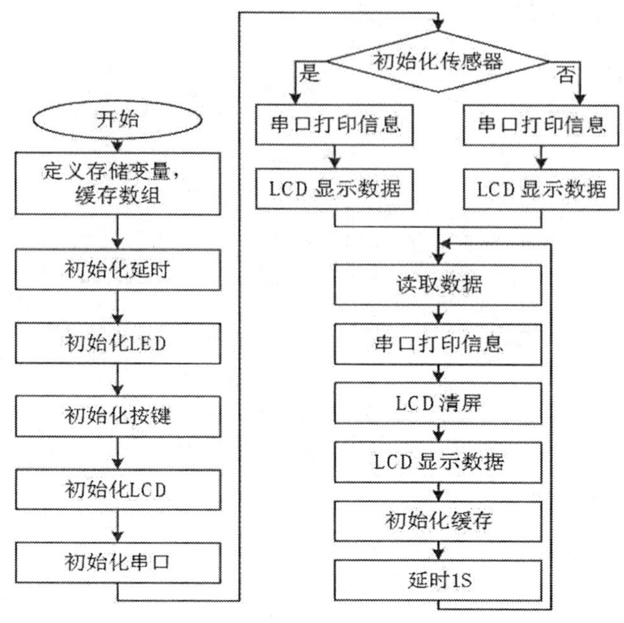


图 4－24　程序流程图

2. 部分代码分析

lis3dh 初始化函数程序代码：

```
unsigned char lis3dh_init(void)
{
        iic_init();
        delay(600);
        if(LIS3DH_ID != lis3dh_read_reg(LIS3DH_IDADDR))
        return 1;
        delay(600);
        if(lis3dh_write_reg(LIS3DH_CTRL_REG1,0x97))
        return 1;
        delay(600);
        if(lis3dh_write_reg(LIS3DH_CTRL_REG4,0x10))
        return 1;
        return 0;
}
```

第三行表示读取设备 ID；第六行表示 x，y，z 的输出使能；第九行表示量程设置为 4G。主函数如下：

```
void main(void)
{
    float accx,accy,accz;
    char buff[64];
    delay_init(168);
    led_init();
    key_init();
    lcd_init(ACCELERATION1);
    usart_init(115200);
    if(lis3dh_init() == 0)
    {
        printf("lis3dh ok!\r\n");
        LCDDrawFnt16(4+32,32+20*6,4,320,"lis3dh ok!",0x0000,0xffff);
    }
    else
    {
        printf("lis3dh error!\r\n");
        LCDDrawFnt16(4+32,32+20*6,4,320,"lis3dh error!",0x0000,0xffff);
    }
    while(1)
    {
        lis3dh_read_data(&accx,&accy,&accz);
        printf("accx:%.1f N/Kg accy:%.1f N/Kg accz:%.1f N/Kg\r\n",accx,accy,
          accz);
        LCD_Clear(4+32,32+20*7, 319, 32+20*8,0xffff);
        sprintf(buff,"x 轴：%.1f N/Kg    y 轴：%.1f N/Kg    z 轴：%.1f N/Kg\0",
          accx,accy,accz);
        LCDDrawFnt16(4+32,32+20*7,4,320,buff,0x0000,0xffff);
        memset(buff,0,64);
        delay_ms(1000);
    }
}
```

首先我们要定义 x，y，z 存储变量，其次要记得初始化传感器。其中，while(1)

循环体表示从三轴加速度传感器读取 x,y,z 数据,并通过串口打印出三轴的数据,同时更新 LCD 显示屏的数据。

3. 下载验证

在开发环境打开系统工程,通过编译后,将程序下载到 STM32 开发平台中,暂不执行程序。使用串口线连接 STM32 开发平台与 PC,打开串口工具并配置波特率等,设置完成后运行程序。程序运行后,通过 PC 端串口工具的数据接收窗口可以看到三个轴上的加速度数据。当改变三轴加速度传感器空间状态时,通过串口工具可以看到三个轴的加速度变化。

## 4.12 光电传感器

通过 STM32 处理器采集光电传感器的信号,一旦有人员或物体挡住了发射器发出的任何相邻两束以上光线超过 30ms 时,接收器立即输出相应的报警信号。

### 4.12.1 光电传感器介绍

光电传感器是采用光电元件作为检测元件的传感器。它首先把被测量的变化转换成光信号的变化,然后借助光电元件进一步将光信号转换成电信号。光电传感器一般由光源、光学通路和光电元件三部分组成。

光电传感器是通过把光强度的变化转换成电信号的变化来实现控制的。光电传感器在一般情况下由三部分构成,它们分为发送器、接收器和检测电路。

### 4.12.2 光电传感器工作原理

发送器对准目标发射光束,发射的光束一般来源于半导体光源、发光二极管(LED)、激光二极管及红外发射二极管。光束不间断地发射,或者改变脉冲宽度。接收器由光电二极管、光电三极管、光电池组成。在接收器的前面装有光学元件如透镜和光圈等。在其后面是检测电路,它能滤出有效信号和应用该信号。

光电传感器原理图如图 4-25 所示。

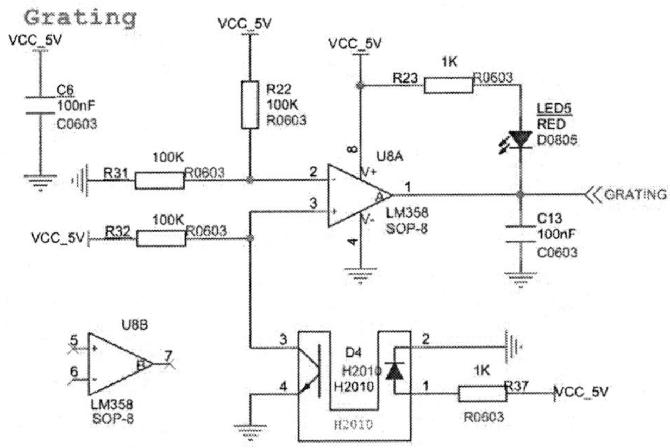


图 4 – 25　光电传感器原理图

### 4.12.3　硬件连接框图

硬件结构主要由 STM32 处理器、光栅传感器组成。当有物件穿过槽型光电传感器时，传感器会产生电平变化，根据从传感器接收到的电平变化，输出报警信息，如图 4 – 26 所示。

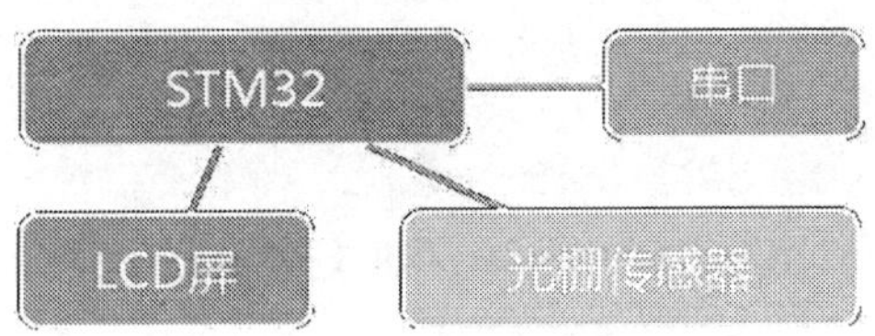


图 4 – 26　硬件连接框图

### 4.12.4　软件设计

1. 程序流程图

程序设计流程图如图 4 – 27 所示。

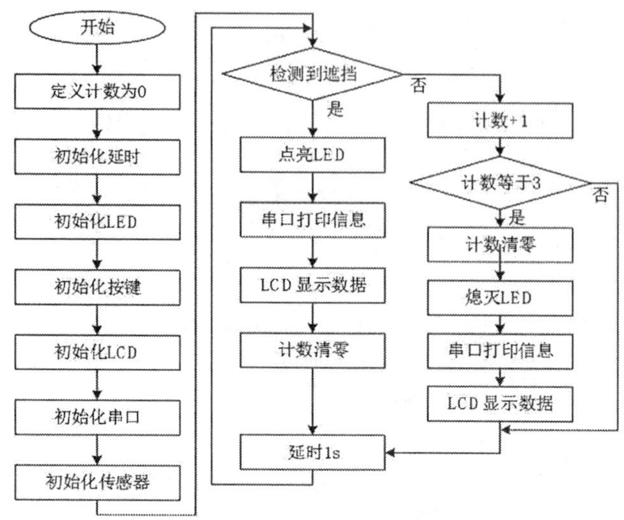


图 4－27 程序流程图

2. 部分代码分析

红外光电传感器初始化函数程序代码：

```
void grating_init(void)
{
    GPIO_InitTypeDef GPIO_InitStructure;
    RCC_AHB1PeriphClockCmd(RCC_AHB1Periph_GPIOC, ENABLE);

    GPIO_InitStructure.GPIO_Pin = GPIO_Pin_2;
    GPIO_InitStructure.GPIO_OType = GPIO_OType_PP;
    GPIO_InitStructure.GPIO_Mode = GPIO_Mode_IN;
    GPIO_InitStructure.GPIO_PuPd = GPIO_PuPd_DOWN;
    GPIO_InitStructure.GPIO_Speed = GPIO_Speed_2MHz;
    GPIO_Init(GPIOC, &GPIO_InitStructure);
}
```

首先我们要定义一个 GPIO_InitTypeDef 类型的结构体，并开启红外光栅相关的 GPIO 外设时钟。其次，我们要选择要控制的 GPIO 引脚，并配置其类型为推挽输出类型，模式为输入模式和下拉模式，引脚速率为 2MHz。主函数程序代码：

```
void main(void)
{
```

```
    unsigned char num = 0;
    delay_init(168);
    led_init();
    key_init();
    lcd_init(GRATING1);
    usart_init(115200);
    grating_init();
    while(1)
    {
        if(get_grating_status() == 1)
        {
            led_control(D3);
            printf("Grating!\r\n");
            LCDDrawFnt16(4+30,30+20*7,4,320,"检测到遮挡",0x0000,0xffff);
            LCDDrawFnt16(160,30+20*7,4,320,"D3： 开",0x0000,0xffff);
            num = 0;
        }
        else
        {
            num ++;
            if(num ==3)
            {
                num = 0;
                led_control(0);
                printf("no Grating!\r\n");
                LCDDrawFnt16(4+30,30+20*7,4,320,"未检测到遮挡",0x0000,
                  0xffff);
                LCDDrawFnt16(160,30+20*7,4,320,"D3： 关",0x0000,0xffff);
            }
        }
        delay_ms(1000);
    }
}
```

调用传感器初始化函数,并通过 get_grating_status 函数判断是否检测到遮挡。

若检测到遮挡,则点亮 LED 灯,并通过串口打印出提示信息,同时通过 LCD 屏显示检测信息;反之则表示没有检测到遮挡。

3. 下载验证

在开发环境打开电机转速检测系统工程,通过编译后,将程序下载到 STM32 开发平台中,暂不执行程序。使用串口线连接 STM32 开发平台与 PC,打开串口工具并配置波特率等,设置完成后运行程序。程序运行后,当检测到遮挡时,PC 端串口工具的数据接收窗口会每秒显示相应的信息;当没有检测到遮挡时,PC 端串口工具的数据接收窗口会每 3 秒显示相应的信息。

# 第 5 章　外部设备模块开发

## 5.1　LTDC/DMA2D——液晶显示实验

本小节讲解如何使用 LTDC 及 DMA2D 外设控制型号为“STD800480”的 5 寸液晶屏，如图 5－1 所示，该液晶屏的分辨率为 800x480，支持 RGB888 格式。学习本小节内容时，请打开配套的“LTDC/DMA2D——液晶显示英文”工程配合阅读。

### 5.1.1　硬件设计

图 5－1 液晶屏背面的 PCB 电路对应分别是升压电路、触摸屏接口、液晶屏接口及排针接口。升压电路把输入的 5V 电源升压为 20V，输出到液晶屏的背光灯中；触摸屏及液晶屏接口通过 FPC 插座把两个屏的排线连接到 PCB 电路板上，这些 FPC 插座与信号引出到屏幕右侧的排针处，方便整个屏幕与外部器件相连。

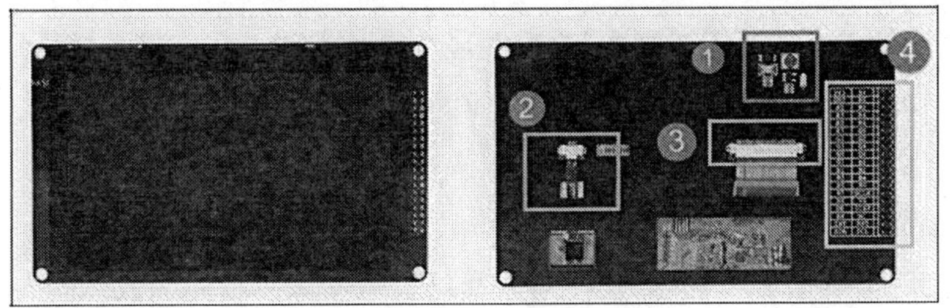


图 5－1　液晶屏实物图

以上是我们 STM32F429 实验板使用的 5 寸屏实物图，它通过屏幕上的排针接入到实验板的液晶排母接口，与 STM32 芯片的引脚相连，引脚连接如图 5－2 所示。

由于液晶屏的部分引脚与实验板的 CAN 芯片信号引脚相同，所以使用液晶屏的时候不能使用 CAN 通信。

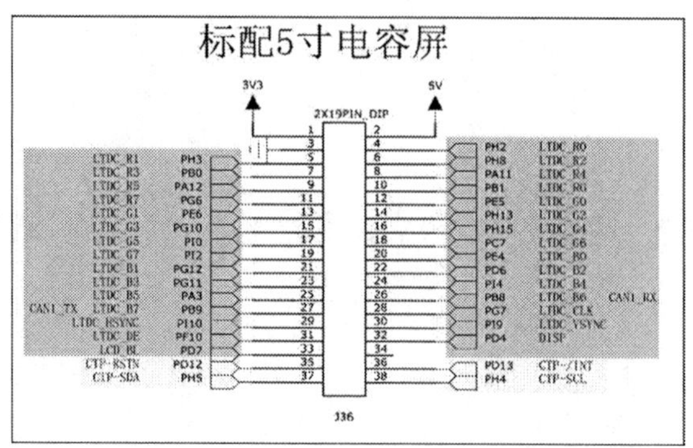


图 5－2　屏幕与实验板的引脚连接

### 5.1.2　软件设计

为了使工程更加有条理，我们把 LCD 控制相关的代码独立分开存储，方便以后移植。在“FMC——读写 SDRAM”工程的基础上新建“bsp_lcd. c”及“bsp_lcd. h”文件，这些文件也可根据你的喜好命名，它们不属于 STM32 标准库的内容，是由我们自己根据应用需要编写的。

1. 编程要点

（1）初始化 LTDC 时钟、DMA2D 时钟、GPIO 时钟；

（2）初始化 SDRAM，以便用作显存；

（3）根据液晶屏的参数配置 LTDC 外设的通信时序；

（4）配置 LTDC 层级控制参数，配置显存地址；

（5）初始化 DMA2D，使用 DMA2D 辅助显示；

（6）编写测试程序，控制液晶输出。

2. main 函数

最后我们来编写 main 函数，使用液晶屏显示图像。具体函数代码如下：

```
int main(void)
{
    LED_GPIO_Config();
    LCD_Init();
    LCD_LayerInit();
    LTDC_Cmd(ENABLE);
```

```
    LCD_SetLayer(LCD_BACKGROUND_LAYER);
    LCD_Clear(LCD_COLOR_BLACK);

    LCD_SetLayer(LCD_FOREGROUND_LAYER);
    LCD_SetTransparency(0xFF);
    LCD_Clear(LCD_COLOR_BLACK);

    LED_BLUE;
    Delay(0xfff);
    while (1)
    {
        LCD_Test();
    }
}
```

上电后,调用了 LCD_Init、LCD_LayerInit 函数初始化 LTDC 外设,然后使用 LCD_SetLayer 函数切换到背景层,使用 LCD_Clear 函数把背景层都刷成黑色,LCD_Clear 实质是一个使用 DMA2D 显示矩形的函数,只是它默认矩形的宽和高直接设置成液晶屏的分辨率,把整个屏幕都刷成同一种颜色。刷完背景层的颜色后再调用 LCD_SetLayer 切换到前景层,然后在前景层绘制图形。中间还有一个 LCD_SetTransparency 函数,它用于设置当前层的透明度,设置后整一层的像素包含该透明值,由于整层透明并没有什么用(一般应用是某些像素点透明看到背景,而其他像素点不透明),我们把前景层设置为完全不透明。

初始化完成后,我们调用 LCD_Test 函数显示各种图形进行测试(如直线、矩形、圆形),具体内容请直接在工程中阅读源码,这里不展开讲解。

3. 下载验证

用 USB 线连接开发板,编译程序下载到实验板,并上电复位,液晶屏会显示各种内容。

## 5.2 LTDC——液晶显示中英文

在前面我们学习了如何使用 LTDC 外设控制液晶屏并用它显示各种图形,本节讲解如何控制液晶屏显示文字。使用液晶屏显示文字时,涉及字符编码与字模的知识。

### 5.2.1 字模的构成

已知字模是图形数据，而图形在计算机中是由一个个像素点组成的，所以字模实质是一个个像素点数据。为方便处理，我们把字模定义成方块形的像素点阵，且每个像素点只有 0 和 1 这两种状态（可以理解为单色图像数据）。宽、高为 16x16 的像素点阵组成的汉字图形，只需使用 16x16 个二进制数据位，每个数据位记录一个像素点的状态，把黑色像素点以“1”表示，无色像素点以“0”表示即可。这样的一个汉字图形，使用 16x16/8 = 32 个字节就可以记录下来。16x16 的“字”的字模数据以 C 语言数组的方式表示：

```
unsigned char code Bmp003[]=
{
      0x02,0x00,0x01,0x00,0x3F,0xFC,0x20,0x04,0x40,0x08,0x1F,0xE0,0x00,0x40,
0x00,0x80,
      0xFF,0xFF,0x7F,0xFE,0x01,0x00,0x01,0x00,0x01,0x00,0x01,0x00,0x05,0x00,
0x02,0x00,
};
```

在这样的字模中，以两个字节表示一行像素点，16 行构成一个字模，像素为 16 * 16，字模大小为单色点阵液晶字模，横向取模，字节正序。如果使用 LCD 的画点函数，按位来扫描这些字模数据，把为 1 的数据位以黑色来显示（也可以使用其他颜色），为 0 的数据位以白色来显示，即可把整个点阵还原出来，显示在液晶屏上。为便于理解，我们编写了一个使用串口 printf 利用字模打印字符到串口上位机，具体字模显示原理如下：

```
unsigned char charater_matrix[] =
{
      0x00,0x80,0x10,0x90,0x08,0x98,0x0C,0x90,
      0x08,0xA0,0x00,0x80,0x3F,0xFC,0x00,0x04,
      0x00,0x04,0x1F,0xFC,0x00,0x04,0x00,0x04,
      0x00,0x04,0x3F,0xFC,0x00,0x04,0x00,0x00
};
```

```
void Printf_Charater(void)
{
    int i,j;
    unsigned char kk;
    for ( i=0; i<16; i++)
    {
        for (j=0; j<8; j++)
        {
            kk = charater_matrix[2*i] << j ;
            }
            else
            {
                printf("");
            }
        }
        for (j=0; j<8; j++)
        {
            kk = charater_matrix[2*i+1] << j ;
            if ( kk & 0x80)
            {
                printf("*");
            }
            else
            {
                printf("");
            }
        }
        printf("\n");
    }
    printf("\n\n");
}
```

main 函数中运行这段代码，连接好开发板到上位机，可以看到图 5－3 中的现象。该函数中利用 printf 函数对字模数据中为 1 的数据位打印"＊"号，为 0 的数据位打印出"空格"，从而在串口接收区域中使用"＊"号表达出了一个"当"字。

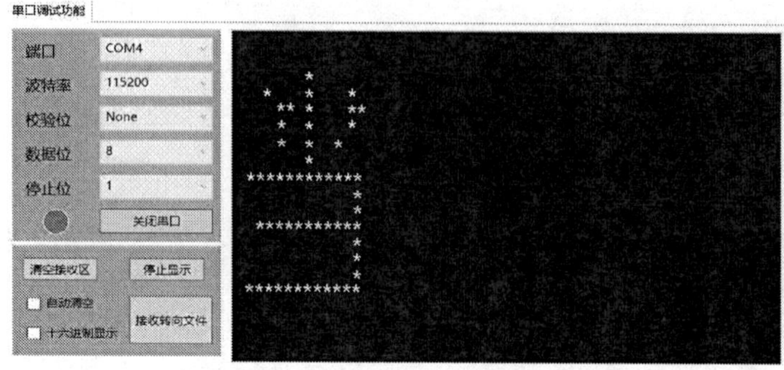


图 5-3 使用串口打印字模

### 5.2.2 LTDC——各种模式的液晶显示字符实验

本小节讲解如何利用字模在液晶屏上显示字符。根据编码或字模存储位置、使用方式的不同,讲解中涉及多个工程,如表 5-1 所示,在讲解特定实验的时候,请读者打开相应的工程来阅读。

**表 5-1 各种模式的液晶显示字符实验**

| 工程名称 | 说明 |
| --- | --- |
| LTDC——液晶显示英文(字库在内部 FLASH) | 仅包含 ASCⅡ码字符显示功能,字库直接以 C 语言常量数组的方式存储在 STM32 芯片的内部 FLASH 空间 |
| LTDC——液晶显示汉字(字库在外部 FLASH) | 包含 ASCⅡ码字符及 GB2312 码字符的显示功能,ASCⅡ码字符存储在 STM32 内部 FLASH,GB2312 码字符存储在外部 SPI-FLASH 芯片 |
| LTDC——LCD 显示汉字(字库在 SD 卡) | 包含 ASCⅡ码字符及 GB2312 码字符的显示功能,ASCⅡ码字符存储在 STM32 内部 FLASH,GB2312 码字符直接以文件的格式存储在 SD 卡中 |
| LTDC——液晶显示汉字(显示任意大小) | 在基础字库的支持下,使用字库缩放函数,使得只用一种字库就能显示任意大小的字符。包含 ASCⅡ码字符及 GB2312 码字符的显示功能,ASCⅡ码字符存储在 STM32 内部 FLASH,GB2312 码字符存储在外部 SPI-FLASH 芯片 |

这些实验在“LTDC/DMA2D——液晶显示”工程的基础上修改,主要添加了字符显示相关的内容,本小节只讲解这部分新增的函数。

1. 硬件设计

针对不同模式的液晶显示字符工程,需要有不同的硬件支持。字库存储在

STM32 芯片内部 FLASH 的工程，只需要液晶屏和 SDRAM 的支持即可，跟普通液晶显示的硬件需求无异。需要外部字库的工程，要有额外的 SPI－FLASH、SD 支持，使用外部 FLASH 时，请确保该系统包含有存储了字库的 FLASH 芯片，才能正常显示汉字。使用 SD 卡时，需要给板子接入存储有“GB2312_H2424. FON”字库文件的 MicroSD 卡，SD 卡的文件系统格式需要是 FAT 格式，且字库文件所在的目录需要跟程序里使用的文件目录一致。

2. 显示 ASCII 编码的字符

我们先来看如何显示 ASCII 码表中的字符，请打开“LTDC——液晶显示英文（字库在内部 FLASH）”的工程文件。本工程中我们把字库数据相关的函数代码写在“fonts. c”及“fonts. h”文件中，字符显示的函数仍存储在 LCD 驱动文件“bsp_lcd. c”及“bsp_lcd. h”中。

（1）编程要点。

1）获取字模数据；

2）根据字模格式，编写液晶显示函数；

3）编写测试程序，控制液晶英文。

（2）代码分析。

要显示字符首先要有字库数据，在工程的“fonts. c”文件中我们定义了一系列大小为 16x24、12x12、8x12 及 8x8 的 ASCII 码表的字模数据。

由于 ASCII 中的字符并不多，所以本工程中直接以 C 语言数组的方式存储这些字模数据，C 语言的 const 数组作为常量直接存储到 STM32 芯片的内部 FLASH 中，所以如果你不需要显示中文，可以不用外部的 SPI－FLASH 芯片，可省去烧录字库的麻烦。以上代码定义的 ASCII16x24_Table 数组是 16x24 大小的 ASCII 字库。

3. 显示 GB2312 编码的字符

显示 ASCII 编码比较简单，由于字库文件小，甚至都不需要使用外部的存储器，而显示汉字时，由于我们的字库是存储到外部存储器上的，这涉及额外的获取字模数据的操作，且由于字库制作方式与前面 ASCII 码字库不一样，显示的函数也要作相应的更改。

我们分别制作了两个工程来演示如何显示汉字，以下部分的内容请打开

“LTDC——液晶显示汉字(字库在外部 FLASH)”和“LTDC——LCD 显示汉字(字库在 SD 卡)”工程阅读理解。这两个工程使用的字库文件内容相同,只是字库存储的位置不一样,工程中我们把获取字库数据相关的函数代码写在“fonts. c”及“fonts. h”文件中,字符显示的函数仍存储在 LCD 驱动文件“bsp_lcd. c”及“bsp_lcd. h”中。

(1) 编程要点。

1) 获取字模数据;

2) 根据字模格式,编写液晶显示函数;

3) 编写测试程序,控制液晶汉字。

4. 显示任意大小的字符

前文中无论是 ASCII 字符还是 GB2312 的字符,都只能显示字库中设定的字体大小,例如,我们想显示一些像素大小为 48x48 的字符,那我们又得制作相应的字库,非常麻烦。为此我们编写了一些函数,简便地实现显示任意大小字符的目的。本小节的内容请打开“LTDC——液晶显示汉字(显示任意大小)”工程来配合阅读。

(1) 编程要点。

1) 编写缩放字模数据的函数;

2) 编写利用缩放字模的结果进行字符显示的函数;

3) 编写测试程序,控制显示不同大小的字符。

5. 下载验证

用 USB 线连接开发板,编译程序下载到实验板,并上电复位,各个不同的工程有不同的液晶屏显示字符示例。

## 5.3 电容触摸屏——触摸画板

本节讲解如何驱动电容触摸屏,并利用触摸屏制作一个简易的触摸画板应用。学习本小节内容时,请打开配套的“电容触摸屏——触摸画板”工程配合阅读。

### 5.3.1 硬件设计

本实验使用的液晶电容屏实物如图 5－4 所示,屏幕背面的 PCB 电路对应图分别是触摸屏接口及排针接口。

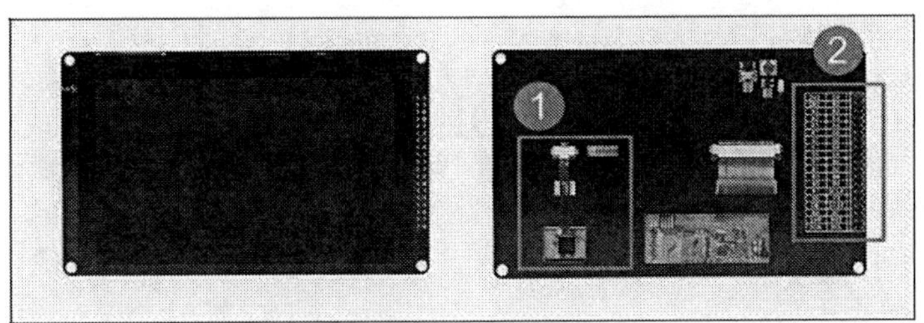

图 5－4　液晶屏实物图

触摸屏与 GT9157 芯片通过柔性电路板连接在一起，柔性电路板从 GT9157 芯片引出 VCC、GND、SCL、SDA、RSTN 及 INT 引脚，再通过 FPC 座子引出到屏幕的 PCB 电路板中，PCB 电路板加了部分电路，如 I2C 的上拉电阻，然后把这些引脚引出到屏幕右侧的排针处，方便整个屏幕与外部器件相连。

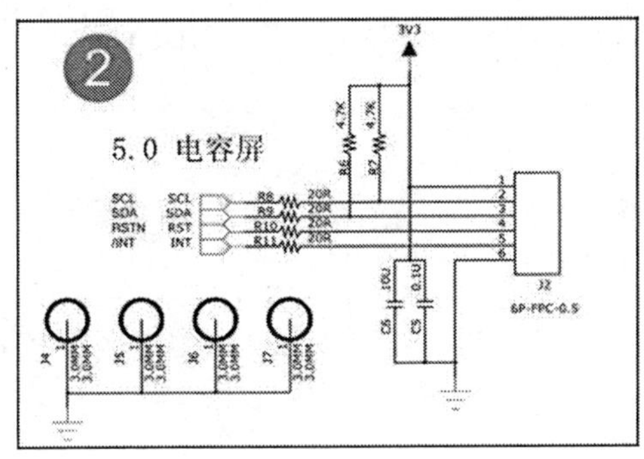


图 5－5　电容屏接口

图 5－5 是 STM32F429 实验板使用的 5 寸屏原理图，它通过屏幕上的排针接入到实验板的液晶排母接口，与 STM32 芯片的引脚相连，如图 5－6 所示。

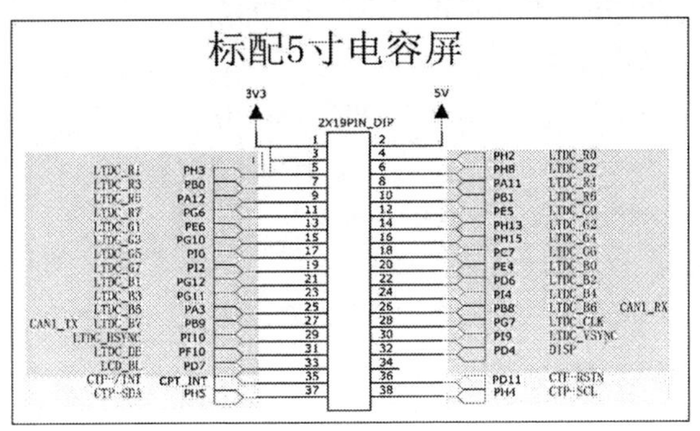


图 5－6　屏幕与实验板的引脚连接

### 5.3.2 软件设计

本工程中的 GT9157 芯片驱动主要是从官方提供的 Linux 驱动修改过来的，我们把这部分文件存储到“gt9xx. c”及“gt9xx. h”文件中，而这些驱动的底层 I2C 通信接口我们存储到了“bsp_i2c_touch. c”及“bsp_i2c_touch. h”文件中。

1. 编程要点

(1) 分析官方的 gt9xx 驱动，了解需要提供哪些底层接口；

(2) 编写底层驱动接口；

(3) 利用 gt9xx 驱动，获取触摸坐标；

(4) 编写测试程序检验驱动。

2. 代码分析

完成了触摸屏的驱动，就可以应用了，以下我们来看工程的主体 main 函数：

```
int main(void)
{
    LED_GPIO_Config();
    Debug_USART_Config();
    printf("\r\n 秉火 STM3F429 触摸画板测试例程\r\n");
    GTP_Init_Panel();
    LCD_Init();
    LCD_LayerInit();
    LTDC_Cmd(ENABLE);

    LCD_SetLayer(LCD_BACKGROUND_LAYER);
    LCD_Clear(LCD_COLOR_BLACK);
    LCD_SetLayer(LCD_FOREGROUND_LAYER);

    LCD_SetTransparency(0xFF);
    LCD_Clear(LCD_COLOR_BLACK);

    Palette_Init();
    Delay(0xfff);
    while (1);
}
```

其中 LCD_SetTransparency(0xFF)语句表示,默认设置不透明,该函数参数为不透明度,范围 0 - 0xff,0 为全透明,0xff 为不透明。

main 函数初始化触摸屏、液晶屏后,调用了 Palette_Init 函数初始化了触摸画板应用,关于触摸画板应用的内容在"palette. c"及"palette. h"文件中,这些都是与 STM32 无关上层应用,感兴趣的读者可在工程中阅读。

3. 下载验证

编译程序下载到实验板,并上电复位,液晶屏会显示出触摸画板的界面,点击屏幕可以在该界面画出简单的图形。

## 5.4 I2S——音频播放与录音输入

### 5.4.1 I2S 简介

Inter - IC Sound Bus(I2S)是飞利浦半导体公司(现为恩智浦半导体公司)针对数字音频设备之间的音频数据传输而制定的一种总线标准。在飞利浦公司的 I2S 标准中,既规定了硬件接口规范,也规定了数字音频数据的格式。

### 5.4.2 数字音频技术

现实生活中的声音是通过一定介质传播的连续的波,它可以由周期和振幅两个重要指标描述。正常人可以听到的声音频率范围为 20Hz ~ 20KHz。现实存在的声音是模拟量,这对声音保存和长距离传输造成很大的困难,一般的做法是把模拟量转成对应的数字量保存,在需要还原声音的地方再把数字量转成模拟量输出,参考图 5 - 7。

图 5 - 7 音频转换过程

模拟量转成数字量过程,一般可以分为三个过程,分别为采样、量化、编码,参考图 5 - 8。用一个比源声音频率高的采样信号去量化源声音,记录每个采样点的值,最后如果把所有采样点数值连接起来与源声音曲线是互相吻合的,只是它不是连续的。在图中两条虚线距离就是采样信号的周期,即对应一个采样频率(FS),可以想象得到采样频率越高最后得到的结果就与源声音越吻合,但采样数据量越大,一般使用 44. 1KHz 采样频率即可得到高保真的声音。每条虚线长度决定着该时刻源声音的量化值,该量化值有另外一个概念与之挂钩,就是量化位数。量化位数表示每个采样点用多少位表示数据范围,常用有 16bit、24bit 或 32bit,位数越高最后还原得到的音质越好,数据量也会越大。

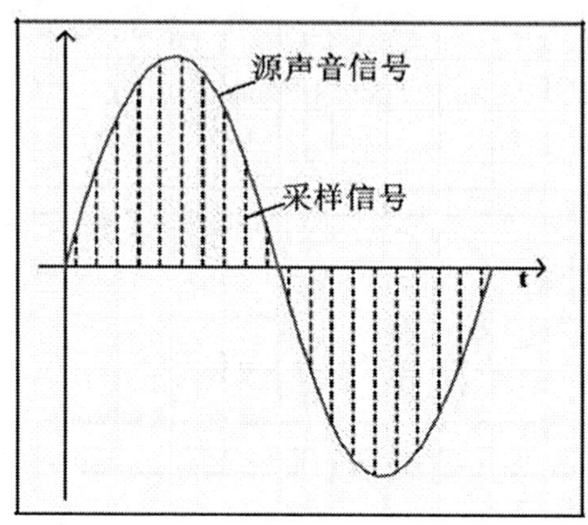


图 5-8　声音数字化过程

WM8978 是一个低功耗、高质量的立体声多媒体数字信号编译码器,集成 DAC 和 ADC,可以实现声音信号量化成数字量输出,也可以实现数字量音频数据转换为模拟量声音驱动扬声器。WM8978 芯片解决了声音与数字量音频数据转换问题,并且通过配置 WM8978 芯片相关寄存器可以控制转换过程的参数,比如采样频率、量化位数、增益、滤波等等。

WM8978 芯片是一个音频编译码器,但本身没有保存音频数据功能,它只能接收其他设备传输过来的音频数据进行转换输出到扬声器,或者把采样到的音频数据输出到其他具有存储功能的设备保存下来。该芯片与其他设备进行音频数据传输接口就是 I2S 协议的音频接口。

1. I2S 总线接口

I2S 总线接口有 3 个主要信号,但只能实现数据半双工传输,后来为实现全双工传输有些设备增加了扩展数据引脚。STM32F42x 系列控制器支持扩展的 I2S 总线接口。

(1) SD(Serial Data):串行数据线,用于发送或接收两个时分复用的数据通道上的数据(仅半双工模式),如果是全双工模式,该信号仅用于发送数据。

(2) WS(Word Select):字段选择线,也称帧时钟(LRC)线,表明当前传输数据的声道,不同标准有不同的定义。WS 线的频率等于采样频率(FS)。

(3) CK(Serial Clock):串行时钟线,也称位时钟(BCLK),数字音频的每一位数据都对应有一个 CK 脉冲,它的频率为:2 * 采样频率 * 量化位数,2 代表左右两个通道数据。

(4) ext_SD(extend Serial Data):扩展串行数据线,用于全双工传输的数据接收。

另外,有时为使系统间更好地同步,还要传输一个主时钟(MCK),STM32F42x 系列控制器固定输出为 256 * FS。

2. 音频数据传输协议标准

随着技术的发展,在统一的 I2S 硬件接口下,出现了多种不同的数据格式,可分为左对齐(MSB)标准、右对齐(LSB)标准、I2S Philips 标准。另外,STM32F42x 系列控制器还支持 PCM(脉冲编码调制)音频传输协议。

STM32F42x 系列控制器 I2S 的数据寄存器只有 16bit,并且左右声道数据一般是紧邻传输,为正确得到左右两个声道数据,需要软件控制数据对应通道写入或读取。另外,音频数据的量化位数可能不同,控制器支持 16bit、24bit 和 32bit 三种数据长度,因为数据寄存器是 16bit 的,所以对于 24bit 和 32bit 数据长度需要发送两个。为此,可以产生四种数据和帧格式组合:

(1) 将 16 位数据封装在 16 位帧中;

(2) 将 16 位数据封装在 32 位帧中;

(3) 将 24 位数据封装在 32 位帧中;

(4) 将 32 位数据封装在 32 位帧中。

当使用 32 位数据包中的 16 位数据时,前 16 位(MSB)为有效位,16 位 LSB 被强制清零,无须任何软件操作或 DMA 请求(只需一个读/写操作)。如果程序使用 DMA 传输(一般都会用),则 24 位和 32 位数据帧需要对数据寄存器执行两次 DMA 操作。24 位的数据帧,硬件会将 8 位非有效位扩展到带有 0 位的 32 位。对于所有数据格式和通信标准而言,始终会先发送最高有效位(MSB 优先)。

### 5.4.3　WM8978 音频编译码器

WM8978 是一个低功耗、高质量的立体声多媒体数字信号编译码器。它主要应用于便携式应用。它结合了立体声差分麦克风的前置放大与扬声器、耳机和差分、立体声线输出的驱动,减少了应用时必需的外部组件,比如不需要单独的麦克风或者耳机的放大器。

高级的片上数字信号处理功能包含一个 5 路均衡功能,一个用于 ADC 和麦克风或者线路输入之间的混合信号的电平自动控制功能,一个纯粹的录音或者重放的数字限幅功能。另外在 ADC 的线路上提供了一个数字滤波的功能,可以更好地应用滤波,比如“减少风噪声”。

WM8978 可以被应用为一个主机或者一个从机。基于共同的参考时钟频率,比如 12MHz 和 13MHz,内部的 PLL 可以为编译码器提供所有需要的音频时钟。与 STM32 控制器连接使用,STM32 一般作为主机,WM8978 作为从机。

图 5 - 9 为 WM8978 芯片内部结构示意图,参考来自“WM8978_v4.5”。该图给人的第一印象感觉就是很复杂,密密麻麻很多内容,特别有很多“开关”。实际上,每个开关对应着 WM8978 内部寄存器的一个位,通过控制寄存器的一个位就可以控制开关的状态。

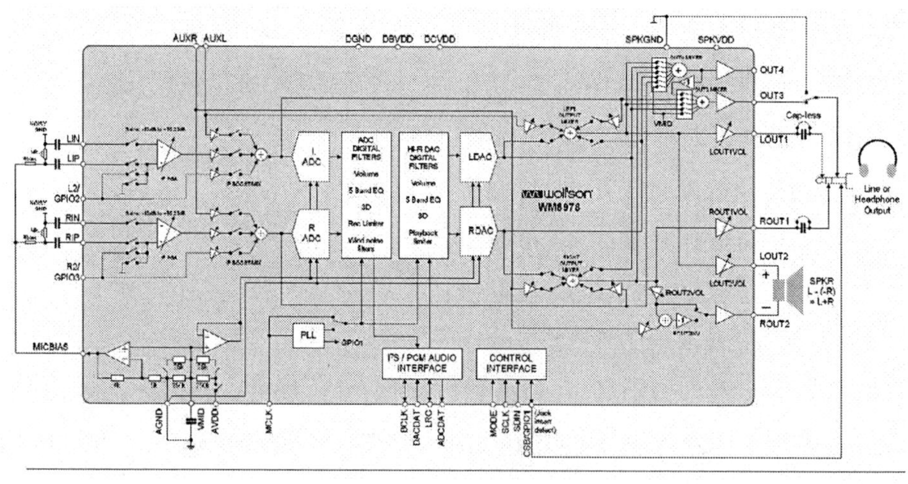


图 5 - 9 WM8978 芯片内部结构

1. 输入部分

WM8978 结构图的左边部分是输入部分,可用于模拟声音输入,即用于录音输入。有三个输入接口,一个是由 LIN 和 LIP、RIN 和 RIP 组合而成的伪差分立体声麦克风输入,一个是由 L2 和 R2 组合的立体声麦克风输入,还有一个是由 AUXL

和 AUXR 组合的线输入或用来传输告警声的输入。

2. 输出部分

WM8978 结构图的右边部分是声音放大输出部分,LOUT1 和 ROUT1 用于耳机驱动,LOUT2 和 ROUT2 用于扬声器驱动,OUT3 和 OUT4 也可以配置成立体声线输出,OUT4 也可以用于提供一个左右声道的单声道混合。

3. ADC 和 DAC

WM8978 结构图的中间部分是芯片核心内容,处理声音的 AD 和 DA 转换。ADC 部分对声音输入进行处理,包括 ADC 滤波处理、音量控制、输入限幅器/电平自动控制等等。

DAC 部分控制声音输出效果,包括 DAC 5 路均衡器、DAC 3D 放大、DAC 输出限幅以及音量控制等处理。

4. 通信接口

WM8978 有两个通信接口,一个是数字音频通信接口,另外一个是控制接口。音频接口是采用 I2S 接口,支持左对齐、右对齐和 I2S 标准模式,以及 DSP 模式 A 和模式 B。控制接口用于控制器发送控制命令配置 WM8978 运行状态,它提供 2 线或 3 线控制接口,对 STM32 控制器,我们选择 2 线接口方式,它实际就是 I2C 总线方式,其芯片地址固定为 0011010。通过控制接口可以访问 WM8978 内部寄存器,实现芯片工作环境配置,总共有 58 个寄存器,表示为 R0 至 R57,每个寄存器意义可参考"WM8978_v4.5"来了解。

WM8978 寄存器是 16bit 长度,高 7 位([15:9]bit)用于表示寄存器地址,低 9 位有实际意义,比如对应于图 5-9 中的某个开关。所以在控制器向芯片发送控制命令时,必须传输长度为 16bit 的指令,芯片会根据接收命令高 7 位值寻址。

5. 其他部分

WM8978 作为主从机都必须对时钟进行管理,由内部 PLL 单元控制。另外还有电源管理单元。

### 5.4.4 WAV 格式文件

WAV 是微软公司开发的一种音频格式文件,用于保存 Windows 平台的音频信息资源,它符合资源互换文件格式(Resource Interchange File Format,RIFF)文件规范。标准格式化的WAV文件和CD格式一样,也是44.1K的取样频率,16位量化数字,因此其声音文件质量和CD相差无几。WAVE是录音时用的标准的WINDOWS文件格式,文件的扩展名为“WAV”,数据本身的格式为PCM或压缩型,属于无损音乐格式的一种。

1. RIFF文件规范

RIFF有不同数量的chunk(区块)组成,每个chunk由“标识符”“数据大小”和“数据”三个部分组成,“标识符”和“数据大小”都是占用4个字节空间。简单RIFF格式文件结构参考图5-10。最开始是ID为“RIFF”的chunk,Size为“RIFF”chunk数据字节长度,所以总文件大小为Size+8。一般来说,chunk不允许内部再包含chunk,但有两个例外,ID为“RIFF”和“LIST”的chunk却是允许的。“RIFF”在其“数据”首4个字节用来存放“格式标识码(Form Type)”,“LIST”则对应“LIST Type”。

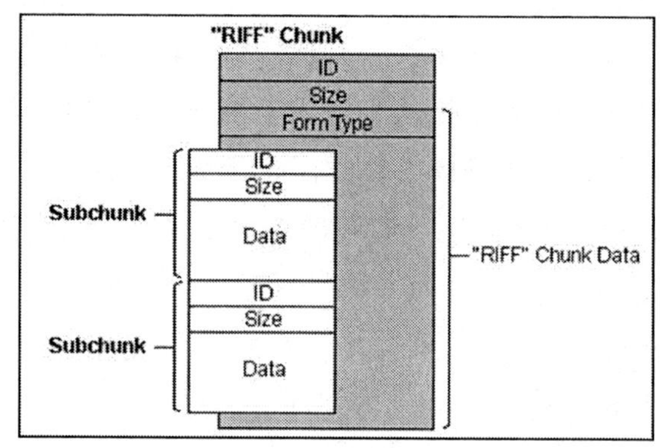


图5-10 RIFF文件格式结构

2. WAVE文件

WAVE文件是非常简单的一种RIFF文件,其“格式标识码”定义为WAVE。RIFF chunk包括两个子chunk,ID分别为fmt和data,还有一个可选的fact chunk。fmt chunk用于表示音频数据的属性,包括编码方式、声道数目、采样频率、每个采样需要的bit数等信息。fact chunk是一个可选chunk,一般当WAVE文件由某些软件转化而成就包含fact chunk。data chunk包含WAVE文件的数字化波形声音数据。WAVE整体结构如表5-2所示。

表 5-2　WAVE 文件结构

| 标识码（"RIFF"） |
|---|
| 数据大小 |
| 格式标识码（"WAVE"） |
| "fmt" |
| "fmt"块数据大小 |
| "fmt"数据 |
| "fact"（可选） |
| "fact"块数据大小 |
| "fact"数据 |
| "data" |
| 声音数据大小 |
| 声音数据 |

data chunk 是 WAVE 文件主体部分，包含声音数据，一般有两个编码格式：PCM 和 ADPCM，ADPCM（自适应差分脉冲编码调制）属于有损压缩，现在几乎不用，绝大部分 WAVE 文件是 PCM 编码。PCM 编码主要参数是采样频率和量化位数。表 5-3 为量化位数为 16bit 时不同声道数据在 data chunk 的数据排列格式。

表 5-3　16bit 声音数据格式

<table>
<tr><td rowspan="2">单声道</td><td colspan="2">采样一</td><td colspan="2">采样二</td><td>……</td></tr>
<tr><td>低字节</td><td>高字节</td><td>低字节</td><td>高字节</td><td>……</td></tr>
<tr><td rowspan="3">双声道</td><td colspan="4">采样一</td><td>……</td></tr>
<tr><td colspan="2">左声道</td><td colspan="2">右声道</td><td>……</td></tr>
<tr><td>低字节</td><td>高字节</td><td>低字节</td><td>高字节</td><td>……</td></tr>
</table>

### 5.4.5　录音与回放实验

WAV 格式文件在现阶段一般以无损音乐格式存在，音质可以达到 CD 格式标准。本实验通过 FatFS 文件系统函数从 SD 卡读取 WAV 格式文件数据，然后通过 I2S 接口将音频数据发送到 WM8978 芯片，这样在 WM8978 芯片的扬声器接口即可输出声音，整个系统构成一个简单的音频播放器。反过来的，我们可以实现录音功能，控制启动 WM8978 芯片的麦克风输入功能，音频数据从 WM8978 芯片的 I2S 接口传输到 STM32 控制器存储器中，利用 SD 卡文件读写函数，根据 WAV 格式文件的要求填充文件头，然后就把 WM8978 传输过来的音频数据写入 WAV 格式文件中，这样就可以制成 WAV 格式文件，可以通过开发板回放，也可以在电脑端回放。

1. 硬件设计

开发板板载 WM8978 芯片,具体电路设计参考图 5 - 11。WM8978 与 STM32F42x 有两个连接接口,I2S 音频接口和两线 I2C 控制接口,通过将 WM8978 芯片的 MODE 引脚拉低选择两线控制接口,符合 I2C 通信协议,这也导致 WM8978 是只写的,所以在程序上需要做一些处理。WM8978 输入部分有两种模式,一个是板载咪头输入,另外一个是通过 3.5mm 耳机插座引出。WM8978 输出部分通过 3.5mm 耳机插座引出,可直接接普通的耳机线或作为功放设备的输入源。

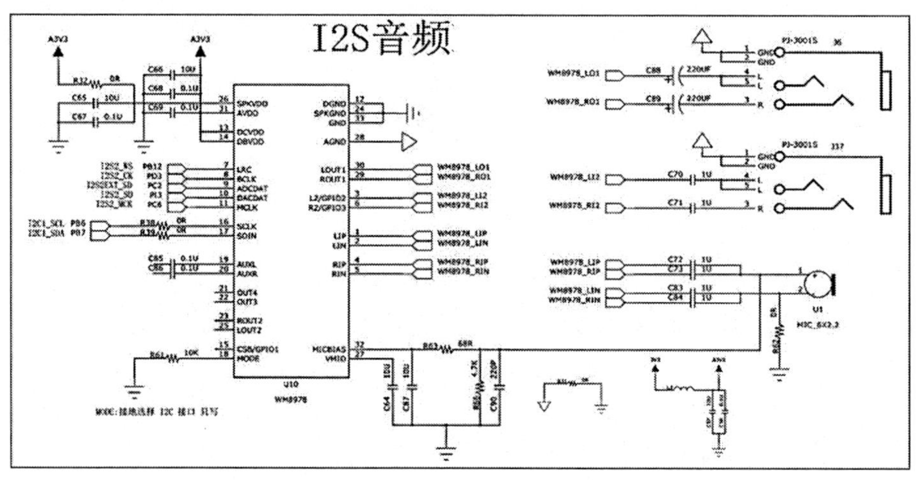


图 5 - 11　WM8978 电路设计

2. 部分代码分析

前面已经介绍了 WAV 格式文件结构以及 WM8978 芯片相关内容,通过 WM8978 音频接口传输过来的音频数据可以直接作为 WAV 格式文件的音频数据部分,大致过程就是程序控制 WM8978 启动录音功能,通过 I2S 音频数据接口把 WM8978 的录音输出传输到 STM32 控制器指定缓冲区内,然后利用 FatFs 的文件写入函数把缓冲区数据写入 WAV 格式文件中,最终实现声音录制功能。同样的道理,WAV 格式文件中的音频数据可以直接传输给 WM8978 芯片实现音乐播放,整个过程与声音录制工程相反。

STM32 控制器与 WM8978 通信可分为两部分驱动函数,一部分是 I2C 控制接口,另一部分是 I2S 音频数据接口。而 bsp_wm8978.c 和 bsp_wm8978.h 两个是专门创建用来存放 WM8978 芯片驱动代码。其中,主函数具体代码如下:

```
int main(void)
{
    FRESULT result;
    NVIC_PriorityGroupConfig(NVIC_PriorityGroup_2);
    BL8782_PDN_INIT();
    Key_GPIO_Config();
    Debug_USART_Config();
    result = f_mount(&fs, "0:",1);
    if (result!=FR_OK)
    {
        printf("\n SD 卡文件系统挂载失败\n");
        while (1);
    }
    SysTick_Init();
    printf("WM8978 录音和回放功能\n");
    TPAD_Init();
    if (wm8978_Init()==0)
    {
        printf("检测不到 WM8978 芯片!!!\n");
        while (1);
    }
    printf("初始化 WM8978 成功\n");
    RecorderDemo();
}
```

main 函数主要完成各个外设的初始化，包括独立按键初始化、电容按键初始化、调试串口初始化、SD 卡文件系统挂载，还有系统定时器初始化。

wm8978_Init 初始化 I2C 接口用于控制 WM8978 芯片，并复位 WM8978 芯片，如果初始化成功则运行 RecorderDemo 函数进行录音和回放功能测试。

3．下载验证

把 Micro SD 卡插入开发板的卡槽内，使用 USB 线连接开发板上的“USB TOUART”接口到电脑，将耳机插入开发板的耳机插座，电脑端配置好串口调试助手参数。编译实验程序并下载到开发板上，程序运行后在串口调试助手可接收到开发板发过来的提示信息,按下开发板的 K2 键,开始执行录音功能测试,不断对着咪头说话,就可以把声音录制下来,按下 K1 键可以停止录音。然后触摸电容按键就可以在耳机接口听到之前录音内容了,按下 K1 键可停止播放。录音完成后也可以在电脑端打开 SD 卡,找到其中的录音文件,可在电脑端音频播放器播放录音文件。

## 5.5 MP3 播放器

MP3 格式音乐文件普遍存在于我们的生活中,实际上 MP3 本身是一种音频编码方式,全称为 Moving Picture Experts Group Audio Layer III(MPEG Audio Layer 3)。MPEG 音频文件是 MPEG 标准中的声音部分,根据压缩质量和编码复杂程度划分为三层,即 Layer-1、Layer-2、Layer-3,且分别对应 MP1、MP2、MP3 这三种声音文件,其中 MP3 压缩率可达到 10:1 至 12:1,可以大大减少文件占用存储空间大小。MPEG 音频编码的层次越高,编码器越复杂,压缩率也越高。MP3 是利用人耳对高频声音信号不敏感的特性,将时域波形信号转换成频域信号,并划分成多个频段,对不同的频段使用不同的压缩率,对高频加大压缩比(甚至忽略信号),对低频信号使用小压缩比,保证信号不失真。这样一来就相当于抛弃人耳基本听不到的高频声音,只保留能听到的低频部分,这样可得到很高的压缩率。

### 5.5.1 MP3 文件结构

MP3 文件大致分为 3 个部分:TAG_V2(ID3V2),音频数据,TAG_V1(ID3V1)。ID3 是 MP3 文件中附加关于该 MP3 文件的歌手、标题、专辑名称、年代、风格等信息,有两个版本 ID3V1 和 ID3V2。ID3V1 固定存放在 MP3 文件末尾,固定长度为 128 字节,以 TAG 三个字符开头,后面跟上歌曲信息。因为 ID3V1 可存储信息量有限,有些 MP3 文件添加了 ID3V2,ID3V2 是可选的,如果存在 ID3V2,那它必然存在于 MP3 文件起始位置,它实际是 ID3V1 的补充。

### 5.5.2 MP3 播放器功能实现

“录音与回放实验”中的回放功能实际上就是从 SD 卡内读取 WAV 格式文件数据,然后提取里边音频数据通过 I2S 传输到 WM8978 芯片内实现声音播放。MP3 播放器的功能也是类似的,只不过现在音频数据提取方法不同,MP3 需要先经过解码库解码后才可得到“可直接”播放的音频数据。由此可以看到，MP3 播放器只是添加了 MP3 解码库实现代码，在硬件设计上并没有任何改变，即这里直接使用“录音与回放实验”中硬件设计即可。

1. 代码分析

实验工程代码中创建 mp3Player. c 和 mp3Player. h 两个文件存放 MP3 播放器实现代码。Helix 解码库是用来解码 MP3 数据帧，一次解码一帧，它是不能用来检索 ID3V1 和 ID3V2 标签的，如果需要获取歌名、作者等信息需要自己编程实现。解码过程可能用到的 Helix 解码库函数有：

（1）MP3InitDecoder 函数初始化解码器，它会申请分配一个存储空间用于存放解码器状态的一个数据结构并将其初始化，该数据结构由 MP3DecInfo 结构体定义，它封装了解码器内部运算数据信息。MP3InitDecoder 函数会返回指向该数据结构的指针。

（2）MP3FreeDecoder 函数用于关闭解码器，释放由 MP3InitDecoder 函数申请的存储空间，所以一个 MP3InitDecoder 函数都需要有一个 MP3FreeDecoder 函数与之对应。它有一个形参，一般由 MP3InitDecoder 函数的返回指针赋值。

（3）MP3FindSyncWord 函数用于寻址数据帧同步信息，实际上就是寻址数据帧开始的 11bit 都为“1”的同步信息。它有两个形参，第一个为源数据缓冲区指针，第二个为缓冲区大小，它会返回一个 int 类型变量，用于指示同步字较缓冲区起始地址的偏移量，如果在缓冲区中找不到同步字，则直接返回 -1。

（4）MP3Decode 函数用于解码数据帧，它有五个形参，第一个为解码器数据结构指针，一般由 MP3InitDecoder 函数返回值赋值；第二个参数为指向解码源数据缓冲区开始地址的一个指针，注意这里是地址的指针，即是指针的指针；第三个参数是一个指向存放解码源数据缓冲区有效数据量的变量指针；第四个参数是解码后输出 PCM 数据的指针，一般由我们定义的缓冲区地址赋值，对于双声道输出数据缓冲区以 LRLRLR……顺序排列；第五个参数是数据格式选择，一般设置为 0 表示标准的 MPEG 格式。函数还有一个返回值，用于返回解码错误，返回 ERR_MP3_NONE 说明解码正常。

（5）MP3GetLastFrameInfo 函数用于获取数据帧信息，它有两个形参，第一个为解码器数据结构指针，一般由 MP3InitDecoder 函数返回值赋值；第二个参数为数据帧信息结构体指针。

main 函数主要完成各个外设的初始化,包括初始化禁用 WIFI 模块、调试串口初始化、SD 卡文件系统挂载以及系统滴答定时器初始化。

wm8978_Init 初始化 I2C 接口用于控制 WM8978 芯片,并复位 WM8978 芯片,如果初始化成功则进入无限循环,执行 MP3 播放器实现函数 mp3PlayerDemo,它有一个形参,用于指定播放文件。另外,为使程序正常运行还需要适当增加控制器的栈空间,栈空间大小调整具体代码如下,Helix 解码过程需要用到较多局部变量,需要调整栈空间,防止栈空间溢出。

```
Stack_Size      EQU   0x00001000
AREA            STACK, NOINIT, READWRITE, ALIGN=3
Stack_Mem       SPACE       Stack_Size
```

2. 下载验证

将工程文件夹中的“音频文件放在 SD 卡根目录下”文件夹的内容拷贝到 Micro SD 卡根目录中,把 Micro SD 卡插入到开发板的卡槽内,使用 USB 线连接开发板上的“USB TO UART”接口到电脑,电脑端配置好串口调试助手参数,在开发板的耳机插座插入耳机。编译实验程序并下载到开发板上,程序运行后在串口调试助手可接收到开发板发过来的提示信息,如果没有提示错误信息则直接在耳机可听到音乐,播放完后自动切换下一首,如此循环。

实验主要展示 MP3 解码库移植过程和实现简单 MP3 文件播放,跟实际意义上的 MP3 播放器在功能上还有待完善,比如快进快退功能、声音调节、音效调节等等。

## 5.6 DCMI——OV2640 摄像头

STM32F4 芯片具有浮点运算单元,适合对图像信息使用 DSP 进行基本的图像处理,其处理速度比传统的 8、16 位机快得多,而且它还具有与摄像头通信的专用 DCMI 接口,所以使用它驱动摄像头采集图像信息并进行基本的加工处理非常适合。本节讲解如何使用 STM32 驱动 OV2640 型号的摄像头。

### 5.6.1 摄像头简介

在各类信息中,图像含有最丰富的信息,作为机器视觉领域的核心部件,摄像头被广泛地应用在安防、探险以及车牌检测等场合。摄像头按输出信号的类型来看可以分为数字摄像头和模拟摄像头,按照摄像头图像传感器材料构成来看可以分为 CCD 和 CMOS。现在智能手机的摄像头绝大部分都是 CMOS 类型的数字摄像头。

1. 数字摄像头跟模拟摄像头的区别

（1）输出信号类型。

数字摄像头输出信号为数字信号,模拟摄像头输出信号为标准的模拟信号。

（2）接口类型。

数字摄像头有 USB 接口(比如常见的 PC 端免驱摄像头)、IEE1394 火线接口(由苹果公司领导的开发联盟开发的一种高速度传送接口,数据传输率高达 800Mbps)、千兆网接口(网络摄像头)。模拟摄像头多采用 AV 视频端子(信号线 + 地线)或 S – VIDEO(即莲花头——SUPER VIDEO,是一种五芯的接口,由两路视频亮度信号、两路视频色度信号和一路公共屏蔽地线共五条芯线组成)。

（3）分辨率。

模拟摄像头的感光器件,其像素指标一般维持在 752(H) * 582(V)左右的水平,像素数一般情况下维持在 41 万左右。现在的数字摄像头分辨率一般从数十万到数千万。但这并不能说明数字摄像头的成像分辨率就比模拟摄像头的高,原因在于模拟摄像头输出的是模拟视频信号,一般直接输入至电视或监视器,其感光器件的分辨率与电视信号的扫描数呈一定的换算关系,图像的显示介质已经确定,因此模拟摄像头的感光器件分辨率不是不能做高,而是依据于实际情况没必要做这么高。

（4）CCD 与 CMOS 的区别。

摄像头的图像传感器 CCD 与 CMOS 传感器主要区别如下:

1）成像材料。

CCD 与 CMOS 的名称跟它们成像使用的材料有关,CCD 是电荷耦合器件(Charge Coupled Device)的简称,而 CMOS 是互补金属氧化物半导体(Complementary Metal Oxide Semiconductor)的简称。

2）功耗。

由于 CCD 的像素由 MOS 电容构成,读取电荷信号时需使用电压相当大(至少

12V）的二相或三相或四相时序脉冲信号，才能有效地传输电荷。因此 CCD 的取像系统除了要有多个电源外，其外设电路也会消耗相当大的功率。有的 CCD 取像系统需消耗 2 ~ 5W 的功率。而 CMOS 光电传感器件只需使用一个单电源 5V 或 3V，耗电量非常小，仅为 CCD 的 1/8 ~ 1/10，有的 CMOS 取像系统只消耗 20 ~ 50mW 的功率。

3）成像质量。

CCD 传感器件制作技术起步早，技术成熟，采用 PN 结或二氧化硅（sio2）隔离层隔离噪声，所以噪声低，成像质量好。与 CCD 相比，CMOS 的主要缺点是噪声高及灵敏度低，不过现在随着 CMOS 电路消噪技术的不断发展，为生产高密度优质的 CMOS 传感器件提供了良好的条件，现在的 CMOS 传感器已经占领了大部分的市场，主流的单反相机、智能手机都已普遍采用 CMOS 传感器。

2．OV2640 摄像头

OV2640 摄像头的实物如图 5 – 12 所示，该摄像头主要由镜头、图像传感器、板载电路及下方的信号引脚组成。

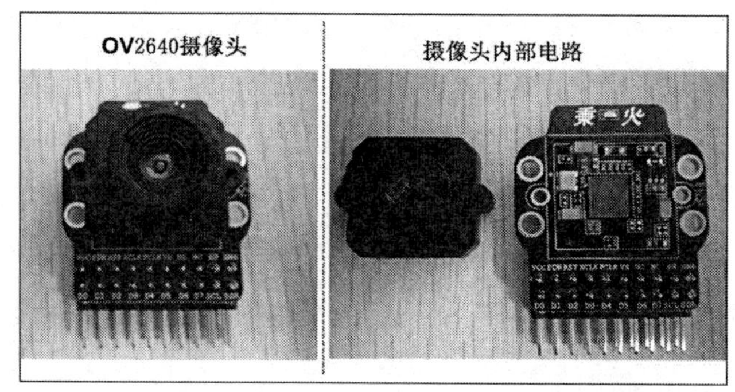


图 5 – 12　实验板配套的 OV2640 摄像头

镜头部件包含一个镜头座和一个可旋转调节距离的凸透镜，通过旋转可以调节焦距，正常使用时，镜头座覆盖在电路板上遮光，光线只能经过镜头传输到正中央的图像传感器，它采集光线信号，然后把采集到的数据通过下方的信号引脚输出数据到外部器件。

### 5.6.2　DCMI——OV2640 摄像头实验

本小节讲解如何使用 DCMI 接口从 OV2640 摄像头输出 RGB565 格式的图像

数据，并把这些数据实时显示到液晶屏上。学习本小节内容时，请打开配套的“DCMI——OV2640 摄像头”工程配合阅读。

1. 硬件设计

本实验采用的 OV2640 摄像头实物如图 5－12 所示，其原理图如图 5－13 所示。

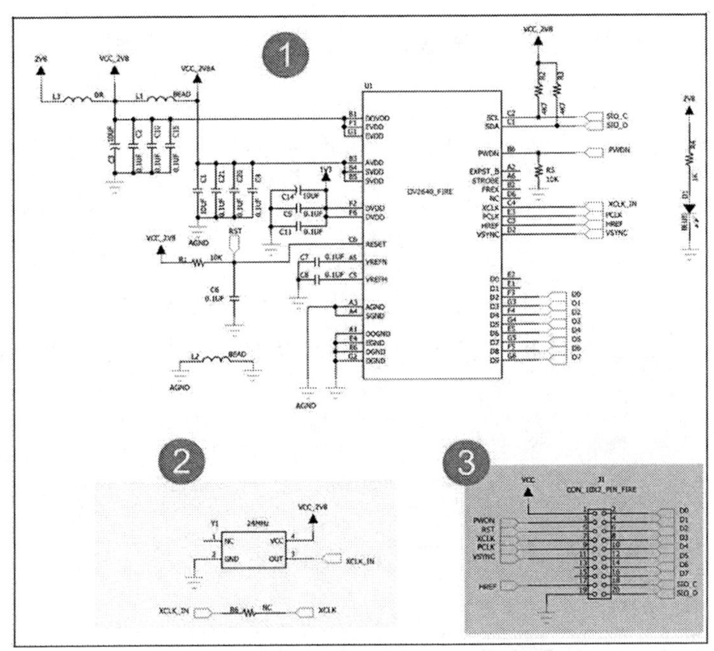

图 5－13　OV2640 摄像头原理图

标号①处的是 OV2640 芯片的主电路，在这部分中已对 SCCB 使用的信号线接了上拉电阻，外部电路可以省略上拉；标号②处的是一个 24MHz 的有源晶振，它为 OV2640 提供系统时钟，如果不想使用外部晶振提供时钟源，可以参考图中的 R6 处贴上 0 欧电阻，XCLK 引脚引出至外部，由外部控制器提供时钟；标号③处的是摄像头引脚集中引出的排针接口，使用它可以方便与 STM32 实验板中的排母连接。

通过排母，OV2640 与 STM32 引脚的连接关系如图 5－14 所示。

2. 软件设计

为了使工程更加有条理，我们把摄像头控制相关的代码独立分开存储，方便以后移植。在“LTDC——液晶显示”工程的基础上新建“bsp_ov2640. c”及“bsp_

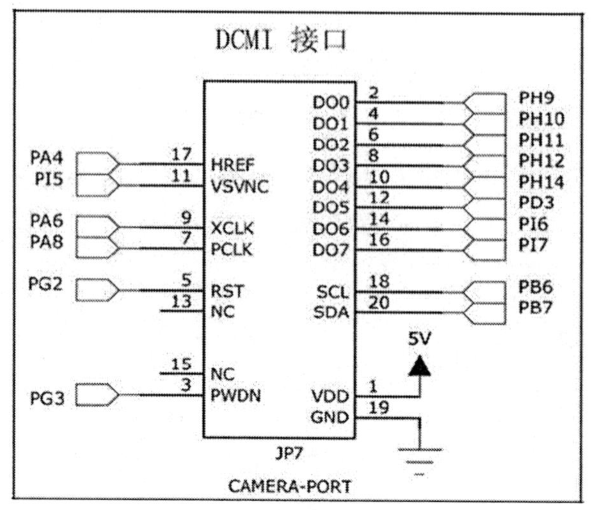


图 5-14　STM32 实验板引出的 DCMI 接口

ov2640. h"文件,这些文件也可根据你的喜好命名,它们不属于 STM32 标准库的内容。

(1) 编程要点。

1) 初始化 DCMI 时钟,I2C 时钟;

2) 使用 I2C 接口向 OV2640 写入寄存器配置;

3) 初始化 DCMI 工作模式;

4) 初始化 DMA,用于搬运 DCMI 的数据到显存空间进行显示;

5) 编写测试程序,控制采集图像数据并显示到液晶屏。

(2) 代码分析。

在 main 函数中,首先初始化了液晶屏,注意它是把摄像头使用的液晶层初始化成 RGB565 格式了。

摄像头控制部分,首先调用了 OV2640_HW_Init 函数初始化 DCMI 及 I2C,然后调用 OV2640_ReadID 函数检测摄像头与实验板是否正常连接,若连接正常则调用 OV2640_Init 函数初始化 DCMI 的工作模式及 DMA,再调用 OV2640_UXGAConfig 函数向 OV2640 写入寄存器配置,最后,一定要记住调用库函数 DCMI_Cmd 及 DCMI_CaptureCmd 函数使能 DCMI 开始捕获数据,这样才能正常开始工作。

3. 下载验证

OV2640 接到实验板的摄像头接口中，用 USB 线连接开发板，编译程序下载到实验板，并上电复位，液晶屏会显示摄像头采集到的图像，通过旋转镜头可以调焦。

## 5.7　DCMI——OV5640 摄像头

本节讲解如何使用 STM32 驱动 OV5640 型号的摄像头。OV5640 摄像头参数可查阅《ov5640datasheet》配套资料获知。

### 5.7.1　摄像头简介

1. OV5640 摄像头

本节主要讲解实验板配套的摄像头，它的实物如图 5－15 所示，该摄像头主要由镜头、图像传感器、板载电路及下方的信号引脚组成。

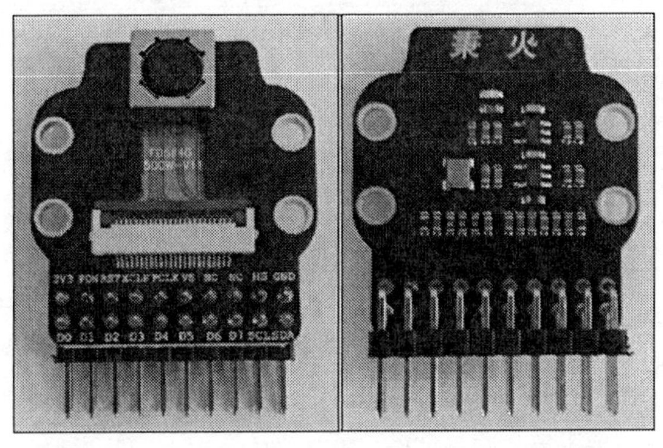


图 5－15　实验板配套的 OV5640 摄像头

镜头部件包含一个镜头座和一个可旋转调节距离的凸透镜，通过旋转可以调节焦距，正常使用时，镜头座覆盖在电路板上遮光，光线只能经过镜头传输到正中央的图像传感器，它采集光线信号，然后把采集到的数据通过下方的信号引脚输出数据到外部器件。

2. OV5640 引脚及功能框图

OV5640 模组带有自动对焦功能，引脚的定义如图 5－16 所示。

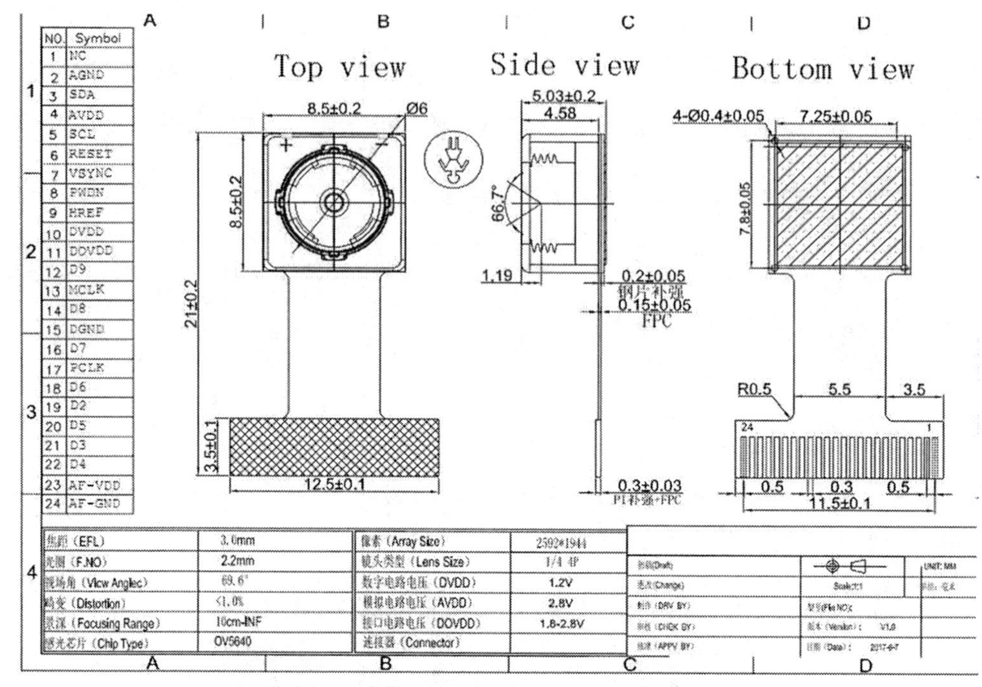


图 5-16　OV5640 传感器引脚分布图

### 5.7.2　DCMI——OV5640 摄像头实验

本小节讲解如何使用 DCMI 接口从 OV5640 摄像头输出 RGB565 格式的图像数据，并把这些数据实时显示到液晶屏上。

1. 硬件设计

本实验采用的 OV5640 摄像头实物如图 5-15 所示，其原理图如图 5-17 所示。

图 5-17 中标号①处的是 OV5640 模组接口电路，在这部分中已对 SCCB 使用的信号线接了上拉电阻，外部电路可以省略上拉；标号②处的是一个 24MHz 的有源晶振，它为 OV5640 提供系统时钟，如果不想使用外部晶振提供时钟源，可以参考图中的 R6 处贴上 0 欧电阻，XCLK 引脚引出至外部，由外部控制器提供时钟；标号③处的是电源转换模块，可以从 5V 转 2.8V 和 1.5V 供给模组使用；标号④处的是摄像头引脚集中引出的排针接口，使用它可以方便与 STM32 实验板中的排母连接。标号⑤处的是电源指示灯。

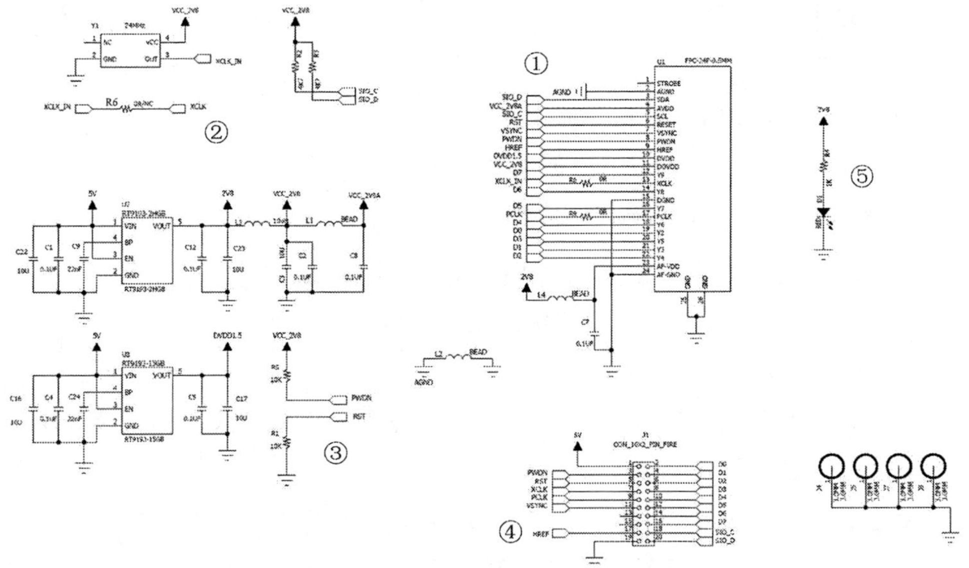

图 5－17　OV5640 摄像头原理图

通过排母，OV5640 与 STM32 引脚的连接关系如图 5－18 所示。

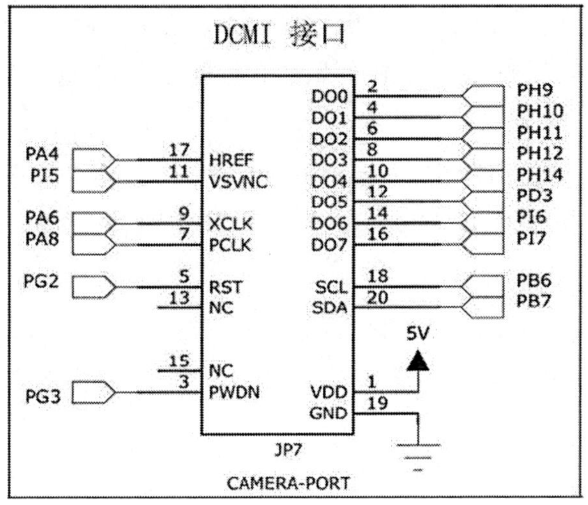


图 5－18　STM32 实验板引出的 DCMI 接口

2. 软件设计

为了使工程更加有条理，我们把摄像头控制相关的代码独立分开存储，方便以后移植。在“LTDC——液晶显示”工程的基础上新建“bsp_ov5640. c”“ov5640_AF. c”“bsp_ov5640. h”“ov5640_AF. h”文件，这些文件也可根据你的喜好命名，它们不属于 STM32 标准库的内容。

(1) 编程要点。

1) 初始化 DCMI 时钟,I2C 时钟;

2) 使用 I2C 接口向 OV5640 写入寄存器配置;

3) 初始化 DCMI 工作模式;

4) 初始化 DMA,用于搬运 DCMI 的数据到显存空间进行显示;

5) 编写测试程序,控制采集图像数据并显示到液晶屏。

(2) 代码分析。

在 main 函数中,首先初始化了液晶屏,注意它是把摄像头使用的液晶层初始化成 RGB565 格式了。

摄像头控制部分,首先调用了 OV5640_HW_Init 函数初始化 DCMI 及 I2C,然后调用 OV5640_ReadID 函数检测摄像头与实验板是否正常连接,若连接正常则调用 OV5640_Init 函数初始化 DCMI 的工作模式及 DMA,再调用 OV5640_RGB565Config 函数向 OV5640 写入寄存器配置,再调用 OV5640_AUTO_FOCUS 函数初始化 OV5640 自动对焦功能,最后,一定要记住调用库函数 DCMI_Cmd 及 DCMI_CaptureCmd 函数使能 DCMI 开始捕获数据,这样才能正常开始工作。

3. 下载验证

OV5640 接到实验板的摄像头接口中,用 USB 线连接开发板,编译程序下载到实验板,并上电复位,液晶屏会显示摄像头采集到的图像,摄像头会自动调焦。

## 5.8 视频显示

视频显示部分硬件为 WiFi 图传模块 Openwrt7620 路由 XRbot - Link5,其外观如图 5 - 19 所示。

模块采用 MTK7620N 主芯片,是一个高度集成的 WLAN 解决方案,实现视频传输及指令双向传输功能。该模块符合国际标准的 802. 11 b/g/n 协议,采用 DSSS,OFDM,BPSK,QPSK,CCK 和 QAM 基带调制技术,能自适应路由器等设备的无线热点。最大连接速可达 300Mbps。这里搭配使用的是 5 dB 天线。

此模块的缺点是适用于本模块的 USB 摄像头必须满足如下条件:(1) UVC 免驱;(2) MJPEG 视频格式输出,即对摄像头有要求。模块采集 USB 网络摄像头拍摄图像，通过 MJPEG 格式发送至客户端显示，网络串口指令转发，可以实现实时视频控制系统。

该模块在整个系统中起到总基站的作用。它建立的 WiFi 信号构建局域网，供 Jetson Nano 主控板、Android 手机连接。该模块在小车视频显示部分的使用方法如下：

（1）将跳线帽拔掉，用 USB 口给模块供电；

（2）插入 UVC 免驱并且是 MJPEG 视频格式输出的 USB 网络摄像头；

（3）等待蓝色指示灯由闪烁状态改变为常亮；

（4）使用 PC 地面站连接 SSID：wifi - robits. com 开头的信号；

（5）使用浏览器输入默认视频流地址 http://192. 168. 1. 1：8080/? action = stream，如果显示有当前 USB 网络摄像头拍摄到的图像，则视频流传输成功。

图 5 - 19
路由器外观图

# 第二部分

## 智能车控制系统软件开发

# 第6章　地面站控制系统开发基础

## 6.1　引言

地面站(ground station)这一基本概念,最开始被定义为卫星或航空航天系统的一个组成部分,即设置在地球上的进行太空通信的地面设备,其任务主要是监控卫星运转情况、接收遥感和遥测数据以及对信息进行数据处理和贮存等。

随着工业现代化的进展,有了对各类型的智能制造设备、机器人、无人机等进行远距离遥控和实时监控设备工作运行情况的需求,地面站成了对工作装置监控遥控的主机设备,主要包括可与设备通信并安装了监控遥控设备的工作软件的笔记本或PC机,一般都经过特殊加固,所以不易损坏并且可移动到施工现场。传统意义上的地面站由五部分组成:

(1) 地面测控中心:监视和跟踪设备的运转情况,指挥设备工作和发送遥感数据;

(2) 地面接收中心:接收设备发回的遥感图像数据和转发遥测数据;

(3) 地面数据处理中心:将地面接收中心接收到的各类数据进行处理,并将各类型数据(如设备各部分实时运行情况、设备搭载摄像头拍摄画面等)可视化;

(4) 图像分析中心:分析处理反馈得到的图像,如影像增强、自动识别分类、产生专题图等;

(5) 综合数据库:记录设备工作参数,实时保存设备运行的各类型数据。

本系统的地面站作为小车上位机的重要组成部分,是人机交互、可视化操作、实时监控车况并控制小车运动的重要工具。这一工具是使用Windows操作系统的笔记本或PC主机、以C#为编程语言在Visual Studio的编程开发环境下开发出的Winform桌面程序。

地面站通过远距离信号传输，即使用 WiFi、蓝牙等通信方式，实现小车和地面站的双向通信。用户使用笔记本或 PC 机中的桌面程序与小车建立连接，通过直观简易的交互设计，只需使用鼠标点击程序中各类选项或输入各方面设备的参数，就可改变小车的工作状态，或者通过控制键盘按键给予小车各类行进指令，就可以轻松操作小车的运行。而小车底层各类型的传感器模块所采集得到的数据，也实时反馈给地面站，并通过 Windows 桌面程序的各类型控件显示出来具体数据和数据体量情况。

地面站即笔记本或 PC 机，与其进行远程连接、通信传输数据、控制操作的对象是 Jetson Nano 主控板，再经由这块功能强大的主控板控制底层各块 STM32。

## 6.2 开发环境准备

本章实验是以一台笔记本作为地面站，笔记本中运行的桌面程序作为地面站的操作工具，操作系统为 WIN10 系统，地面站桌面程序的编程语言使用的是 C#，编程开发环境使用的是 Visual Studio 2017。（本书之后将 Visual Studio 简称为“VS”）VS 2017 安装过程如下：

（1）从微软官网 https://www.visualstudio.com 下载安装文件 visual_studio_community _2017_x86_x64.exe。（这只是一个引导程序）；

（2）打开该文件，进度条加载完成后会弹出如图 6－1 所示的界面，勾选.NET 桌面开发点击安装；（如果有其他需求也可以自行勾选）

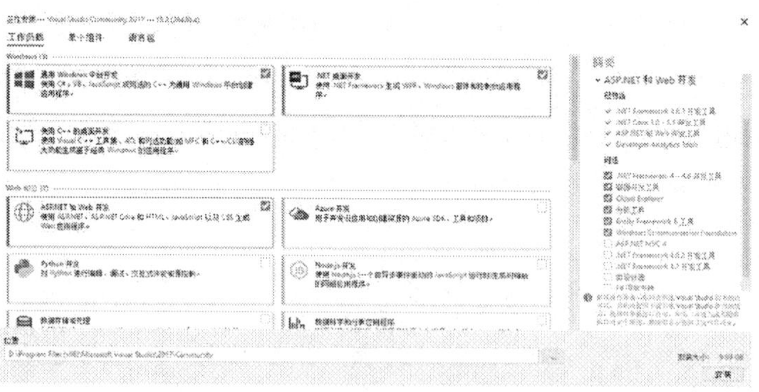

图 6－1 Visual Studio Community 2017 下载安装界面

（3）若已下载 VS 2017，但不确定是否安装所需组件（通用 Windows 平台开发、.NET 桌面开发、ASP. NET 和 Web 开发）时具体步骤如下：打开 Visual Studio Installer（若提示需要更新时就点击更新），点开更多，选择修改，进入如图 6－2 所示的工作负载选择界面，勾选. NET 桌面开发点击安装。

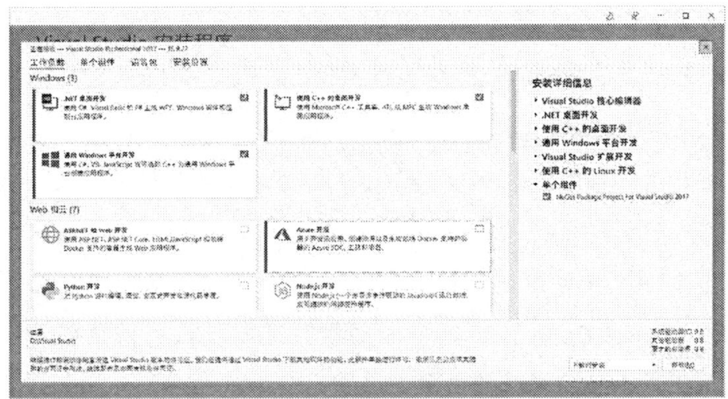


图 6－2　Visual Studio Community 2017 添加组件安装界面

下载安装结束后即可双击桌面快捷方式，打开 VS 2017，软件界面如图 6－3 所示：

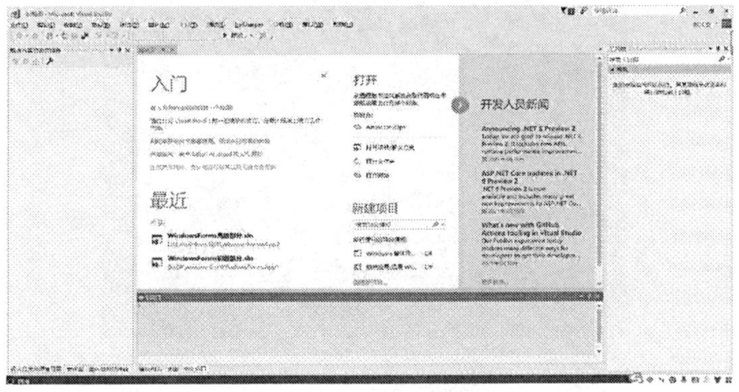


图 6－3　Visual Studio Community 2017 软件界面

除了 VS 以外，还有一款十分实用且可以搭配 VS 使用的插件工具，ReSharper。ReSharper 是 JetBrains 出品的一款著名的代码生成工具，能辅助 Microsoft Visual Studio 成为一个体验更佳的 IDE，它包括一系列丰富的能大大增加 C#和 Visual Basic .net 开发者生产力的特征。使用 ReSharper，你可以进行深度代码分析，智能代码协助，实时错误代码高亮显示，解决方案范围内代码分析，快速代码更正，一步完成代码格式化和清理。ReSharper 还为 C#和 VB. NET 提供了增强的交叉语言功能，它使开发者可以有效地控制.net 混合项目。对于初学者和不够熟悉 C#编程语言结构和 VS 的用户来说，这款代码插件工具大大加快了使用者关于代码编写规范、及时修改错误代码的学习速度，同时也提高了程序编写的速度。

ReSharper 2020.1.2 安装过程如下：

（1）从 JetBrains 官网 https://www.jetbrains.com/resharper/download/previous.html 下载安装文件 JetBrains.ReSharperUltimate.2020.1.2.exe。

（2）下载完成后双击安装包，在安装界面，把你需要安装的文件选择为 Install（安装），不需要的选择 Skip（跳过），值得注意的是 ReSharper 必须和 VS 版本保持一致，然后勾选同意，最后点击 Next 按钮。如图 6－4 所示，这里必须选择安装的工具组件为 ReSharper 2020.1.2，其余根据喜好和需求自行选择（图 6－4 是已经安装成功后对安装了的组件进行修改的界面）。

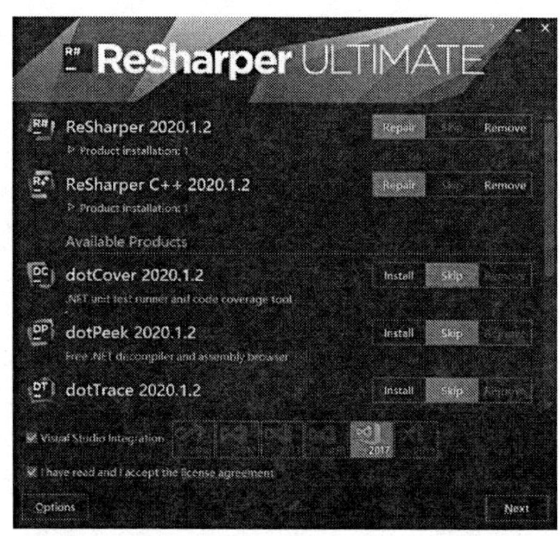


图 6－4　ReSharper 2020.1.2 安装界面

（3）成功给 VS 安装好 ReSharper 插件后，打开 VS 菜单栏里多出了 ReSharper 栏，点开后选择 Options 选项，在 IDE 智能提示（Intellisense）的 General 中默认使用了 Resharper 的提示，不需要更改，在环境（Environment）的 Keyboard & Menus 中可以更改键盘快捷键方式，可选用 VS 或者 ReSharper 方式，也可以不使用键盘快捷键。设置界面如图 6－5、6－6 所示。

如果使用了 Reshaper 的快捷键设置，那么在每个出现提示的地方，点击 Alt + Enter 组合键，就会弹出 Resharper 建议进行的操作，比如：在提示 Reshaper 告诉用

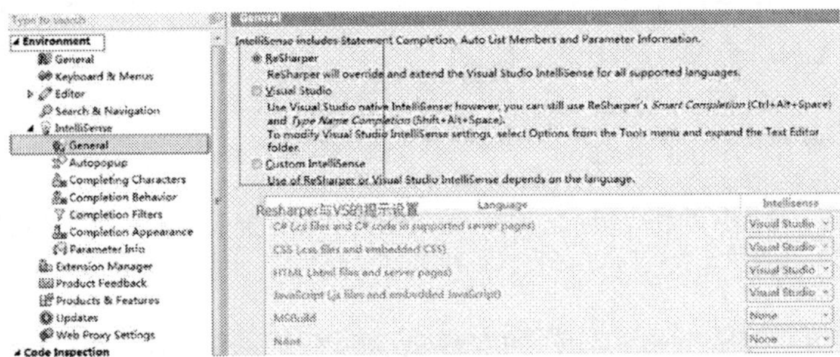


图 6－5　ReSharper 提示设置界面

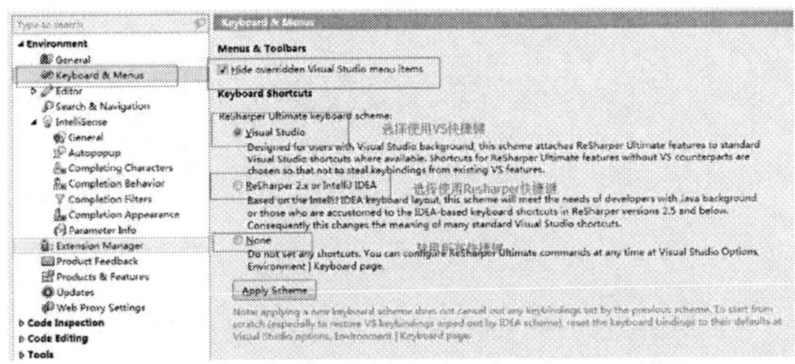


图 6－6　ReSharper 键盘快捷键设置界面

户没有引用 System. Text 这个命名空间，这个时候点击 Alt + Enter 就会自动 Using 该命名空间；在 StringBuilder 上 Alt + Enter 组合键就会提示用户此处要用 var；一些复杂的 LINQ 如果用户不会写，使用 Alt + Enter 就会自动帮助用户将一些代码转换成很规范的 LINQ 语句，使用十分快捷。

至此，地面站的开发环境 VS 就基本搭建准备好了。VS 作为使用 C#为编程语言，Winform 开发设计的 IDE 是现在最流行的 Windows 平台应用程序的集成开发环境，此外它还包含了整个软件生命周期中所需要的大部分工具，如 UML 工具、代码管控工具等。

开发环境搭建好之后就要开始创建具体工程、设计桌面程序 UI、添加控件并编写具体控件功能等操作。在实际编写程序前，对 C#编程语言的学习是必不可少的，并且也有必要对 VS 的使用进行基本的熟悉与实践。

## 6.3 VS 与 Winform 入门

### 6.3.1 熟悉 Visual Studio

这里先以一个小的按键测试项目为例来解释如何创建一个 Winform 桌面窗口程序。

首先,打开 VS 后点击菜单栏的文件项,接着鼠标移动到“新建”选项,选择“项目”进行创建,之后出现新建项目窗口,如图 6 - 7 所示。

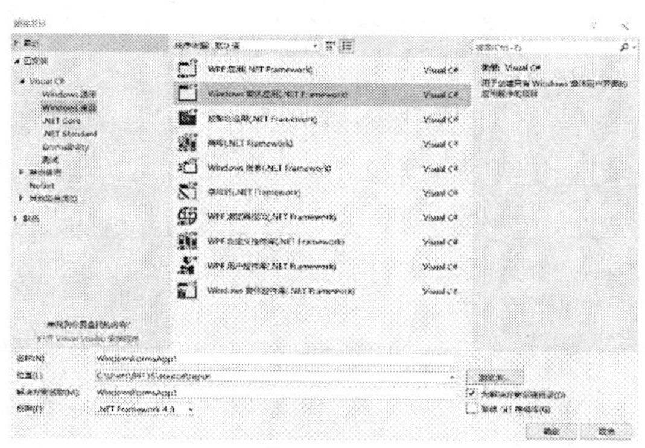

图 6 - 7 ReSharper 键盘快捷键设置界面

左侧边栏可以选择 VS 支持的编程语言及该编程语言所能编写的项目类型。这里使用的编程语言为 Visual C#,并选择 Windows 桌面中的 Windows 窗体应用(. NET Framework),右侧边栏显示项目类型以及所选择项目的基本信息。在窗口下方设置解决方案名称、项目创建的文件路径、具体项目名,以及选择. NET 框架版本(这里选择 4.8 版本)。

新建项目完成后,项目中自动生成了以下这些名称的文件或者文件夹:Properties、引用、App. config、Form1. cs、Program. cs。

(1) Properties 用来定义程序集的属性,其中的 AssemblyInfo. cs 类文件用于保存程序集的信息,如名称、版本等,这些信息一般与项目属性面板中的数据对应,不需要手动编写;Resources. resx 文件为项目资源管理文件,双击 Resources. resx 打开文件则会出现资源管理窗口,可以自己查看已添加的字符串、图像、图标、音频、文件等资源,也可以点击“添加资源”添加现有资源,或者是自己创建新的字符串、图像、图标素材来添加;Settings. settings 文件则是设置允许动态存储和检索应用程序的属性和其他信息。例如,应用程序可以保存用户的颜色首选项,然后在下次运行时检索它们。

(2) 引用。这里是该项目引用的所有分析器、程序集、COM 等,右键点击“添加引用”就可以将扩展的程序集添加项目中。

(3) App. config,这是应用程序配置文件,可直接在配置文件中添加参数配置信息,如服务器 IP、密码等,格式按照 XML 可扩展标记语言。

(4) Form1. cs 是 Windows 窗体程序。双击(创建新项目时会默认打开)打开的是“Form1. cs[设计]”窗口,直接在此界面设计桌面应用程序的 UI,设置窗体本身的各种属性、添加控件并设置控件的各种属性。选中 Form1. cs 后按键盘的 F7 键或者右键选择查看代码,即可打开对应该窗体的代码。

(5) Program. cs 是整个程序的入口,存在项目的 static void Main( )主函数。以下主函数内容都是默认存在的:Application. EnableVisualStyles( );设置为可视模式,Application. SetCompatibleTextRenderingDefault(false);设置控件显示文本的默认方式,Application. Run(new Form1( ));运行主窗口程序。

### 6.3.2　创建第一个桌面窗口程序

下面正式制作第一个桌面窗口程序:首先打开“Form1. cs[设计]”窗口,找到工具箱窗口,如果不存在则点击菜单栏的“视图”项,点击选择“工具箱”打开;接下来在工具箱中的公共控件中找到 Button(按键)控件,选中后拖拽进入窗体里,选择合适的位置放下,选中按键控件,查看属性栏在外观下的 Text 后输入“显示时间”四个字,改变按键显示文本,也可以通过改变 Font 修改显示的字体;之后以同样的过程添加 TextBox(文本框)控件,调整好文本框长度。

双击按键控件,或者选中按键控件后查看其属性窗口,选择到“事件”(闪电图标)一栏,在操作中找到 Click(点击)操作,选中后按回车键。此时跳转到 Form1 的窗体程序中,并且自动创建了名为 OnButtenClicked( )的函数,该函数就代表了鼠标点击按键后应该执行的操作。我们要通过鼠标点击按键后在文本框中显示当前时间,因此在函数体中添加如下代码:

```
private void OnButtenClicked(object sender, EventArgs e) {
    string timeStr = DateTime.Now.ToString("yyyy-MM-dd HH:mm:ss");
    textBox1.Text = timeStr;
}
```

这段代码创建了一个字符串变量 timeStr，使用 DateTime. Now 得到 Windows 系统的当前时间后，使用 ToString（“yyyy – MM – dd HH：mm：ss”）将时间转换为字符串类型，并改为“年 – 月 – 日时：分：秒”的格式。最后将字符串变量 timeStr 赋值给 textBox1. Text，即让 textBox1（默认名称）文本框内显示出时间。

最后按 F5 键或者点击菜单栏下的启动按钮，运行该桌面程序，鼠标点击“显示时间”按键，文本框中显示当前系统时间，效果如图 6 – 8 所示。

图 6 – 8 按键显示时间界面

### 6.3.3 常用基础控件介绍

上一小节已经成功制作出了一个按键测试小项目，在这个小项目中，我们使用到了窗体（Form）、按键控件（Button）、文本框控件（TextBox）这三类最基础控件的最基础的操作。接下来，详细介绍一下在 Winform 中常用控件的属性方法及事件，读者需要在学习的同时，自己建立一个工程即桌面窗口，将下列常用以及没有提到但是自己开发可能会用到的控件添加到桌面窗口里，设置控件的属性、使用控件的方法、添加控件的实践等等，通过实践加深对这些基础控件的理解。

关于更多控件更加详细的介绍，可以前往. NET API（浏览器，https：//docs. microsoft. com/zh – cn/dotnet/api/？ view = netframework – 4. 8）。选择产品名称及版本信息，在搜索栏中输入你想了解的无论是类、构造函数、属性、方法、事件，或者是运用实例，都能轻松获得。下面先介绍通用控件的常用属性、事件，再介绍常用控件和它的常用属性、方法和事件。

1. 通用控件的常用属性如下

（1）Size 属性：控件最基础的属性，定义控件的大小（以像素为单位）。

（2）Name 属性：控件最基础的属性，定义控件的名称。

（3）Location 属性：控件最基础的属性，定位控件的左上角相对于其容器左上角的坐标。

（4）Anchor 属性：锚定属性，定义某个控件绑定到容器的边缘。表示在窗体重置时控件与窗体（或者父控件）的相对位置保持不变。控件变化要等到窗体重置的时候才能呈现。窗体拉大后控件会随着窗体的 4 个方向随之变化，窗体拉大指设计过程中对 form1 窗体的拉大。

（5）Dock 属性：停泊属性，定义要绑定到容器的控件边框。表示控件的某个边与窗体重合（零距离）。控件的变化则在设计的时候就能呈现，fill 表示充满窗体或者容器。

（6）Margin 属性：指定当前控件与另一控件的边距之间的距离。

（7）Padding 属性：指定控件内部的间距。

（8）Visual 属性：是否隐藏该控件（默认为 True）。该属性设置为 False 时控件不可见。

2. 通用控件的常用事件

（1）Click 事件：单击组件时发生。即鼠标单击控件时程序进行的操作。

（2）Resize 事件：在调整控件大小时发生。即在控件的 Size 属性发生变化时程序进行的操作。

（3）Enter 事件：在控件成为该窗体的活动控件时发生。即在窗体中的控件获得焦点时程序进行的操作。控件获得焦点有两种方式：通过鼠标单击选中控件使控件获得焦点；通过使用键盘的 Tab 键，按照控件属性中设置的 TabIndex 为顺序，逐个获得焦点。

3. 窗体（Form）

每一个 Windows 窗体应用程序都是由若干个窗体构成的，窗体中的属性主要用于设置窗体的外观。项目中的 Form1.cs 文件包含的是业务代码，即控件事件处理函数；其中下级文件 Form1.Designer.cs 则是属于编辑器自动生成界面代码，即进行桌面窗口界面 UI 部分的代码，包括创建窗口中包含的各个控件、设置各个控件的属性、创建控件已有的事件等等。

4. 窗体的常用属性

（1）WindowState 属性：获取或设置窗体的窗口状态，取值有 3 种，即 Normal

（正常）、Minimized（最小化）、Maximized（最大化），默认为 Normal，即正常显示。

（2）StartPosition 属性：获取或设置窗体运行时的起始位置，取值有 5 种，即 Manual（窗体位置由 Location 属性决定）、CenterScreen（屏幕居中）、WindowsDefaultLocation（Windows 默认位置）、WindowsDefaultBounds（Windows 默认位置，边界由 Windows 决定）、CenterParent（在父窗体中居中），默认为 WindowsDefaultLocation。

（3）Text 属性：获取或设置窗口标题栏中的文字。

（4）BackgroundImage 属性：获取或设置窗体的背景图像。这里的图像可以提前在 6.3.1 节中提到的 Properties 中的 Resources. resx 文件即项目资源管理文件中设置保存好。（Image 属性使用本地图片均可用此使用设置）

（5）BackgroundImageLayout 属性：获取或设置图像布局，取值有 5 种，即 None（图片居左显示）、Tile（图像重复，默认值）、Stretch（拉伸）、Center（居中）、Zoom（按比例放大到合适大小），最常使用的是 Zoom，即按比例放大到合适大小。（PictureBox 控件的 SizeMode 属性的取值同理，也使用 Zoom）

（6）Icon 属性：获取或设置窗体上显示的图标。

（7）FormBorderStyle 属性：指示窗体边缘和标题栏的外观和行为，取值有 7 种，即 None（无边框）、FixedSingle（固定的单行边框）、Fixed3D（固定的三维样式边框）、FixedDialog（固定的对话框样式的粗边框）、Sizable（可调整大小的边框）、FixedToolWindow（不可调整大小的工具窗口边框）、SizableToolWindow（可调整大小的工具窗口边框），这里根据喜好和需求进行选择，但是要进行扁平化桌面窗体程序设计时，需要选择 None 模式，用户可自行添加最小化、最大化（还原）、关闭栏和窗体移动实现的事件。

5. 窗体常用事件

（1）Load 事件：每当用户加载窗体时发生。很多情况下我们需要在桌面窗体程序一开始后立即触发执行一些操作，此时就需要用到 Form 的 Load 事件。

（2）Shown 事件：每当窗体第一次显示时发生，和 Load 不同的地方在于，Load 是窗体创建完成的时候触发，Shown 是窗体第一次 Visible 的时候触发。即 Load 事件是在 Shown 事件之前触发的。

（3）FormClosing 事件：每当用户关闭窗体时，在窗体已关闭并指定关闭原因前发生。当我们需要在桌面窗体程序关闭前触发执行一些操作时，例如释放某些占用资源等，此时就需要用到 FormClosing 事件。

（4）FormClosed 事件：每当用户关闭窗体时，在窗体已关闭并指定关闭原因后发生。和 FormClosing 不同的地方在于，FormClosing 触发时窗口未真正关闭，可以通过设置 Form < losingEventArgs. Cancel 属性，将其值设置为 True 则阻止窗口关闭，即 FormClosing 事件是在 FormClosed 事件之前触发的。

MessageBox. Show（“……”），弹出一个提示消息为“……”的消息框，并且该消息框具有一个确定的按钮和关闭选项。

6. 按键（Button）控件

按键控件几乎存在于所有 Windows 对话框中，是 Windows 应用程序中最常用的控件之一。按键控件允许用户通过单击来执行操作。按键最重要的事件，也是最常用的事件就是 Click。当用户单击按键时，都会调用 Click 事件。

7. 按键的常用属性

（1）DialogResult 属性：当使用 ShowDialog 方法显示窗体时，可以使用该属性设置当用户按了该按键后 ShowDialog 方法的返回值。方法的返回值有 OK、Cancel、Abort、Retry、Ignore、Yes、No 等。

（2）Image 属性：用来设置显示在按键上的图像。

（3）FlatStyle 属性：用来设置按键的外观。

8. 按键的常用方法

（1）Click 事件：当用户用鼠标左键单击按键控件时，将发生该事件。

（2）MouseDown 事件：当用户在按键控件上按下鼠标按键时，将发生该事件。

（3）MouseUp 事件：当用户在按键控件上释放鼠标按键时，将发生该事件。

9. 文本框（textBox）控件

当桌面程序在使用中需要用户输入文本信息时，就需要使用文本框。主要用途是让使用者输入文本，使用者可以输入任何字符，也可以限制使用者只输入数值，还可以设置为密码模式（PasswordChar），即输入文本内容以设置的字符或其他内容替代。

10. 文本框主要属性

（1）Text 属性：Text 属性是文本框最重要的属性，因为要显示的文本就包含在

Text 属性中。默认情况下,最多可在一个文本框中输入 2048 个字符。如果将 MultiLine 属性设置为 true,则最多可输入 32KB 的文本。(即设置为多行显示模式)

(2) MaxLength 属性:用来设置文本框允许输入字符的最大长度,该属性值为 0 时,不限制输入的字符数。

(3) MultiLine 属性:用来设置文本框中的文本是否可以输入多行并以多行显示。值为 true 时,允许多行显示。值为 false 时不允许多行显示,一旦文本超过文本框宽度时,超过部分不显示。(默认 MultiLine 属性的值为 false)

(4) HideSelection 属性:用来决定当焦点离开文本框后,选中的文本是否还以选中的方式显示,值为 true 则不以选中的方式显示,值为 false 将依旧以选中的方式显示。

(5) ReadOnly 属性:用来获取或设置一个值,该值指示文本框中的文本是否为只读。值为 true 时为只读,值为 false 时可读可写。

(6) PasswordChar 属性:是一个字符串类型,允许设置一个字符,运行程序时,将输入到 Text 的内容全部显示为该属性值,从而起到保密作用,通常用来输入口令或密码。

(7) ScrollBars 属性:用来设置滚动条模式,有四种选择:ScrollBars. None(无滚动条),ScrollBars. Horizontal(水平滚动条),ScrollBars. Vertical(垂直滚动条),ScrollBars. Both(水平和垂直滚动条)。注意:只有当 MultiLine 属性为 true 时,该属性值才有效。在 WordWrap 属性值为 true 时,水平滚动条将不起作用。

(8) Modified:用来获取或设置一个值,该值指示自创建文本框控件或上次设置该控件的内容后,用户是否修改了该控件的内容。值为 true 表示修改过,值为 false 表示没有修改过。

(9) TextLength 属性:用来获取控件中文本的长度。

(10) WordWrap:用来指示多行文本框控件在输入的字符超过一行宽度时是否自动换行到下一行的开始,值为 true 表示自动换到下一行的开始,值为 false 表示不能自动换到下一行的开始。

11. 文本框常用方法

(1) AppendText 方法:把一个字符串添加到文本框中原文本的后面,调用的一般格式如下:文本框对象. AppendText(str),字符串变量 str 赋值为要添加的字符串。

(2) Clear 方法:从文本框控件中清除所有文本。调用的一般格式如下:文本框对象. Clear(),无参数。

(3) Focus 方法:是为文本框设置焦点。如果焦点设置成功,值为 true,否则为 false。调用的一般格式如下:文本框对象. Focus(),无参数。

(4) Copy 方法:将文本框中的当前选定内容复制到剪贴板上。调用的一般格式如下:文本框对象. Copy()。

(5) Cut 方法:将文本框中的当前选定内容移动到剪贴板上。调用的一般格式如下:文本框对象. Cut()。

(6) Paste 方法:用剪贴板的内容替换文本框中的当前选定内容。调用的一般格式如下:文本框对象. Paste()。

(7) Undo 方法:撤销文本框中的上一个编辑操作。调用的一般格式如下:文本框对象. Undo()。

(8) Select 方法:用来在文本框中设置选定文本。调用的一般格式如下:文本框对象. Select(start,length),该方法有两个参数,第一个参数 start 用来设定文本框中当前选定文本的第一个字符的位置,第二个参数 length 用来设定要选择的字符数。

(9) SelectAll 方法:用来选定文本框中的所有文本。调用的一般格式如下:文本框对象. SelectAll(),该方法无参数。

12. 文本框常用事件

(1) GotFocus 事件:该事件在文本框接收焦点时发生。

(2) LostFocus 事件:该事件在文本框失去焦点时发生。

(3) TextChanged 事件:该事件在 Text 属性值更改时发生。无论是通过编程修改还是用户交互更改文本框的 Text 属性值,均会引发此事件。

13. 标签(Label)控件

标签控件是最常用的控件,任何 Windows 应用程序中都可以看到标签控件或功能与其相似的控件。

14. 标签的常用属性

（1）Text 属性：用来设置或返回标签控件中显示的文本信息。

（2）AutoSize 属性：用来获取或设置一个值，该值指示是否自动调整控件的大小以完整显示其内容。取值为 true 时，控件将自动调整到刚好能容纳文本时的大小；取值为 false 时，控件的大小为设计时的大小。默认值为 false。

（3）BackColor 属性：用来获取或设置控件的背景色。当该属性值设置为 Color. Transparent 时，标签将透明显示，即背景色不再显示出来。

（4）BorderStyle 属性：用来设置或返回边框。有三种选择：BorderStyle. None 为无边框（默认），BorderStyle. FixedSingle 为固定单边框，BorderStyle. Fixed3D 为三维边框。

（5）TabIndex 属性：用来设置或返回对象的 Tab 键顺序。

（6）Enabled 属性：用来设置或返回控件的状态。值为 true 时允许使用控件，值为 false 时禁止使用控件，此时标签呈暗淡色，一般在代码中设置。

15. 图片框（PictureBox）控件

用于显示位图、GIF、JPEG、图元文件或图标格式的图形。图片框控件表示可用于显示图像的 Windows 图片框控件。

图片类型有两类：一类是抽象类 Image，另一类是具体类 Bitmap。创建一个图片的方式如下：Bitmap bmp = new Bitmap（"C：\\. . . \\. . . \\123. jpg"）。

又或者从资源文件中创建图片并修改 Image 属性显示：Bitmap photo = Properties. Rsources. 123； pictureBox1. Image = photo。

16. 图片框常用属性

（1）SizeMode 属性：获取或设置图像布局，取值有 5 种，即 None（图片居左显示）、Tile（图像重复，默认值）、Stretch（拉伸）、Center（居中）、Zoom（按比例放大到合适大小），最常使用的是 Zoom，即按比例放大到合适大小。

（2）Image 属性：设置图像：pictureBox1. Image = bmp。

17. 图片框常用方法

Load 方法：加载目标路径的图片文件，调用的一般格式如下：图片框对象. Load（"C：\\. . . \\. . \\123. jpg"）。

18. 复选框(CheckBox)控件

可以实现多个选项同时选择,传统上,CheckBox 显示为一个标签,左边是一个带有标记的小方框。使用者希望可以选择一个或多个选项时,就可使用复选框。

19. 复选框常用属性

(1) ThreeState 属性:用来返回或设置复选框是否能表示三种状态,如果属性值为 true 时,表示可以表示三种状态——选中、没选中和中间态(CheckState. Checked、CheckState. Unchecked 和 CheckState. Indeterminate);属性值为 false 时,只能表示两种状态,选中和没选中。

(2) Checked 属性:用来设置或返回复选框是否被选中,值为 true 时,表示复选框被选中;值为 false 时,表示复选框没被选中。当 ThreeState 属性值为 true 时,中间态也表示选中。

20. 单选(RadioButton)控件

单选控件显示为一个标签,左边是一个圆点,该圆点可以是选中或未选中。在要给用户提供几个互斥选项时就可以使用单选按钮。例如,询问用户的性别。

21. 单选键常用属性

(1) Checked 属性:用来设置或返回单选按钮是否被选中,选中时值为 true,没有选中时值为 false。

(2) CheckedChanged 属性:同 Checked 属性,为 bool 型,区别在于,Checked 的值只随用户的操作而改变,但 CheckedChanged 的值不光随用户的操作而改变,还可由程序改变。

(3) AutoCheck 属性:如果 AutoCheck 属性被设置为 true(默认),那么当选择该单选按钮时,将自动清除该组中所有其他单选按钮。对一般用户来说,不需改变该属性,采用默认值(true)即可。

22. 单选常用事件

(1) Click 事件:当单击单选按钮时,将把单选按钮的 Checked 属性值设置为 true,同时发生 Click 事件。

(2) CheckedChanged 事件:当 Checked 属性值更改时,将触发 CheckedChanged 事件。

23. 组合框(ComboBox)控件

组合框控件用于在下拉组合框中显示数据。组合框控件结合了文本框和列表框控件的特点,用户可以在组合框内输入文本,也可以在列表框中选择项目。(只能进行单选)

24. 组合框常用属性

(1) DropDownStyle 属性:用来控制组合框的外观和功能。Simple:无下拉菜单,相当于 textBox;DropDown:默认下拉单选组合框;DropDownList:只提供下拉选择项,用户不能在组合框内输入文本。

(2) Items 属性:设置组合框里面的单选项内容(文字)。

(3) MaxLength 属性:设置在组合框中可以输入多少个字符。

(4) SelectedItem 属性:用于设置下拉列表最多可以显示多少行。

(5) Checked 属性:用于判断运行窗体的时候单选按钮是否被选中。

25. 组合框常用方法

(1) Add 方法:向组合框内添加目标项,调用的一般格式如下:组合框对象. Item. Add("…")。

(2) ToString 方法:将组合框内的选择项取值(返回值为字符串类型),调用的一般格式如下:组合框对象. SelectedItem. ToString()。

诸如列表框(ListBox)控件、菜单栏(MenuStrip)控件、时钟(Timer)控件等其余常用控件,请自行使用学习并实际使用。将各个基础控件的基础使用方法掌握之后,就可以运用这些控件设计一些小程序进行练习了。

### 6.3.4 Winform 入门程序开发

通过前几节的讲解,我们已经对 VS 的使用比较熟悉了,并成功创建了第一个桌面窗体程序。之后,又了解了常用控件的功能和他们的基础属性、方法、事件等,也尝试添加练习。下面,我们将通过几个入门小程序的制作,熟练掌握 Winform 基础桌面程序的设计。

1. 密码输入界面

程序 UI 及功能要求:创建一个小窗口,窗口内有两个单行文本框,其中一个为只读不可编辑模式,且显示文本为寝室号,另一个文本框为可编辑模式;文本框前加上标签“寝室号”、“进入密码”作为提示信息；文本框下添加复选框，标注“隐藏密码”；文本框左边添加一个大号的确认按钮。

运行程序后，在进入密码的文本框中输入密码，通过勾选复选框以“ * ”号隐藏密码，输入密码后，点击确认按钮或者是直接按键盘的回车键，如果密码正确则通过弹出一个消息框提示“密码正确，请进！”，反之提示“密码错误，禁止进入！”。程序实现如图 6 –9 所示。

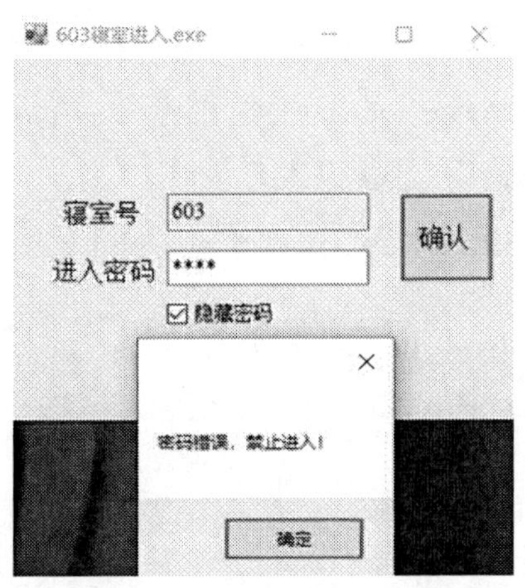


图 6 –9　密码输入界面

接下来讲解程序是如何实现的：这个小程序十分简单，运用到的控件有 Lable、TextBox、CheckBox、Button 这几种。同时将 roomNameBox（寝室号文本框）ReadOnly 属性设置为了 True，并更改其他控件字体、形状、大小，按常见的密码输入界面摆放。在业务代码，即事件处理的 Form1. cs 中，为三个控件 passwordBox、passwordShowenBox、enterButton 添加事件，事件程序如下：

```
private void passwordShowenBox_CheckedChanged(object sender, EventArgs e) {
    bool isChecked = passwordShowenBox.Checked;
    if ( isChecked)
        passwordBox.PasswordChar = '*';
    else
        passwordBox.PasswordChar = new char();
}
```

上述程序是隐藏密码勾选框勾选状态改变的事件函数，在勾选状态改变后，将改变后的状态用新建的 bool 类型变量 isChecked 记录，并根据其值为 True 还是

False，将 passwordBox（密码输入文本框）的 PasswordChar 属性进行修改。

```
private void enterButton_Click(object sender, EventArgs e) {
    if (passwordBox.Text == "123")
        MessageBox.Show("密码正确，请进！");
    else
        MessageBox.Show("密码错误，禁止进入！");
}
```

上述程序是确认按钮点击的事件函数，在鼠标点击按钮后，判断密码输入的字符串与设置好的密码是否一致。如果一致，则弹出一个消息框“密码正确，请进！”，反之消息框信息为“密码错误，禁止进入！”

```
private void passwordBox_KeyDown(object sender, KeyEventArgs e) {
    if (e.KeyCode == Keys.Enter) {
        if (passwordBox.Text == "123")
            MessageBox.Show("密码正确，请进！");
        else
            MessageBox.Show("密码错误，禁止进入！");
    }
}
```

上述程序是在密码输入文本框有按键按下时后的事件函数，当输入密码过程中有回车键按下时，执行上一段密码判断的程序。

2. 学生资料录入保存

程序 UI 及功能要求：创建一个 Student 类，包含 6 个属性：Name，StudentId，Gender，PhoneNumber，IdNumber，Address。

这里先补充一点 C#中类的知识：类是创建对象的模板，每个对象都包含了数据并提供处理和访问数据的方法。类定义了类的每个对象（实例）可以包含什么数据和功能。类创建的变量就叫作对象。类由数据部分（字段）和函数部分（方法）构成，数据部分是指类的数据、字段、常量和事件的成员；函数部分是指类中数据的某些功能，例如方法、属性、构建方法、终结器（析构方法）、运算符、索引器等。而处于相同命名空间下的类无须引用。

使用类的方法：先声明变量 <类名> <变量/对象名>，再初始化 <对象名> = new <类名>()，最后使用类中的变量或者函数 <对象名>. <变量名>、<对

象名 >. <函数名 >。

编程规范上,习惯把类中的字段设置为 Private,只在类内访问,不通过外部访问;为此,需要为字段提供 set 方法来设置字段的值,即通过 this(如 this. x = x;)表示访问的是类的字段或者方法。构造函数是声明一个和所在类同名的方法(但该方法没有返回值类型)。如:

```
public class MyClass() {
    public MyClass() {
        // 构造函数的函数体
    }
}
```

当使用 new 创建类时就会调用构造方法(可有参数),无参数时调用默认的构造函数(无参数)。有参数时,在初始化过程中,调用格式如下: <对象名 > = new <类名 >(参数)。

属性:1. 需要名字和类型;2. 包含两个块,get 和 set;3. 当取得属性的值时,调用 get 块返回属性值,值类型同属性类型;给属性赋值时,调用 set 块,可在 set 块中通过 value 访问到我们设置的值。

参照上述编程规范,习惯把字段设为 private,也可通过属性对字段取值复制(属性首字母大小、字段小写),若 get、set 为 private 定义则只能在类中使用,或者自动提供一个字段存储,如 public string Name { get; set; }。

创建一个窗口,窗口标题设置为学生信息采集,分别针对姓名、学号、性别、手机号、身份证号、家庭住址标注出 6 个 label 和 6 个输入框。除了性别一栏为 comboBox 并设置为只读模式只有男女两个下拉选项,其他的输入框都为 textBox,家庭住址的文本框为多行显示模式。最下面放置一个 button 控件,text 属性设为"保存信息"。

填写信息后点击"保存信息"按钮,于指定路径下保存名称为 student. txt 的文本文件,并以 Json 语法存储学生信息数据。

这里简要介绍一下 Json。Json 是存储和交换文本信息的语法,数据保存在键值对中:"键":"值";数据由逗号分隔:"键":"值","键":"值";花括号保存对象:{"键":"值"};空括号保存数组:[{"键":"值"}, {"键":"值"}];值可以是:数字、字符串、逻辑值、数组、对象、Null。

在 VS 中可以使用 LitJson 解析 Json 文本，即通过右键引用添加 LitJson. dll。但是在本项目中，添加使用的是 Newtonsoft. Json. dll。程序实现如图 6－10 所示。

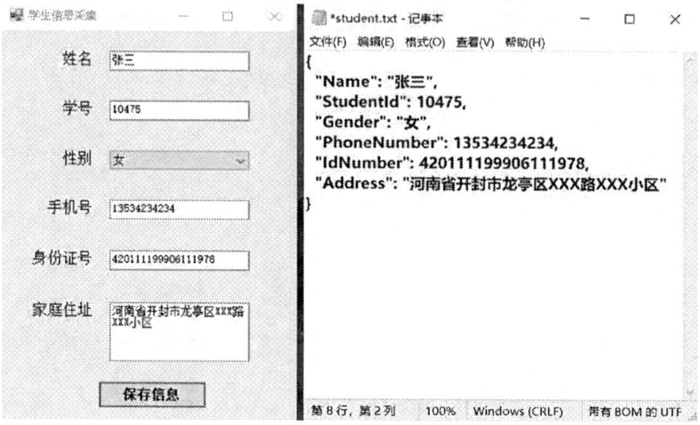

图 6－10 学生资料录入保存

接下来讲解程序的实现：首先是 Student 类的创建，在解决方案资源管理器中该项目下，右键鼠标选择添加类，文件的名称为 Student. cs，Student 类中添加属性字段和构造函数：

```
public Student(){ }
public string Name { get; set; }
public long StudentId { get; set; }
public string Gender { get; set; }
public long PhoneNumber { get; set; }
public long IdNumber { get; set; }
public string Address { get; set; }
public Student() { }
public Student( string Name, long StudentId,string Gender, long Phone
Number, long IdNumber, string Address) {
        this.Name = Name;
        this.StudentId = StudentId;
        this.Gender = Gender;
        this.PhoneNumber = PhoneNumber;
        this.IdNumber = IdNumber;
```

```
        this.Address = Address;
    }
```

其次由于要使用 Json 格式写入由桌面窗口程序录入的学生信息资料，同样的方式添加 TextFile 类，但是命名空间改成 TextFile，增强代码的可移植性，将其添加到其他项目中，只要使用 using TextFile 即可添加引用。类里添加写入读取部分的函数和两个静态属性，并且添加引用命名空间：using System. IO 和 using System. Text。

```
public static Encoding UTF8 {
    get {
        return UTF8Encoding.UTF8;
    }
}
public static Encoding GBK {
    get {
        return Encoding.GetEncoding("GBK");
    }
}
public static void Write(string filePath, string content, Encoding encoding) {
    using (StreamWriter sw = new StreamWriter(filePath, false, encoding)) {
        sw.Write(content);
    }
}
public static string Read(string filePath, Encoding encoding) {
    using (StreamReader sr = new StreamReader(filePath, encoding)) {
        return sr.ReadToEnd();
    }
}
```

这里先添加了两个静态属性 UTF8 和 GBK，这是两种编码形式，UTF8 是国际编码，它的通用性比较好，外国人也可以浏览论坛，GBK 是国家编码，通用性比 UTF8 差，不过 UTF8 占用的数据库比 GBK 大。

然后是两个指定文件地址、内容和编码形式的流写入和读取函数，这里使用 using 是为了省去销毁流写入和读取的占用资源的代码以节省代码。

最后一步操作，即通过按钮将用户录入的数据信息保存到指定路径下的 txt 文件。先在程序开头添加引用命名空间：using TextFile 和 using Newtonsoft. Json，然后为按钮添加 Click 事件：

```
private void SaveButton_Click(object sender, EventArgs e) {
    Student stu = new Student();
    stu.Name = nameTextBox.Text.Trim();
    stu.StudentId = Convert.ToInt64(studentIdTextBox.Text);
    if (genderComboBox1.SelectedIndex == 0)
        stu.Gender = "男";
    else
        stu.Gender = "女";
    stu.PhoneNumber = Convert.ToInt64(phoneNumberTextBox.Text);
    stu.IdNumber = Convert.ToInt64(idNumberTextBox.Text);
    stu.Address = addressTextBox.Text.Trim();
    string jsonStr = JsonConvert.SerializeObject(stu, Formatting.Indented);
    TextFile.Write(@"D:\student.txt", jsonStr, TextFile.UTF8);
    MessageBox.Show("保存成功");
}
```

在 Click 事件中，先初始化 Student 类，对象名定义为 stu，将姓名文本框内的字符串去空格操作后赋值给 stu 的 Name，然后将学号文本框中字符串类型的数据强制转换成有符号的 64 位整数数据类型，后面的其他属性同理，只是下拉框多一步判断所选项目的索引值，从而给出“男”或者“女”的信息。接下来使用 JsonConvert. SerializeObject 创建好 json 格式的字符串数据，使用自定义的流写入函数 TextFile. Write，在指定的文件保存地址下保存文件，成功后弹出一个消息框“保存成功”；如果所填信息有误（信息格式不正确），则自动弹出消息框（请正确填写相关信息）。

3. 文本字体设计对话框

程序 UI 及功能要求：创建一个主窗口 Form1，添加第一个按钮，将 Text 属性设置成“更改文本字体”；第二个按钮将 Text 属性设置成“清空文本”；添加一个文本框 textBox，属性 Multiline 设置为 True，即设置成为多行显示模式，将文本框拉伸成更大的框体，并将属性 ScrollBars 设置为 Vertical，即添加竖直方向的滚动条。这里自行添加另一个对话框窗口：右键点击弹出“所建项目”，选择“添加”，点击

Windows 窗体，将窗口命名为 Dialog. cs，窗口的 StartPosition 属性设置为 CenterParent，即开始位置为父窗口的中间位置。这里在窗口中添加一个 pictureBox，背景色设置为纯白并且外加黑色边框，将其 Dock 属性设置为 Top，这个框即锚定在了最上面。在框内添加两个 label，文本分别设置为字体和大小，后面分别添加 comboBox 和 NumericUpDown（数值增减控件）这两控件，其中 comboBox 中的项添加黑体、宋体、楷体、隶书几项，而 NumericUpDown 的 Value 属性值设置为 10，将 Increment（控件每单击一下按钮时增加或者减少的数量）属性设置为 2。最后图片框外设置“确定”和“取消”按键。

运行程序后，主窗口显示，文本框中显示一段词，点击更改文本字体按钮，出现 Dialog 对话框窗口。通过选择下拉框中的选项选择你需要更改的字体，通过点击数值增减控件的增减按钮，对文本大小进行选择。选择完毕后，点击确定保存设置并关闭对话框，回到主窗口，字体及大小均更改成功，通过点击清空文本可以将文本框中的文本清空。程序实现如图 6 – 11 所示。

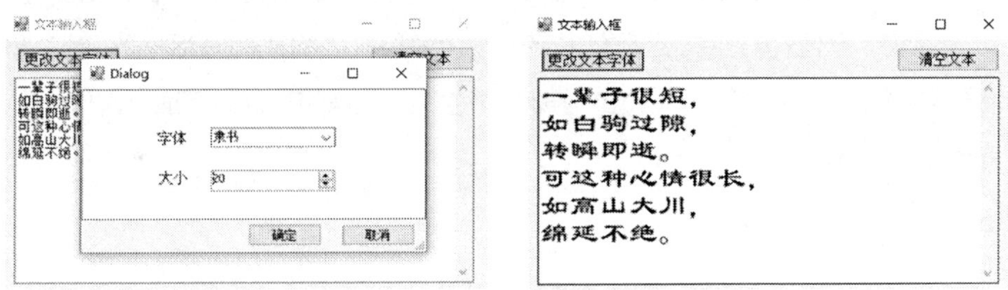


图 6 – 11　文本字体设计对话框

接下来讲解程序的实现：首先写对话框窗口的程序，这部分内容包括创建两个属性（字体选项和字体大小）和“确定”“取消”按键的 Click 事件。

```
public string FontFamily {
    get
        return (string)fontBox.SelectedItem;
    set
        fontBox.SelectedItem = value;
}
public int FontSize {
    get
```

```
            return (int)fontsizeBox.Value;
        set
            fontsizeBox.Value = value;
    }
```

上述程序通过 get、set 对字体和文本大小属性的取值和赋值过程，需要注意的是对返回值类型进行强制转换。下面是“确定”和“取消”按键的 Click 事件：

```
private void confirmButton_Click(object sender, EventArgs e) {
    this.DialogResult = DialogResult.OK;

}
private void cancelButton_Click(object sender, EventArgs e) {
    this.DialogResult = DialogResult.Cancel;
}
```

上述程序对对话框窗口的操作结果（或者说是操作状态）进行更改。

接下来再对主窗口程序进行编写，这部分需要实现的功能包括：(1)构造窗体时需要给文本框字符串赋值；(2)点击更改文本字体按钮弹出自己构建的对话框的 Click 事件；(3)清空文本框文本的函数和调用这个函数的清空文本的按钮事件。下面分别作介绍。

```
public Form1() {
    InitializeComponent();
    string str =  "一辈子很短，\r\n"
                + "如白驹过隙，\r\n"
                + "转瞬即逝。\r\n"
                + "可这种心情很长，\r\n"
                + "如高山大川，\r\n"
                + "绵延不绝。\r\n" ;
    mainTextBox.Text = str;
}
```

上述程序实现了功能(1)。如果需要给本窗口控件的属性赋值，需要在窗体构造函数（如上）中进行赋值，这里为多行的文本框添加多行的文字。

```
private void button1_Click(object sender, EventArgs e) {
    Dialog dlg = new Dialog();
    DialogResult cr = dlg.ShowDialog();
```

```
        if (cr == DialogResult.OK) {
            string family = dlg.FontFamily;
            int size = dlg.FontSize;
            mainTextBox.Font = new Font(family, (float)size);
        }
    }
```

上述程序实现了功能(2)。首先初始化并创建了对象名为“dlg”的对话框窗口,接着使用<对象名>. ShowDialog( )将这个对话框窗口显示出来,这里需要注意的是,该函数有返回值,为 DialogResult,因此在显示窗口时要创建一个 DialogResult 的对象。该对象可以理解为是所创建对话窗口的状态,当其为 DialogResult. OK 的时候,代指这个窗口的操作结束并且确定了操作之后的状态;此外还有 DialogResult. Cancel,代指这个窗口的操作结束但是并没确定此窗口中的操作有效,属于取消操作之后的状态。另外 DialogResult 的值还有很多,例如:DialogResult. Abort、DialogResult. Yes、DialogResult. No 等等,如有需要可以通过 ReSharper 中给出的提示信息(输入 DialogResult. )或者去 6. 3. 3 节提到的. NET API 浏览器网站搜索详细介绍并学习。接下来,在判断确定得到 DialogResult 的值为 DialogResult. OK 之后,即确认操作更改文本字体后,对对话框中的文本字体进行更改,这里需要注意的是,字体的创建需要在初始化时使用 Font( ),其涉及的两个参数为字符串类型(字体)和浮点型(字体大小)。

```
    private void ClearText(Control ctrlTop) {
        if (ctrlTop.GetType() == typeof(TextBox))
        ctrlTop.Text = "";

        else {
            foreach (Control ctrl in ctrlTop.Controls) {
                ClearText(ctrl);
            }
        }
    }
    private void button2_Click(object sender, EventArgs e) {
        ClearText(mainTextBox);
    }
```

上述程序实现了功能(3)。使用 ClearText( )函数(包含一个参数,参数类型为控件)只要读到控件的类型为文本框,就将文本清空;如果不为文本框就逐一遍历该控件内包括的控件合集,并回调该函数进行判断,从而达到清空控件及其内部控件的文本框文本。调用该函数的事件这里就不赘述了。

4. 图片查看器

程序 UI 及功能要求:使用 Panel 和 TableLayoutPanel 容器并运用 Dock 锚定属性将 TextBox 文本框、Button 按钮、ListView 列表、PictureBox 图片框按照规定的位置摆放。即在窗口最上方摆放 TextBox 文本框和 Button 按钮,按钮的 Text 属性设置为浏览。下方摆放 ListView 列表和 PictureBox 图片框并放大界面。注意使用 Dock 属性将控件固定在确定的窗口位置上。

运行程序,出现程序界面,点击浏览按钮,弹出打开文件的系统对话框。这里补充一下系统对话框的内容:系统对话框分为以下几种:OpenFileDialog 打开文件对话框、SaveFileDialog 保存文件对话框、FolderBrowserDialog 目录选择对话框、ColorDialog 颜色选择对话框、FontDialog 字体选择对话框等等。这里使用的是目录选择对话框,即选择保存图片文件的文件夹。选择好合适的文件夹路径并点击"确定"后路径选择的系统对话框关闭,文本框 textBox 显示选择的文件夹路径,列表控件 ListView 将该文件夹下的所有图片文件名称(包含扩展名)显示出来,并默认选择了第一个图片文件,而且将该文件通过文件列表旁边的图片框 PictureBox 缩放显示出来。通过鼠标点击列表中的文件名称选中显示的图片。程序实现如图 6-12 所示。

图 6-12 图片查看器界面

接下来讲解程序的实现：首先是列表 ListView 的初始化，当列表 ListView 作为所选路径下的文件显示时，需要在主界面构造函数中加上一句“pictureList. Items. Clear( )”；确保列表中无任何显示和项。创建图片列表项的类如下：

```
class PictureListItem {
    public string name;
    public string filePath;
    public override string ToString() {
    return name;
    }
}
```

这里定义了图片列表项中的两个属性：文件名称 name、文件路径 filePath，并重写需要在之后显示 name 属性的 ToString( )。接下来是“浏览”按钮按下的事件函数：

```
private void scanButton_Click(object sender, EventArgs e) {
    FolderBrowserDialog dlg = new FolderBrowserDialog();
    if (dlg.ShowDialog() == DialogResult.OK) {
        string dir = dlg.SelectedPath;
        this.pathTextBox.Text = dir;
        ShowPictureList(dir);
    }
}
```

首先是初始化要打开的目录选择对话框并将对象名定义为“dlg”，打开形式同上一节自定义的对话框一样，在对话框操作确定之后，路径显示的文本框显示选择的路径地址，并调用让图片框显示图片的函数(含一个文件路径参数)，该函数的编写如下：

```
private void ShowPictureList(string dir) {
    string[] fff = Directory.GetFiles(dir);
    foreach (string f in fff) {
        if (f.EndsWith(".jpg")
        || f.EndsWith(".bmp")
        || f.EndsWith(".png")) {
```

```
                PictureListItem item = new PictureListItem();
                item.filePath = f;
                item.name = Path.GetFileName(f);
                pictureList.Items.Add(item);
            }
        }
            if (pictureList.Items.Count > 0)
                pictureList.SetSelected(0, true);
    }
```

程序首先使用"Directory. GetFiles(路径)",将所选路径下文件的名称(包括路径)全部得到并复制给一个数组;接着遍历该数组中各元素对应的文件,在判断文件是以. jpg、. bmp、. png 为扩展名(常见图片格式)时,初始化一个对象名为 item 的 PictureListItem,并将遍历得到的图片文件路径赋值给 item. filePath,使用 Path. GetFileName(f)得到文件名称并赋值给 item. name,并使用 pictureList. Items. Add( )将 item 添加到列表中。如果列表存在图片文件,默认选择项就为第一项。最后是 ListView 的 SelectedIndexChanged 事件,即当列表选择项改变是应该执行的操作。

```
    private void pictureList_SelectedIndexChanged(object sender, EventArgs e) {
        PictureListItem item = (PictureListItem)pictureList.SelectedItem;
        if (item == null) return;
        pictureBox.Load(item.filePath);
    }
```

该事件只包含一个重新创建 PictureListItem 的操作,但这里是将 pictureList. SelectedItem 强制转换为 PictureListItem 类型,转换后的 item 为空则 return。最后图片框刷新一下即可。

5. 菜单栏和工具栏设计

程序 UI 及功能要求:使用 MenuStrip 和 ToolStrip 控件以及一些图片素材设计出好看的菜单栏和工具栏。界面如图 6 - 13 所示。

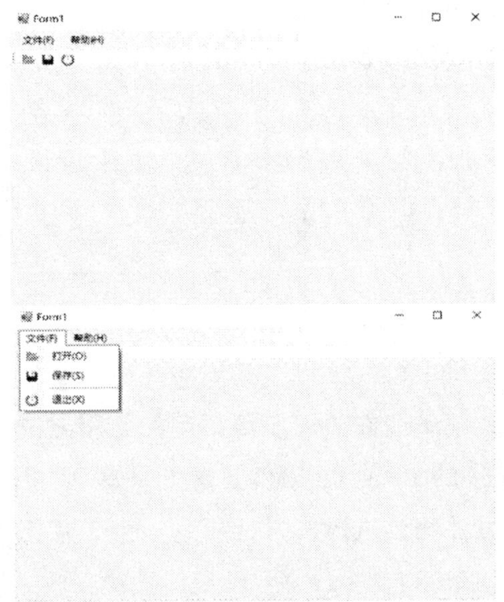


图 6 – 13　菜单栏和工具栏界面

对 MenuStrip 和 ToolStrip 控件的使用需要时间练习，但原理简单，书中不再赘述。另外，如果需要图片素材，可以前往阿里巴巴矢量图标库寻找合适 icon，网址：https://www.iconfont.cn/?spm=a313x.7781069.1998910419.d4d0a486a。

6. ListView 右键菜单

程序 UI 及功能要求：程序主界面是一个小窗口，窗口中填满了列表 ListBox 控件。列表 Item 属性设置了多个人物名称（每行一个），这里也可以在主窗口的构造函数中使用程序进行设置。接着在主窗口添加上下文菜单控件 ContextMenuStrip，并且在该控件中插入三个选项，文本为“添加”“编辑”“删除”。接下来，用与6.3.4节的“文本字体设计对话框”这部分一样的方式创建 Dialog.cs 的对话框文件，只包含一个文本框以及“确认”和“取消”的按键。

运行程序后出现的主窗口是个列表框，列表框显示多行设置的人名，鼠标点击各项人名可以进行选择，在右键选择项的时候会出现上下文菜单控件，即出现三个选择项，添加、编辑、删除，点击添加和编辑都会弹出自定义的对话框，通过在文本框中写入文本点击确定即完成了添加或者是编辑的操作，而点击删除则会删除列表中的选择项；在不存在选择项的部位右键鼠标，出现的三个选择项只有添加选项可以选择并操作。程序实现如图 6 – 14 所示。

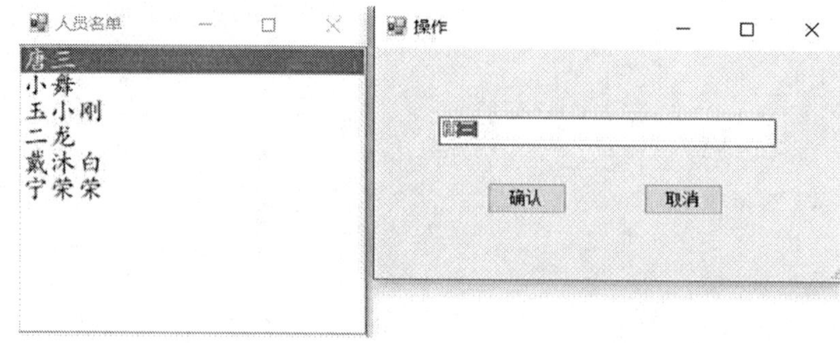


图 6－14　菜单栏和工具栏界面

接下来介绍上下文菜单控件通过右键菜单的使用方法以及三种操作的实现。首先是关于 ListBox 控件的 MouseUp 事件。这里介绍一下 MouseUp 事件，该事件是在鼠标指针在组件上方并释放鼠标按钮时发生。这里使用 MouseUp 事件的原因是因为右键菜单是需要在鼠标右键点击后，即鼠标按键释放之后出现的。

```
private void listBox1_MouseUp(object sender, MouseEventArgs e) {
    if (e.Button == MouseButtons.Right) {
        int index = nameList.IndexFromPoint(e.Location);
        if (index >= 0) {
            nameList.SetSelected(index, true);
            menuItem_Edit.Enabled = true;
            menuItem_Del.Enabled = true;
        }
        else {
            nameList.ClearSelected();
            menuItem_Edit.Enabled = false;
            menuItem_Del.Enabled = false;
        }
        this.contextMenuStrip1.Show(nameList, e.Location);
    }
}
```

由上述程序可知触发事件后先判断鼠标按键是否是右键，确定是右键之后，创建一个 int 类型的索引值 index，得到鼠标点击位置属于 ListBox 中的某一项。当索引值大于 1 时，将该项设置为选中状态，并且将右键菜单中的“编辑”和“删除”选项设置为可用(“添加”选项始终可用),反之则清空 ListBox 中选择项,并将“编辑”和“删除”选项设置为不可用,最后将右键菜单在鼠标点击的位置显示出来。接下来是三个操作选项的事件函数。

```
private void menuItem_Add_Click(object sender, EventArgs e) {
    dialog dlg = new dialog();
    if (dlg.ShowDialog() == DialogResult.OK) {
        string str = dlg.dialogTextBox.Text;
        nameList.Items.Add(str);
    }
    dlg.Dispose();

}
private void menuItem_Edit_Click(object sender, EventArgs e) {
    dialog dlg = new dialog();
    dlg.dialogTextBox.Text = nameList.SelectedItem.ToString();
    int index = nameList.SelectedIndex;
    if (dlg.ShowDialog() == DialogResult.OK) {
        string str = dlg.dialogTextBox.Text;
        nameList.Items[index] = str;
    }
    dlg.Dispose();
}
private void menuItem_Del_Click(object sender, EventArgs e) {
    int index = nameList.SelectedIndex;
    nameList.Items.RemoveAt(index);
}
```

“添加”这一操作十分简单,同之前创建对话框一样,将对话框中文本框的文本添加到列表中,这里最后将创建的对话框资源释放掉。“编辑”操作的过程同样,只是需要将编辑项的文本读取显示在新创建的对话框内,并且将对话框中更改的文本更改到里列表中。最后的“删除”操作则是使用 Items. RemoveAt(index)根据索引值将对应列表中的项给删除掉。

7. 文件资源查看器

程序 UI 及功能要求:程序只有一个主窗口,最上方有一个文本框和一个按键,按键的 Text 属性设置为“浏览”，最下方是一个 ListView 列表，而这些控件通过 Panel 容器安放在合适的位置上，并添加有上下文菜单控件 ContextMenuStrip，可选的选项只有一个“查看”，而在查看的选项下可以选择详细模式、列表、小图标、大图标，在编写程序之前，先找好大小图标像素合适的 icon 图片文件，包括文件夹文件的大小图标以及上下表示的小图标。

运行程序后，列表限时模式默认为详细模式，列表中的列名显示出来，分别为文件名、修改时间、类型和大小，并且为左对齐模式，文件名前有排序标志可通过点击更改文件排序顺序。按下浏览按钮后，弹出目录选择对话框，在选择了指定的目录并确定后，列表中显示该路径下所有文件夹和文件，并且在文件夹类型和文件类型的文件名前添加了两种图标 icon。文件名按顺序排列（优先排列文件夹，其次是文件，首字母 A 到 Z，汉字首字 A 到 Z），修改时间格式为“yyyy/MM/dd HH:mm”，文件类型即为文件夹和文件拓展名的类型，文件大小只有文件为非文件夹才会显示。在列表中右键鼠标显示菜单，查看中默认选择并勾选的是详细模式，点击列表就切换到了列表显示模式，其他各选项的查看模式同理。程序实现如图 6－15 所示。

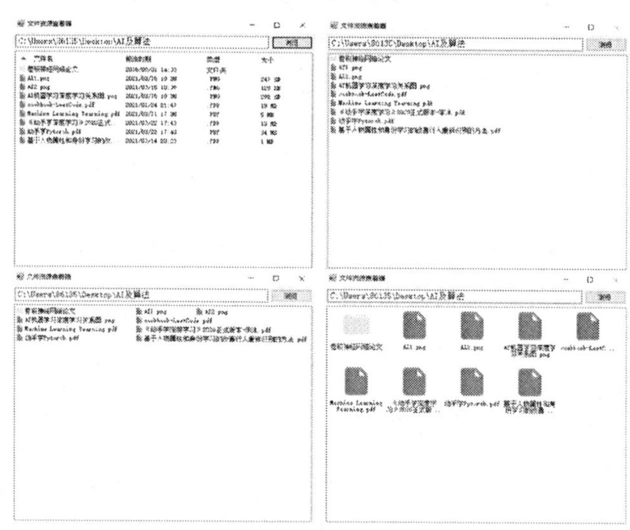

图 6－15　文件资源查看器界面

本文对文件夹及文件在列表中显示的操作进行相关程序讲解，包括详细模式、列表模式、小图标模式、大图标模式的实现。首先要做准备工作，创建 MyListItemTag 类，即列表项的标签。

```
class MyListItemTag {
    public int type = 0;
    public string path;
    public string name;
    public DateTime time;
    public long size = -1;
    public string ext;
}
```

标签中的变量包括:int 类型的 type 表示文件类型(文件或文件夹);字符串类型的 path 表示文件路径;name 表示文件名;ext 表示文件的扩展名;long 类型的 size 表示文件大小;DateTime 定义的 time 表示文件最后修改时间。接下来是列表中文件名称排序的类 MyListItemSorter 的编写。首先 MyListItemSorter 继成自 Icomparer,该类提供了比较两个对象的方法。下面是排序比较的方法:包括两个 int 值的比较、两个 string 值的比较、两个不区分大小写的 string 值的比较。

```
public bool asc = true;
public MyListItemSorter(bool asc) {
    this.asc = asc;
}

    public int CompareInt(bool asc, int x, int y) {
        if (asc)
            return x - y;
        else
            return y - x;
    }
    public int CompareString(bool asc, string x, string y) {
        if (asc)
            return x.CompareTo(y);
        else
            return y.CompareTo(x);
    }
    public int CompareStringIgnoreCase(bool asc, string x, string y) {
        return CompareString(asc, x.ToLower(), y.ToLower());
    }
```

int 类型的比较方法返回的是两者的差值，string 类型比较方法是指示排序顺序是在字符串之前还是之后。而 asc 这一 bool 类型变量表示的是比较排序的方向，是从前向后比顺序排列(True)还是从后向前比逆序排列(False)。对比函数：

```
public int Compare(object x, object y){
    ListViewItem item1 = x as ListViewItem;
    ListViewItem item2 = (ListViewItem)y;
    MyListItemTag tag1 = (MyListItemTag)item1.Tag;
    MyListItemTag tag2 = (MyListItemTag)item2.Tag;
    if (tag1.type != tag2.type)
        return CompareInt(true, tag1.type, tag2.type);
    return CompareStringIgnoreCase(asc, tag1.name, tag2.name);
}
```

上述程序中的 Tag 表示每一项关联的数据；接着排序文件夹即目录在前，文件在后，并根据名字进行比较排序。接下来进行主界面程序的编写，包括列表初始化程序、文件路径读取函数、列表添加项函数、浏览按钮的点击事件、列表右键菜单查看的事件、选择四种列表显示模式的点击事件和最后的列表列名点击切换排序顺序的事件。下面一一展开讲解：

```
private void InitListView() {
    listView1.View = View.Details;
    listView1.FullRowSelect = true;
    listView1.Columns.Add("文件名", 200, HorizontalAlignment.Left);
    listView1.Columns.Add("修改时期", 150, HorizontalAlignment.Left);
    listView1.Columns.Add("类型", 100, HorizontalAlignment.Left);
    listView1.Columns.Add("大小", -2, HorizontalAlignment.Left);
    ImageList imageList = new ImageList();
    imageList.ImageSize = new Size(16, 16);
    imageList.Images.Add(Properties.Resources.folder);
    imageList.Images.Add(Properties.Resources.file);
    listView1.SmallImageList = imageList;
    imageList.Images.Add("Sort_ASC", Properties.Resources.up);
    imageList.Images.Add("Sort_DESC", Properties.Resources.down);
    listView1.Columns[0].ImageKey = "Sort_ASC";
```

```
        ImageList imageList2 = new ImageList();
        imageList2.ImageSize = new Size(64, 64);
        imageList2.Images.Add(Properties.Resources.folder2);
        imageList2.Images.Add(Properties.Resources.file2);
        listView1.LargeImageList = imageList2;
    }
```

上述程序为初始化程序，设置了初始的显示模式为详细模式，设置了列表的选择方式为整行选中，设置了四列的列名，最后一项的宽度值设置为“-2”表示自动调整宽度。设置了小图标和大图标列表用于显示的图标（这里先将图片文件添加到了 Resources 中），以及顺序排列和逆序排列的图标文件。下面是对路径文件文件夹的读取函数：

```
    private void LoadDir(DirectoryInfo dir) {
        listView1.BeginUpdate();
        DirectoryInfo[] subDirs = dir.GetDirectories();
        foreach (DirectoryInfo s in subDirs) {
            if ((s.Attributes & FileAttributes.Hidden) > 0) continue;
            MyListItemTag tag = new MyListItemTag();
            tag.path = s.FullName;
            tag.name = s.Name;
            tag.time = s.LastWriteTime;
            tag.type = 0;
            tag.size = -1;
            tag.ext = "文件夹";
            AddListItem(tag);
        }
        FileInfo[] subFiles = dir.GetFiles();
        foreach (FileInfo f in subFiles) {
            if ((f.Attributes & FileAttributes.Hidden) > 0) continue;
            MyListItemTag tag = new MyListItemTag();
            tag.path = f.FullName;
            tag.name = f.Name;
            tag.time = f.LastWriteTime;
            tag.type = 1;
```

```
            tag.size = f.Length;
            tag.ext = f.Extension.ToUpper();
            AddListItem(tag);
        }
        listView1.EndUpdate();
    }
```

先在程序开始部分使用 listView1. BeginUpdate( ),最后部分使用 listView1. EndUpdate( ),中间部分完成列表项的读取更新操作。使用 GetDirectories( )读取文件夹项,并遍历出来所有文件夹项(这里使用 if + continue 将隐藏文件夹略过了),接着创建 tag 关联各项数据,并为这些关于文件夹的属性进行设置,然后使用 AddListItem( tag);将这些属性添加到列表之中。读取文件项同理,使用 GetFiles ( ),一一遍历文件项,关联属性同上述方法一样,将文件属性添加到列表之中。下面这段程序就是将这些属性添加到列表中的函数:

```
    private void AddListItem(MyListItemTag tag) {
        int imageIndex = 0;
        if (tag.type == 1) imageIndex = 1;
        ListViewItem item = new ListViewItem(tag.name, imageIndex);
        item.Tag = tag;
        item.SubItems.Add(tag.time.ToString("yyyy/MM/dd HH:mm"));
        item.SubItems.Add(tag.ext);
        long size = tag.size;
        string sizeStr = "";
        if (size < 0)
            sizeStr = "";
        else if (size < 1000)
            sizeStr = "" + tag.size;
        else if (size < 1000000)
            sizeStr = size / 1000 + " KB";
        else if (size < 1000000000)
            sizeStr = size / 1000000 + " MB";
        else
            sizeStr = size / 1000000000 + " GB";
        item.SubItems.Add(sizeStr);
```

```
        listView1.Items.Add(item);
    }
```

程序先创建图标的索引值,判断是文件或文件夹再使用不同的图标,之后继续使用关联的 tag 和创建的列表项 item,将文件名、修改时间、类型、文件大小(通过程序中的文件大小计算公式求得)都添加至列表。

```
private void scanButton_Click(object sender, EventArgs e){
    FolderBrowserDialog dlg = new FolderBrowserDialog();
    if (dlg.ShowDialog() == DialogResult.OK) {
        string dir = dlg.SelectedPath;
        this.pathTextBox.Text = dir;
        LoadDir(new DirectoryInfo(dir));
}
```

上述程序为点击浏览按键打开目录选择对话框事件,需要注意的是程序必须根据操作选择的路径使用 new DirectoryInfo( dir) 创建新的路径实例,并根据该路径进行加载,即完成该路径下的文件资源在列表中显示的操作。

```
private void listView1_MouseUp(object sender, MouseEventArgs e) {
    if (e.Button == MouseButtons.Right) {
        ListViewItem item = listView1.GetItemAt(e.X, e.Y);
        View view = listView1.View;
        menu1Items_Detail.Checked = (view == View.Details);
        menu1Items_List.Checked = (view == View.List);
        menu1Items_SmallIcon.Checked = (view == View.SmallIcon);
        menu1Items_LargeIcon.Checked = (view == View.LargeIcon);
        contextMenuStrip1.Show(listView1, e.Location);
    }
}
```

上述程序是右键菜单的事件,该程序能够根据当前的显示模式,设置当前菜单栏状态的操作,即指定显示在菜单栏中的选择情况。

```
private void menu1Items_Detail_Click(object sender, EventArgs e) {
    listView1.View = View.Details;
```

```
}
private void menu1Items_List_Click(object sender, EventArgs e) {
    listView1.View = View.List;
}
private void menu1Items_SmallIcon_Click(object sender, EventArgs e) {
    listView1.View = View.SmallIcon;
}
private void menu1Items_LargeIcon_Click(object sender, EventArgs e) {
    listView1.View = View.LargeIcon;
}
```

上述四段程序是右键菜单更改列表显示模式的点击操作，只需要设置 listView1. View 的属性即可，很简单。最后是点击列表文件名一列，切换排序方式的点击事件：

```
private void listView1_ColumnClick(object sender, ColumnClickEventArgs e) {
    if (e.Column == 0) {
    this.asc = !asc;
    if (asc) {
        listView1.ListViewItemSorter = new MyListItemSorter(true);
        listView1.Sort();
        listView1.Columns[0].ImageKey = "Sort_ASC";
        }
    else {
        listView1.ListViewItemSorter = new MyListItemSorter(false);
        listView1.Sort();
        listView1.Columns[0].ImageKey = "Sort_DESC";
        }
    }
}
```

程序里只判断文件名的点击，故先判断点击的列序号是否为 0，再根据当前排序取逆，得到应该重新进行排列的操作，这里的排序根据创建 MyListItemSorter (false) 对象的参数是 True 还是 False 来决定排序是顺序还是逆序（在前文的 MyListItemSorter 中已经提到）。

8. 学生资源管理器

程序UI及功能要求：程序有一个主窗口，主窗口填充了数据表格控件DataGridView，其AllowUserToAddRows属性设置为False，即不允许用户显示用于添加行的选项，而是由自定义的右键菜单来操作；ColumnHeadesHeightSizeMode属性设置为AutoSize，即自动调整列标头高度，在最后的Columns属性中，添加列名学号、姓名、性别、手机号、身份证、居住地址六列，并为每一列设置合适的宽度。另有一个操作窗口，和6.3.4.2节学生资料窗口基本一致，这里不再赘述了。最后添加一个确认对话框，对话框只含有“确认”和“取消”按键以及一个标签label，其中两个按键的UseVisualStyleBackColor分别设置为False和True作为区别，并且6.3.4节学生资料中的TextFile类与Student类需要同样添加进来。

第一次运行程序后，主窗口显示，但列表中没有任何数据。右键鼠标，出现右键菜单栏，包含三种操作，添加、编辑、删除，由于未选中任何一行，只有添加项为可选状态。点击添加操作后，出现6.3.4节类似的学生资料录入操作窗口，录入数据并点击“确定”后主窗口列表显示该学生的信息数据行，若右键选择已有数据任一项，可以进行的操作除了添加以外还包括编辑和删除，编辑界面同添加的操作界面一样，只是学号为不可操作项的，其他的可以进行修改。而选择删除操作时会出现警告的确认窗口，警告删除为不可逆操作，确认是否要删除，确认后则删除该学生数据。这里所有的列都可以点击列名来改变排序方式（这是DataGridView自带的功能，不需要另外编写）。最后，该程序添加的任何学生信息数据都会同步保存到程序路径下（保存文件名称为student. txt和student. dat；保存数据格式为json）。程序实现如图6－16所示。

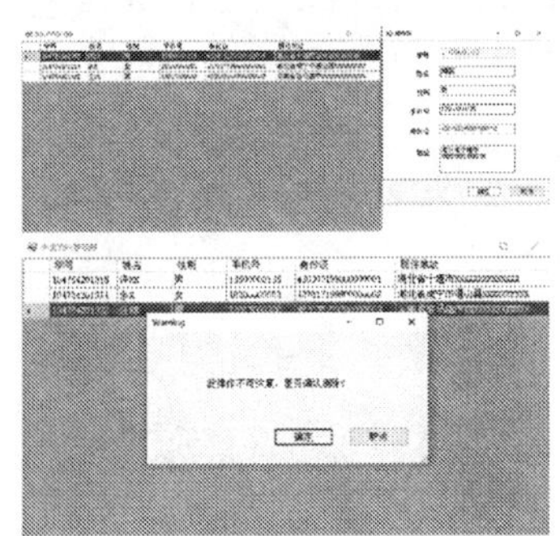

图6－16　学生资料管理器界面

下面详细介绍程序实现(操作对话框和警告确认框部分与前文例程类似,这里不再赘述)。主界面窗口的构造函数中,除了窗口的初始化函数,还有列表数据文件的初始化函数和从文件中读取学生数据信息的函数。首先是列表数据文件的初始化函数,只包含一条语句:"dataGridView1. ReadOnly = true;",即将控件设置为只读模式,添加、编辑、删除操作都通过右键菜单栏实现。读取数据的函数如下:

```
private void LoadData() {
    string jsonFile = "student.txt";
    if (!File.Exists(jsonFile)) return;
    string jsonStr = TextFile.Read(jsonFile, TextFile.UTF8);
    List<Student> stuList
        = JsonConvert.DeserializeObject<List<Student>>(jsonStr);
    dataGridView1.Rows.Clear();
    foreach (Student stu in stuList) {
        AddRow(stu);
    }
}
```

程序首先在程序路径下创建名为 student. txt 的文件,并判断是否存在该文件。接着从文件读出文本,并将 jsonStr 转成 List < Student >,先清空列表再从 List < Student > 的对象 stuList 中遍历出各个学生信息,使用添加行函数"AddRow(stu)"将各个学生的信息添加到列表中。添加行函数如下:

```
private void AddRow(Student stu) {
    object[] row = {stu.StudentId, stu.Name, stu.Sex ? "男" : "女",
                    stu.Phone, stu.ID, stu.Address};
    int rowIndex = dataGridView1.Rows.Add(row);
    dataGridView1.Rows[rowIndex].Tag = stu;
    SaveData();
}
```

该函数参数为一个 Student 对象。程序使用 object[ ]创建学生信息数据行。使用"dataGridView1. Rows. Add(row);"添加行(该函数有一个返回值,返回值为该添加行的索引值)。之后使用 tag 关联数据,并使用"SaveData( )";将学生信息数据保存下来。接下来是储存数据的函数:

```
private void SaveData() {
    List<Student> stuList = new List<Student>();
    for (int i = 0; i < dataGridView1.Rows.Count; i++) {
        Student stu = (Student)dataGridView1.Rows[i].Tag;
        stuList.Add(stu);
    }
    string jsonStr = JsonConvert.SerializeObject(stuList, Formatting.Indented);
    TextFile.Write("student.txt", jsonStr, TextFile.UTF8);
    TextFile.Write("student.dat", jsonStr, TextFile.UTF8);
}
```

函数创建 List < Student > 的对象，将列表中所有行的数据通过关联，添加到 stuList 中，并使用“JsonConvert. SerializeObject( stuList, Formatting. Indented);”将其转换为 Json 格式，再将 Json 格式的数据信息保存为 student. txt 文件和 student. dat（路径默认为程序所在的 Debug 文件夹下）。接下来是判断鼠标点击位置的函数：

```
public static Point GetCellAt(DataGridView grid, Point location) {
    int row = -1, col = -1;
    for (int i = grid.FirstDisplayedScrollingRowIndex;
            i < grid.FirstDisplayedScrollingRowIndex + grid.Displayed
              RowCount(true);
            i++) {
        Rectangle rect = grid.GetRowDisplayRectangle(i, true);
        if (location.Y > rect.Top && location.Y < rect.Bottom) {
            row = i;
            break;
        }
    }
    for (int k = grid.FirstDisplayedScrollingColumnIndex;
            k < grid.FirstDisplayedScrollingColumnIndex +
            grid.DisplayedColumnCount(true);
            k++) {
        Rectangle rect = grid.GetColumnDisplayRectangle(k, true);
        if (location.X > rect.Left && location.X < rect.Right) {
```

```
                col = k;
                break;
            }
        }
        return new Point(row, col);
    }
```

函数根据鼠标点击的位置,返回该位置所在的单位格的索引。该函数具有两个参数:一个是数据列表控件,一个是鼠标点击的位置。返回值为一个 point 坐标,x 坐标为行,y 坐标为列。初始坐标设为(-1,-1),然后分别逐行逐列判断,其中 DisplayedRowCount()表示一共显示的行数,FirstDisplayedScrollingRowIndex 表示第一个显示的行,GetRowDisplayRectangle()表示某行的显示区域,最后设置返回值。接下来是对行数据进行更新,即操作(添加、编辑、删除)完成后显示的更新。

```
    private void UpdateRow(int rowIndex, Student stu) {
        dataGridView1.Rows[rowIndex].Tag = stu;
        dataGridView1[0, rowIndex].Value = stu.StudentId;
        dataGridView1[1, rowIndex].Value = stu.Name;
        dataGridView1[2, rowIndex].Value = stu.Sex ? "男" : "女";
        dataGridView1[3, rowIndex].Value = stu.Phone;
        dataGridView1[4, rowIndex].Value = stu.ID;
        dataGridView1[5, rowIndex].Value = stu.Address;
        SaveData();
    }
```

函数主要任务是数据关联并赋值。rowIndex 为行的索引值,对应正在操作的行。下面是数据列表控件右键菜单的事件函数:

```
    private void DataGridView1_MouseUp(object sender, MouseEventArgs e) {
        if (e.Button == MouseButtons.Right) {
            Point p = GetCellAt(dataGridView1, e.Location);
            int rowIndex = p.X;
            dataGridView1.ClearSelection();
            if (rowIndex >= 0)
                dataGridView1.Rows[rowIndex].Selected = true;
            menuItems_Delete.Enabled = (rowIndex >= 0);
```

```
        menuItems_Edit.Enabled = (rowIndex >= 0);
        contextMenuStrip.Show(dataGridView1, e.Location);

    }
}
```

该函数同之前章节类似函数的不同之处在于这里根据函数“GetCellAt(dataGridView1, e. Location)”确认右键点击位置,并获取行索引值。然后显示获取的选择项,并根据位置选择显示操作,最后显示出菜单。下面是添加、编辑、删除的菜单点击事件:

```
private void MenuItems_Add_Click(object sender, EventArgs e) {
    StudentEditDialog dlg = new StudentEditDialog();
    if (dlg.ShowDialog(this) == DialogResult.OK) {
        Student stu = dlg.GetValue();
        AddRow(stu);
    }
}
private void MenuItems_Edit_Click(object sender, EventArgs e) {
    int rowIndex = dataGridView1.SelectedRows[0].Index;
    Student tag = (Student)dataGridView1.Rows[rowIndex].Tag;
    StudentEditDialog dlg = new StudentEditDialog();
    dlg.InitValue(tag);
    if (dlg.ShowDialog(this) == DialogResult.OK) {
        Student stu = dlg.GetValue();
        UpdateRow(rowIndex, stu);
    }
}
private void MenuItems_Delete_Click(object sender, EventArgs e) {
    ConfirmDialog dlg = new ConfirmDialog();
    dlg.label.Text = "此操作不可恢复。是否确认删除?";
    if (dlg.ShowDialog(this) == DialogResult.OK) {
        foreach (DataGridViewRow row in dataGridView1.SelectedRows) {
            dataGridView1.Rows.Remove(row);
        }
    SaveData();
```

```
    }
}
```

上述几个事件函数就不过多赘述了，详情见之前几节的说明。

## 6.4 蓝牙连接部分

地面站与小车(主控板)的蓝牙连接部分，使用的是汇承 HC－05－USB 无线蓝牙模块 PC 虚拟串口 USB 转 TTL 适配器，如图 6－17 所示。

HC-05-USB

图 6－17　HC－05－USB 无线蓝牙模块

该模块使用的是蓝牙 2.0，具有丰富的 AT 指令，通信距离为 10m，工作频段为 2.4G，天线接口为内置的 PCB 天线。由于个人 PC 与小车(Jetson Nano 主控板)都有 USB 接口，而蓝牙的连接可以使用两个无线蓝牙模块(主机、从机)提前使用 AT 指令设置好，插电自动选择配对设备进行连接，即插即用，十分方便。

### 6.4.1 配置无线蓝牙模块

无线蓝牙模块使用之前需要安装驱动，CP2104 芯片官方驱动下载网址如下：http://www.silabs.com/products/development－tools/software/usb－to－uart－bridge－vcp－drivers。

无线蓝牙模块具有两种工作模式：命令响应工作模式和自动连接工作模式，在自动连接工作模式下模块又可分为主、从和回环三种工作角色。当模块处于自动连接工作模式时，将自动根据事先设定的方式连接的数据传输；当模块处于命令响应工作模式时能执行下述所有 AT 命令，用户可向模块发送各种 AT 指令，为模块设定控制参数或发布控制命令。通过控制模块外部引脚 PIO11 输入电平(模块中为外部 KEY 按键控制，按下为高电平 AT 命令响应工作状态，平常为蓝牙常规工作状态)，可以实现模块工作状态的动态转换。

模块共有 3 个不同颜色的 LED 指示灯，分别为黄灯(数据指示灯)、红灯(多功能指示灯)、蓝灯(蓝牙模块指示灯)，黄灯在模块内部串口有数据通过时(发送 AT

指令或串口通传）闪烁。红灯作为按键指示灯时：当用户按下模块侧面的按键KEY，红灯会亮起（高亮度，按键按下多久，红灯就亮多久）；作为 USB 挂起指示灯：模块没装好驱动前，红灯会长亮（普通亮度），装好驱动后插入 PC 的 USB 端口，红灯不亮，如果没有数据通信（例如没打开串口助手软件），几秒后红灯会亮起。此时，打开串口助手并开启模块对应的端口，红灯会熄灭。关掉串口助手，10 秒钟左右，红灯会再次亮起。蓝灯不亮不闪表示模块未上电，慢闪表示有配对记忆模块未连接状态，快闪表示无配对记忆模块未连接状态，两闪一停表示连接配对成功。

无线蓝牙模块的配对连接，需要进入 AT 模式，通过串口助手发送 AT 指令给对应的 COM 口，设定控制参数或发布控制命令。

具体配对连接操作如下：

（1）在 PC 上插入两个蓝牙模块并打开任意两个串口助手程序，波特率设置为9600（出厂统一设置为 9600，若恢复默认后则变为 38400），分别打开对应的 COM 口；

（2）按下两个模块旁边的 KEY 按键，进入 AT 模式；

（3）选择你将要作为主机的蓝牙模块，使用对应的串口助手发送 AT 指令：AT + ROLE = 1\r\n，成功设置则接收到 OK，将其设置为主机工作角色；则另一模块为从机，出厂默认就将其设置为了从机工作角色，不需要发送指令。（注意：所有 AT 指令都以换行符结尾，可以使用 AT\r\n 测试是否进入 AT 模式，如果进入 AT 模式则会接收到 OK 的反馈信息）；

（4）向主机模块发送 AT 指令：AT + ADDR？ \r\n，查询主机模块蓝牙地址得到反馈信息：+ ADDR：2020：3：200879，蓝牙地址则为：20：20：03：20：08：79。同理，也可得到从机模块蓝牙地址；

（5）向主机模块发送 AT 指令：AT + BIND = 1234，56，abcdef\r\n（填写从机蓝牙地址），绑定从机蓝牙地址；同理，向从机模块发送 AT 指令绑定主机蓝牙地址；

（6）向主机模块发送 AT 指令：AT + PAIR = 1234，56，abcdef，20\r\n（填写从机蓝牙地址），与从机蓝牙模块配对；

（7）向主机模块发送 AT 指令：AT + LINK = 1234，56，abcdef\r\n（填写从机蓝牙地址），与从机蓝牙模块连接，此时蓝灯两闪一停。

只要主机从机模块配对连接过一次，之后只要两个模块都上电后就可以实现自动配对连接。

### 6.4.2 蓝牙连接部分代码

由于蓝牙的具体连接是由 HC－05－USB 无线蓝牙模块实现的，地面站需要做的内容就是读取 COM 口的状态，并建立串口数据信息的输入/输出流和读写操作。创建蓝牙连接的部分代码如下：

```
SerialPort BluetoothConnection = new SerialPort();
blueToothPortList.Items.Clear();
string[] Ports = SerialPort.GetPortNames();
for (int i = 0; i < Ports.Length; i++) {
    string s = Ports[i].ToUpper();
    Regex reg = new Regex("[^COM\\d]", RegexOptions.IgnoreCase | 
RegexOptions. Multiline);
    s = reg.Replace(s, "");
    blueToothPortList.Items.Add(s);
}
```

首先使用 SerialPort 初始化对象名为 BluetoothConnection。创建蓝牙连接 COM 端口，使用“blueToothPortList. Items. Clear( )”清空端口列表。然后扫描 COM 口设备，将其遍历添加至 blueToothPortList 的 ComboBox 控件中供用户选择。

```
if (Ports.Length > 1)
    blueToothPortList.SelectedIndex = 1;
if (!BluetoothConnection.IsOpen) {
    blueToothStatus = "正在连接蓝牙设备";
    BluetoothConnection = new SerialPort();
    blueToothConnectButton.Enabled = false;
    BluetoothConnection.PortName = blueToothPortList.SelectedItem.ToString();
    BluetoothConnection.Open();
    BluetoothConnection.ReadTimeout = 10000;
    blueToothStatus = "蓝牙连接成功";
}
```

通过 COM 列表中个数是否大于 1，判断蓝牙模块是否插入。按下连接键，连接所选的 COM 口并查看蓝牙模块串口是否连接上了，判断蓝牙模块插入的串口是否打开。在打开的条件下，创建蓝牙连接串口并将蓝牙连接按钮设置为不可选中状态。将下拉菜单中的选中项转换为字符串类型赋值给 BluetoothConnection 的串口名,然后打开该串口,这里将读取操作未完成时发生超时之前的时间设置为 10 秒。接下来是发送字符串和接收字符串的命令。

```
string message2=sendTextBox.Text + "\r\n";
if (isBlueToothConnect)
     BluetoothConnection.Write(message2);
if (isBlueToothConnect) {
     int length = BluetoothConnection.ReadByte();
     BluetoothConnection.Read(data, 0, length);
     message = Encoding.UTF8.GetString(data, 0, length);
}
```

发送字符串命令后需要加入换行符进行识别,因为主控板读取指令都是整行读取的。而接收字符串命令需要使用“Encoding. UTF8. GetString( data, 0, length)”将接收到的数据进行转化。

## 6.5　WiFi 连接部分

地面站与小车(主控板)的 WiFi 连接部分,使用的是基于 TCP 协议的 Socket 通信。

### 6.5.1　Socket 通信模型

Socket(套接字),是用来描述 IP 地址和端口,是通信链的句柄,应用程序可以通过 Socket 向网络发送请求或者应答网络请求。Socket 是支持 TCP/IP 协议的网络通信的基本单元,是对网络通信过程中端点的抽象表示,包含了进行网络通信所必需的五种信息:连接所使用的协议、本地主机的 IP 地址、本地远程的协议端口、远地主机的 IP 地址以及远地进程的协议端口。

众所周知,通信是面对多对象的,至少需要两个对象进行信号传输。所以在 Socket 中就需要一个 Server(服务端)与一个或多个 Client(客户端)。

首先,需要由 Server 服务端创建 ServerSocket,并 accept( )等待客户端的接受请求;然后再由 Client 客户端创建 Socket 向服务端发送连接请求;当服务端在等待中接收到请求,就由服务器端创建 Socket 连接,服务器端与客户端都打开连接到的

Socket 的输入/输出流(InputStream/OutputStream),服务器端与客户端就可以按照 TCP 协议分别对 Socket 进行读/写操作,即实现了相互通信。Socket 通信实现步骤解析:

(1) 创建 ServerSocket 和 Socket;

(2) 打开连接到的 Socket 的输入/输出流;

(3) 按照协议对 Socket 进行读/写操作;

(4) 关闭输入输出流,以及 Socket。

由于地面站的 PC 主机是直观可操作的,因此将地面站作为 Socket 连接中的客户端,相对缺乏直观控制操作的 Jetson Nano 主控制板作为 Socket 连接中的服务器端。

### 6.5.2 Socket 服务器端

Socket 服务器端任务有:

(1) 创建 ServerSocket 对象,绑定监听的端口;

(2) 调用 accept()方法监听客户端的请求;

(3) 连接建立后,通过输入流读取客户端发送的请求信息;

(4) 通过输出流向客户端发送响应信息;

(5) 关闭相关资源。

关于服务器端代码的编写,使用的编程语言为 python3,编程开发环境为 Linux 操作系统下的 Code - OSS。

### 6.5.3 Socket 客户端

Socket 客户端任务有:

(1) 创建 Socket 对象,指明需要连接的服务器的地址和端号;

(2) 连接建立后,通过输出流向服务器发送请求信息;

(3) 通过输出流获取服务器响应的信息;

(4) 关闭相关资源。

关于客户端代码的编写,使用的编程语言为 C#,编程开发环境为 Win10 操作系统下的 VS 2017。部分代码如下:

```
using System.Net.Sockets;
Socket tcpClient;
tcpClient=new Socket(AddressFamily.InterNetwork,SocketType.Stream,ProtocolType.Tcp);
IPAddress ipaddress=IPAddress.Parse(ipTextBox.Text);
EndPoint point=new IPEndPoint(ipaddress,Convert.ToInt32(wifiPortTextBox.Text));
tcpClient.Connect(point);
```

首先需要使用“using System. Net. Sockets;”添加“System. Net. Sockets”命名空间,然后创建 Socket 对象,指明需要连接的服务器的地址和端号。使用 IPAddress 创建 ip 地址后并使用 EndPoint 初始化对象名的 EndPoint,最后使用 tcpClient. Connect( point)进行连接。发送接收字符串命令同蓝牙连接部分,这里不再赘述。

## 6.6　指令收发部分

指令的部分需要在主窗口中新建一个线程,进行收发动作,保证数据收发和其他显示等操作不冲突,才能实时进行控制和其他各种上位机地面站的操作。

首先在控件第一次得到焦点时就要创建并开启这个收发指令的线程,需要注意的是,如果每次点击获得焦点的时候都创建一个线程则会是程序出现错误未响应,因此才只有在第一次得到焦点时就要创建并开启这个收发指令的线程,这部分的程序如下:

```
private void servoControls1_Click(object sender, EventArgs e) {
    if (!isTh) {
        Thread th = new Thread(this.Execute);
        th.Start();
        isTh = true;
    }
}
```

程序先判断线程是否为未开启状态,未开启状态下才以委托的方式创建线程,并将线程状态改变为开启。

然后由于要在线程中使用控件的属性和发送指令的方法,因此需要重新定义并通过委托的方式在线程中使用,重新定义属性部分程序如下:

```
public bool IsUp() {
    bool isup = servoControls1.isUp;
```

```
        return isup;
    }
    public bool IsDown() {
        bool isdown = servoControls1.isDown;
        return isdown;
    }
    public bool IsRight() {
        bool isright = servoControls1.isRight;
        return isright;
    }
    public bool IsLeft() {
        bool isleft = servoControls1.isLeft;
        return isleft;
    }
    public bool IsFocused() {
        bool isfocus = servoControls1.Focused;
        return isfocus;
    }
    public bool isStop() {
        bool isstop = servoControls1.isBack;
        return isstop;
    }
```

重新定义发送指令方法部分程序如下：

```
public void SendMessage(string text){
    string msg = text + "\r\n";
    if (isWifiConnect) {
        tcpClient.Send(Encoding.UTF8.GetBytes(msg),msg.Length,Socket
            Flags.None);
    }
    else if (isBlueToothConnect) {
        BluetoothConnection.Write(msg);
    }
}
```

线程开启时实际操作函数如下：

```
private void Execute(){
    while (Convert.ToBoolean(this.Invoke(new Func<bool>(this.IsFocused)))){
        bool isup = Convert.ToBoolean(this.Invoke(new Func<bool>
                    (this.IsUp)));
        bool isdown = Convert.ToBoolean(this.Invoke(new Func<bool>
                    (this.IsDown)));
        bool isright = Convert.ToBoolean(this.Invoke(new Func<bool>
                    (this.IsRight)));
        bool isleft = Convert.ToBoolean(this.Invoke(new Func<bool>
                    (this.IsLeft)));
        bool isstop = Convert.ToBoolean(this.Invoke(new Func<bool>
                    (this.isStop)));
        if (isup) {
            Thread.Sleep(200);
            if (isup) {
                this.Invoke(new Action<string>(this.SendMessage), "1");
                Thread.Sleep(200);

            }
        }
        if (isdown) {
            Thread.Sleep(200);
            if (isdown) {
                this.Invoke(new Action<string>(this.SendMessage), "2");
                Thread.Sleep(200);
            }
        }
        if (isright) {
            Thread.Sleep(200);
            if (isright) {
                this.Invoke(new Action<string>(this.SendMessage), "4");
                Thread.Sleep(200);
            }
```

```
            }
            if (isleft) {
                Thread.Sleep(200);
                if (isleft) {
                    this.Invoke(new Action<string>(this.SendMessage), "3");
                    Thread.Sleep(200);
                }
            }
            if (isstop) {
                Thread.Sleep(200);
                if (isstop) {
                    this.Invoke(new Action<string>(this.SendMessage), "5");
                    Thread.Sleep(500);
                }
            }
        }
    }
```

在使用线程时要注意的是按键是会有抖动的，可能按下了1次，但是由于有抖动，相当于按下了很多次，因此需要通过延时2次确认按键状态，进行消抖处理，保证按键操作的次数就为1次。

# 第 7 章　地面站控制系统功能开发

## 7.1　运动控件部分

上位机地面站与小车成功通过 WiFi 或者蓝牙远距离连接，接下来需要做的就是控制小车的运动。通过 Winform 的控件对下位机发送指令，小车接收对应的指令完成前进、后退、左转、右转，甚至更精确地诸如控制车速、方向等运动。

因此在地面站设计实现了两个自定义摇杆控件，一个是通过键盘控制小车前后左右 4 个方向的运动，另一个是通过鼠标拖动摇杆控制小车行驶车速及具体方向。

### 7.1.1　自定义控件过程

首先在解决方案中右键添加 Visual C# 项中的类，在 class 类后添加 Control，使其继承 Control 类，使其可以作为控件使用。自定义的控件首先要在 public 控件名称( ) 中通过 this. Size = new Size(宽, 高) 设置控件大小，通过 this. SetStyle (ControlStyles. Selectable, false) 使其不可接受焦点，通过 this. SetStyle (ControlStyles. UserPaint, true)设置其为用户自由绘制而非由操作系统来进行绘制，通过 this. SetStyle (ControlStyles. AllPaintingInWmPaint, true) 和 this. SetStyle (ControlStyles. OptimizedDoubleBuffer, true)减少控件画面抖动，使显示更加稳定。

接下来就是最重要的绘制过程，即控件长什么样。通过重写自定义控件的绘制函数即可实现，也就是在控件程序中添加 protected override void OnPaint (PaintEventArgs e)函数。其中首先要通过 base. OnPaint(e)引发重绘事件，使用 Graphics g = e. Graphics 创建绘制的画面，之后则是使用图片素材或者是直接使用 g. DrawLine、g. DrawRectangle( )、g. FillRectangle( )、g. DrawEllipse( )等多种方法自由绘制,但要注意的是,绘制中使用的 pen 和 brush 需要 release 资源或者使用 using ( )方法自动释放资源,并且还需要通过 g. SmoothingMode = SmoothingMode. HighQuality 设置控件绘画模式为平滑绘制模式,使绘制出来的控件更加好看无锯齿。

其次就是该控件自身各个属性的创建,方便在使用该控件的窗口中调用使用这些属性。最后就是动作方法的重写,如焦点操作动作、鼠标键盘操作动作等的重写,以及在这些动作之后的控件重绘过程,即这些操作对控件的显示有什么改变,有改变就需要重新进行绘制,刷新控件当前的显示状态。

创建完控件后,怎么添加控件至窗口中呢?这里需要点击 VS 工具栏中的"生成"栏,点击第二项"重新生成解决方案",然后点击到需要该控件的窗口中,在工具箱中就会显示自定义生成的控件了,直接拖动该控件至窗口中即调用成功了。

### 7.1.2 运动控件一

1. 运动控件一的绘制

通过键盘控制小车前后左右 4 个方向运动的控件具体使用效果如图 7 - 1 所示。

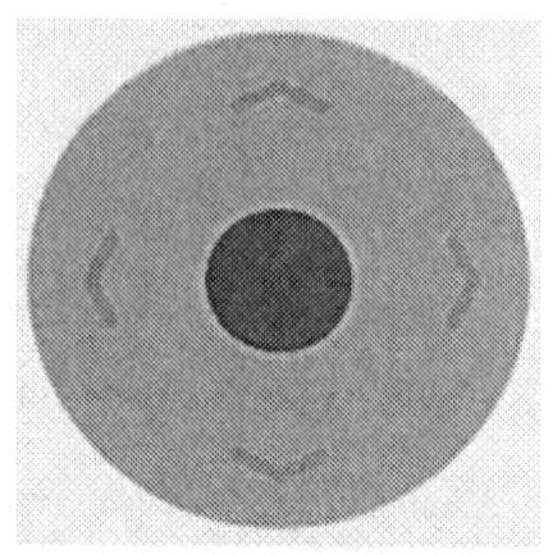
(a) 未选中(未获得焦点)

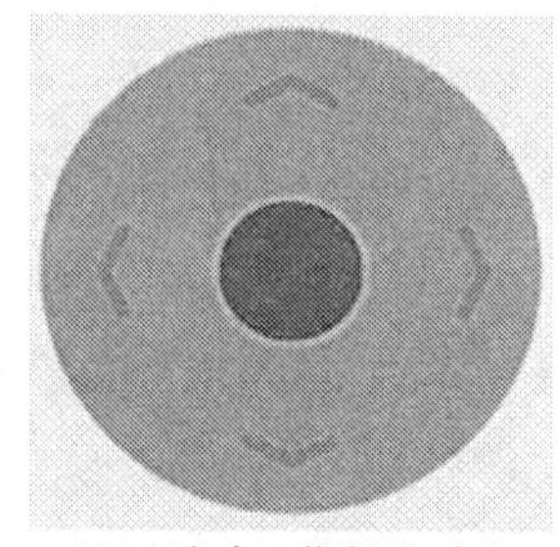
(b) 选中(获得焦点)

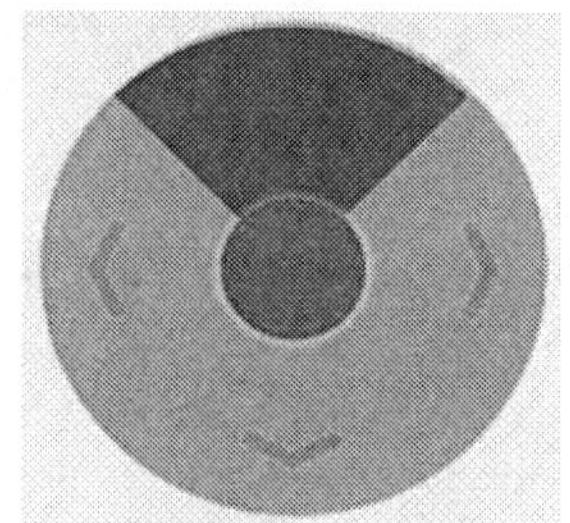
(c) 键盘按住 W(前进)

图 7 - 1 运动控件一状态效果图

自定义控件首先要找到合适的素材图片,像控件一中的摇杆盘、摇杆等;然后就是绘制函数的重写,通过编程将控件绘制出来;最后则是其他鼠标或键盘的控制对控件实际操作后对控件显示的更新和控件使用的实际要做到的功能。部分代码如下:

```
//重写自定义控件的绘制函数
```

```
protected override void OnPaint(PaintEventArgs e){
    base.OnPaint(e);
    Graphics g = e.Graphics;
    int w = this.Width, h = this.Height;
    Rectangle rect1 = new Rectangle(0, 0, w, h);
    Point polePoint = new Point(0, 0);
    g.SmoothingMode = SmoothingMode.HighQuality;
    Image panImage = Image.FromFile(@"C:\Users\86135\Desktop\小车
项目\上位机部分\WiFiandBlueTooth\cclient\cclient\Resources\摇杆盘.png");
    g.DrawImage(panImage, new Point(0, 0));
    Image poleImage = Image.FromFile(@"C:\Users\86135\Desktop\小车
项目\上位机部分\WiFiandBlueTooth\cclient\cclient\Resources\摇杆.png");
    g.DrawImage(poleImage, polePoint);
    if (this.Focused)      { //是否在焦点状态下，即是否要绘制摇杆中心即
扇形指示区域
        using (Brush brush = new SolidBrush(Color.FromArgb(98,98,98))) {
            int startAngle = 0, pieAngle = 0;
            rect1.Inflate(-8, -8);
            if (isRight) {
                pieAngle = 90;
                startAngle = 315;
            }
            if (isLeft) {
                pieAngle = 90;
                startAngle = 135;
            }
            if (isUp) {
                pieAngle = 90;
                startAngle = 225;
            }
            if (isDown) {
                pieAngle = 90;
                startAngle = 45;
            }
```

```
                g.FillPie(brush, rect1, startAngle, pieAngle);
            }
            Image polecerImage = Image.FromFile(@"C:\Users\86135\Desktop
    \小车项目\上位机部分\WiFiandBlueTooth\cclient\cclient\Resources\摇杆中心
    .png");
            g.DrawImage(polecerImage, new Point(polePoint.X, polePoint.Y));
        }
    }
```

运动控件一的绘制首先需要引入摇杆盘和摇杆的图片素材文件，并调整绘制位置，在合适控件位置使用 g. DrawImage( )绘制出来。在获取焦点的情况下，绘制添加摇杆中心，并在“WASD”4 个控制运动的键盘按键按下时在摇杆盘上绘制扇形的指示动画，松开后恢复初始状态。

2. 运动控件一的方法重写

运动控件一的操作动作主要有鼠标按下动作、键盘按下抬起动作。运动控件一的方法重写部分的程序如下：

```
protected override void OnEnter(EventArgs e) {
    base.OnEnter(e);
    Invalidate();
}
protected override void OnLeave(EventArgs e) {
    base.OnLeave(e);
    Invalidate();
}
protected override void OnMouseDown(MouseEventArgs e) {
    base.OnMouseDown(e);
    if (e.Button == MouseButtons.Left) {
        this.Focus();
    }
}
protected override void OnKeyDown(KeyEventArgs e) {
    base.OnKeyDown(e);
    Keys keyCode = e.KeyCode;
    if (isBack)
```

```
        isBack = false;
    switch (keyCode) {
        case Keys.A:
            isLeft = true;
            this.Invalidate();
            break;
        case Keys.D:
            isRight = true;
            this.Invalidate();
            break;
        case Keys.W:
            isUp = true;
            this.Invalidate();
            break;
        case Keys.S:
            isDown = true;
            this.Invalidate();
            this.Invalidate();
            break;
    }
}
protected override void OnKeyUp(KeyEventArgs e) {
    base.OnKeyUp(e);
    isLeft = false;
    isRight = false;
    isUp = false;
    isDown = false;
    isStop = false;
    isBack = true;
    this.Invalidate();
}
```

上述代码通过鼠标点击进入焦点,进入焦点则重绘,控件为选中状态;通过鼠标点击到其他控件,则失去焦点重绘,控件为未选中状态;在控件为焦点状态及选中状态时,使用 PC 键盘按下(未松)“W”键时改变控件属性,重新绘制出表示前进键按住的状态,“ASD”各键同理。而当键盘“W”键按下松开后同样改变控件属性,重新绘制出无指令的状态。

### 7.1.3 运动控件二

1. 运动控件二的绘制

通过鼠标拖动摇杆控制小车行驶车速及方向的控件使用效果如图 7 -2 所示。

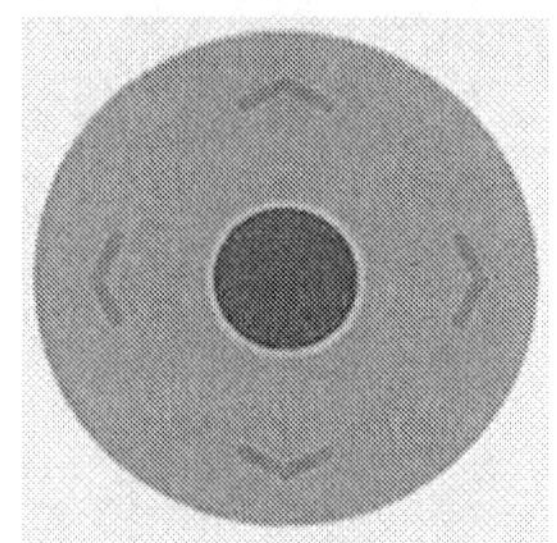

(a) 选中(获得焦点)

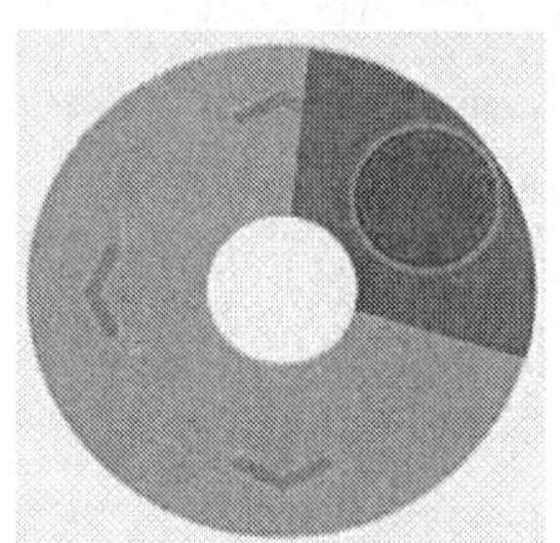

(b) 键盘按住拖动

图 7 -2 运动控件二状态效果图

与上一个控件不同之处在于,它具有的属性是摇杆拖动出去的距离和角度,距离可作为控制小车速度的属性,角度可以作为控制小车运动方向的属性。同时,控件的摇杆不能移出摇杆盘的范围,还加入了随摇杆位置变化的扇形区域的动画,在松开鼠标之后,摇杆就自动回到原点中心处,控制更加智能和方便。部分代码如下:

```
    //重写自定义控件的绘制函数
protected override void OnPaint(PaintEventArgs e){
    base.OnPaint(e);
    double startangle;
    Graphics g = e.Graphics;
    int w = this.Width, h = this.Height;

    Rectangle rect1 = new Rectangle(0, 0, w, h);
    Point polePoint = new Point(0, 0);
    g.SmoothingMode = SmoothingMode.HighQuality;
    Image  panImage  =  Image.FromFile(@"C:\Users\86135\Desktop\小车项目
\上位机部分\WiFiandBlueTooth\cclient\cclient\Resources\摇杆盘.png");
```

```
                startangle = angle - 50;
                if (startangle < 0)
                    startangle = 360 + startangle;
                g.FillPie(brush,rect1,Convert.ToInt16(startangle),100);
            }
        }
        g.DrawImage(poleImage2,polePoint);
    }
    else
        g.DrawImage(poleImage,polePoint);
    if (this.Focused) { //是否获取焦点
        Image polecerImage = Image.FromFile(@"C:\Users\86135\Desktop
\小车项目\上位机部分\WiFiandBlueTooth\cclient\cclient\Resources\摇杆中心.png");
        if (pressed) //是否点击
            g.DrawImage(polecerImage, new Point(polePoint.X + Convert.
ToInt16(dx), polePoint.Y + Convert.ToInt16(dy)));
        else
            g.DrawImage(polecerImage, new Point(polePoint.X, polePoint.Y));
    }
}
```

运动控件二的绘制与控件一同理，不同之处在于按键操作改为鼠标左键按下并拖动的操作，并根据鼠标拖动到的位置计算相较于原点的距离与产生的角度，进而实时绘制摇杆中心位置和绘制扇形区域指示出摇杆本次移动的指示方向，在松开鼠标左键后摇杆回归摇杆盘原点。

2. 运动控件二的方法重写

运动控件二的操作动作主要有鼠标左键按下、拖动、松开动作。运动控件二的方法重写部分的程序如下：

```
protected override void OnEnter(EventArgs e) {

    base.OnEnter(e);
    Invalidate();
}
protected override void OnLeave(EventArgs e) {
```

```
        base.OnLeave(e);
        pressed = false;
        Invalidate();
}
protected override void OnMouseDown(MouseEventArgs e) {
        base.OnMouseDown(e);
        if (e.Button == MouseButtons.Left) {
                pressed = true;
                this.Focus();
                startMousePos = e.Location;
        }
}
protected override void OnMouseUp(MouseEventArgs e) {
        base.OnMouseUp(e);
        pressed = false;
        this.Invalidate();
}
protected override void OnMouseMove(MouseEventArgs e) {
        if (pressed)
                int pos = e.Location;
                dx = pos.X - startMousePos.X;
                dy = pos.Y - startMousePos.Y;
                dist = Convert.ToInt16(Math.Sqrt(Math.Pow(dx,2)+ Math.Pow(dy,2)));
                if (dist >= 40) {
                        entered = true;
                        double angle2 = Math.Atan2(dy, dx) * 180 / Math.PI;
                        if (dy > 0)
                                angle = angle2;
                        else
                                angle = 360 + angle2;
                        if (angle == 360)
                                angle = 0;
                }
                if (dist >= 95) {
```

```
                dx = 95 * dx / dist;
                dy = 95 * dy / dist;
            }
        }
        Invalidate();
    }
```

上述代码通过鼠标点击进入焦点,进入焦点则重绘,控件为选中状态;通过鼠标点击到其他控件,则失去焦点重绘,控件为未选中状态;在控件为焦点状态及选中状态时,使用鼠标左键按下中心摇杆(鼠标左键不松开),拖动鼠标摇杆随着鼠标的移动而变换位置,在进入摇杆盘范围内时,则会根据摇杆的位置绘制扇形区域指示当前的方向角度,在松开鼠标左键后中心摇杆回到初始位置。

## 7.2　视频显示部分

视频显示部分采用的硬件为 WiFi 图传模块视频传输网口转串口 Openwrt7620 路由 XRbot - Link5。

关于 PC 地面站要如何显示视频画面,这里需要先在 VS 中下载 AForge 包,并通过在工程中右键“引用”,“添加引用”,将 Aforge、Aforge. Controls、Aforge. Imaging、Aforge. Math、Aforge. Video、Aforge. Video. DirectShow 等库中的. dll 文件都添加至“引用”中,并且在工具箱中右键选择项选择 Aforge. Controls 中的各个控件并添加至工具箱中。此时可以发现工具箱中更多了 Aforge 的选项卡,其中就由我们需要的控件 VideoSourcePlayer 这一项,直接拖动添加至桌面程序窗口中即可。AForge. NET 是一个专门为开发者和研究者提供的基于 C#框架设计的补述包,包括计算机视觉与人工智能、图像处理、神经网络、遗传算法、机器学习、机器人等领域。框架由一系列的类库和例子组成。其中包括的特征有:

(1) AForge. Imaging:一些日常的图像处理和过滤器;

(2) AForge. Vision:计算机视觉应用类库;

(3) AForge. Neuro:神经网络计算库;

(4) AForge. Genetic:进化算法编程库;

(5) AForge. MachineLearning:机器学习类库;

（6）AForge. Robotics：提供一些机器学习的工具类库；

（7）AForge. Video：一系列的视频处理类库。

接下来我们要新建一个名为 Camera. cs 的一个类，需要引用 AForge. Video、AForge. Controls、AForge. Video. DirectShow、System. Windows. Media. Imaging 这几个类来编写网络视频的连接、打开、关闭和显示等函数。

```
/*****************网络视频连接*****************/
public static void connectVidio(VideoSourcePlayer videoSourcePlayer,string
    NetAdress) {
    MJPEGStream mjpegSource = new MJPEGStream(NetAdress);
    OpenVideoSource(videoSourcePlayer, mjpegSource);
}
/*****************网络视频打开*****************/
public static void OpenVideoSource(VideoSourcePlayer videoSourcePlayer,
    IVideoSource source)
{
    videoSourcePlayer.SignalToStop();
    videoSourcePlayer.WaitForStop();
    videoSourcePlayer.VideoSource = source;
    videoSourcePlayer.Start();
}
/*****************视频关闭（通用）*****************/
public static void StopCamera(VideoSourcePlayer videoSourcePlayer){
    videoSourcePlayer.SignalToStop();

    videoSourcePlayer.WaitForStop();
}
public static void show_video(object sender, NewFrameEventArgs eventArgs){
    Bitmap bitmap = eventArgs.Frame;
}
```

在桌面程序窗口中使用确认连接的按键 Click 动作来进行连接，程序如下：

```
private void videoButton_Click(object sender, EventArgs e){
    if (isVideoConnect == false) {
        isVideoConnect = true;
```

```
        Camera.connectVidio(videoSourcePlayer1, "http://192.168.1.1:8080/?action
            =stream");
        videoButton.Text = "视频断开";
        }
    else {
        isVideoConnect = false;
        Camera.StopCamera(videoSourcePlayer1);
        videoButton.Text = "视频连接";
    }
}
```

## 7.3　配置文件.ini 的创建和读取

由于一个功能完整丰富的桌面控制程序实际相当于一个控制系统，有许多参数需要配置，因此需要首先建立 ini 文件。ini 文件是 Initialization File 的缩写，即初始化文件，是 windows 的系统配置文件所采用的存储格式，统管 windows 的各项配置，一般用户仅用 windows 提供的各项图形化管理界面就可实现相同的配置。但在某些情况，还是要直接编辑.ini 才方便，一般只有很熟悉 windows 才能去直接编辑。.ini 文件格式由节、键、值组成。节[section]，参数(键=值)name=value。

在开发中，有时会遇到对.ini 文件的读写操作：

```
[DllImport("kernel32")]
private static extern bool WritePrivateProfileString(string section, string key,
string val, string filePath);
[DllImport("kernel32")]
private static extern int GetPrivateProfileString(string section, string key, string
def, byte[] retVal, int size, string filePath);
public static string ReadIni(string Section, string Ident, string Default, string
FileName){
    Byte[] Buffer = new Byte[65535];
    int bufLen=GetPrivateProfileString(Section, Ident, Default, Buffer,
Buffer.GetUpperBound(0), FileName);
    string s = Encoding.GetEncoding(0).GetString(Buffer);
    s = s.Substring(0, bufLen);
```

```
    return s.Trim();
}
public static void WriteIni(string Section, string Ident, string Value, string FileName) {
    if (!WritePrivateProfileString(Section, Ident, Value, FileName)) {
        throw (new ApplicationException("写入配置文件出错"));
    }
}
```

在有了配置文件. ini 的创建和读取方法后,即可运用. ini 文件保存配置信息,如上一章中的 WIFI 视频流通信地址就可以保存为. ini 文件,通过程序的运行,在可视化的文本框中即时保存修改。部分代码如下:

```
private void WVIsavebutton_Click(object sender, EventArgs e) {
    if (WVItextBox1.Text.Length == 0){
        if (MessageBox.Show("控制地址为空，是否确定保存？", "提示",
MessageBoxButtons.OKCancel, MessageBoxIcon.Question) == DialogResult.OK) {
            Messagecom.WriteIni("serverVidio", CNcomboBox.Text, "",
             fileNamecom);
            MessageBox.Show("保存成功！", "提示");
        }
        return;
    }
    Messagecom.WriteIni("serverVidio", CNcomboBox.Text, WVItextBox1.Text,
fileNamecom);
    MessageBox.Show("保存成功！", "提示");
    labeltext_mange();
    return;
}
```

上述代码通过将本框中的 WIFI 视频流通信地址读取在指定的文件夹路径下保存为. ini 文件,可以供视频显示时直接读取. ini 文件使用。Messagecom 为各类型信息收发传送保存读取的一个类,labeltext_mange( )为改写实际配置文件为当前 label 显示的方法。

## 7.4　本地视频功能

这里的地面站桌面窗口程序除了能显示小车实时路况，还引入了 PC 本地摄像头的开启显示功能。这里同样引入 Aforge、Aforge. Controls、Aforge. Imaging、Aforge. Math、Aforge. Video、Aforge. Video. DirectShow、AForge. Video. FFMPEG，并添加 VideoSourcePlayer 控件至桌面程序窗口中。需要注意的是下面一行代码很重要，不管之后重新设计哪个自定义控件，只要控件里有视频控件，本地视频连接时必须加这一句。

```
FilterInfoCollection videoDevices = new FilterInfoCollection(FilterCategory.
VideoInputDevice);
```

首先，要做的是初始化操作，即自动寻找本地视频来源，并使用 comboBox 将其遍历出来，供自己挑选。这里遍历出来的本地摄像头包括 PC（笔记本）本机摄像头，也包括使用 USB 连接的网络摄像头。

```
public static void InitializeVidio(FilterInfoCollection videoDevices, ComboBox
cameracomboBox) {
    try {
        videoDevices = new FilterInfoCollection(FilterCategory.VideoInputDevice);
        if (videoDevices.Count == 0){
            throw new Exception("无摄像头");
        }
        for (int i = 1, n = videoDevices.Count; i <= n; i++){
            string cameraName = i + " : " + videoDevices[i - 1].Name;
            cameracomboBox.Items.Add(cameraName);
        }
        cameracomboBox.SelectedIndex = 0;
        cameracomboBox.Enabled = true;
    }
    catch {
        cameracomboBox.SelectedIndex = 0;
        cameracomboBox.Enabled = false;
    }
}
```

下面是将选择的摄像头打开和关闭的操作，程序如下：

```
bool isshowed = false;
private void localvidio_Click(object sender, EventArgs e) {
    if (isshowed == false) {
        isshowed = true;
        localvidio.Text = "本地视频关闭";
        Camera.StartCamera(videoSourcePlayer, videoDevices, comboBox1.
        SelectedIndex);
    }
    else {
        isshowed = false;
        localvidio.Text = "本地视频开启";
        Camera.StopCamera(videoSourcePlayer);
    }
}
```

最后是视频拍照并在指定的路径下保存为 bmp 格式的图片以及视频录像并在指定的路径下保存 wmv 格式的视频。

```
    DateTime date = DateTime.Now;
    String fileName = String.Format("{0}-{1}-{2} {3}-{4}-{5}.bmp",
        date.Year, date.Month, date.Day, date.Hour, date.Minute, date.Second);
    return fileName;
}
private static string CreateVedioFile() {
    DateTime date = DateTime.Now;
    String fileName = String.Format("{0}-{1}-{2} {3}-{4}-{5}.wmv",
        date.Year, date.Month, date.Day, date.Hour, date.Minute, date.Second);
    return fileName;
}
```

这里定义拍照所得图片和视频文件名称为当前拍照或录屏时间。

```
public static string photograph(VideoSourcePlayer videoSourcePlayer) {
    if (videoSourcePlayer.IsRunning){
        string path = @"D:\PICTURE";
        if (!Directory.Exists(@"D:\PICTURE")){
```

```
            Directory.CreateDirectory(@"D:\PICTURE");
        }
        BitmapSource bitmapSource =
System.Windows.Interop.Imaging.CreateBitmapSourceFromHBitmap(
        videoSourcePlayer.GetCurrentVideoFrame().GetHbitmap(),
        IntPtr.Zero,
        System.Windows.Int32Rect.Empty,
        BitmapSizeOptions.FromEmptyOptions());
        PngBitmapEncoder PE = new PngBitmapEncoder();
        PE.Frames.Add(BitmapFrame.Create(bitmapSource));
        string picName = path + CreatePictureFile();
        if (File.Exists(picName)) {
            File.Delete(picName);
        }
        using (Stream stream = File.Create(picName)) {
            PE.Save(stream);
        }
        return path;
    }
    else
        return "No path!";
}
public static void recordvideo(bool stopREC, bool createNewFile, string
videoFileFullPath, string videoPath, string videoFileName, string drawDate,
VideoFileWriter videoWriter, int frameRate, ref Bitmap image) {
    Graphics g = Graphics.FromImage(image);
    SolidBrush drawBrush = new SolidBrush(Color.Yellow);
    Font drawFont = new Font("Arial", 6, FontStyle.Bold, GraphicsUnit.Millimeter);
    int xPos = image.Width - (image.Width - 15);
    int yPos = 10;
    drawDate = DateTime.Now.ToString("yyyy-MM-dd HH:mm:ss");
    g.DrawString(drawDate, drawFont, drawBrush, xPos, yPos);
    if (!Directory.Exists(videoPath))
        Directory.CreateDirectory(videoPath);
```

```
    if (stopREC){
        stopREC = true;
        createNewFile = true;
        if (videoWriter != null)
            videoWriter.Close();
    }
    if (createNewFile) {
        videoFileName = DateTime.Now.ToString("yyyy.MM.dd HH.mm.ss")
+ ".wmv";
        videoFileFullPath = videoPath + videoFileName;
        createNewFile = false;
        if (videoWriter != null) {
            videoWriter.Close();
            videoWriter.Dispose();
        }
        videoWriter = new VideoFileWriter();
        videoWriter.Open(videoFileFullPath,     image.Width,     image.Height,
frameRate, VideoCodec.MPEG4);
        videoWriter.WriteVideoFrame(image);
    }
    else {
        videoWriter.WriteVideoFrame(image);
    }
}
```

## 7.5 媒体播放器

作为一个拥有丰富控制、监控、记录功能的地面站,配合各模块使用,媒体播放器是非常重要且有意义的一部分。配合车载摄像头,地面站不光有实时监控车况、地面站情况的功能,另外还具有本地及网络视频的拍照和录像功能。后续还会有录音、播音等功能,因此地面站需要媒体播放器的用来播放音频、视频文件的功能。

首先是添加 Windows Media Player,即微软 Windows 系统自带的媒体播放器这个控件。鼠标右键工具箱,点击"选择项",选择"COM 组件"在组件中找到名称为

Windows Media Player 的控件并勾选，然后点击确定，工具箱的对应选项卡中就出现了该控件，将控件直接鼠标左键拖进桌面程序窗口中就添加成功了，显示的就是一个 Windows 系统自带的媒体播放器，可以自定义大小。

接下来添加打开音频视频文件的按键，即点击按键出现打开文件的对话框，选择需要打开的音频视频文件。涉及的程序如下：

```
private void Audiofile_button_Click(object sender, EventArgs e) {
    openFileDialog1.InitialDirectory = Application.StartupPath;
    this.Invoke(new Action(() => {
        if (openFileDialog1.ShowDialog() == DialogResult.OK) {
            axWindowsMediaPlayer1.settings.volume = 100;
            axWindowsMediaPlayer1.URL = openFileDialog1.FileName;
            axWindowsMediaPlayer1.WindowlessWindeo = true;
            axWindowsMediaPlayer1.Ctlcontrols.play();
        }
    }));
}
```

最后，由于媒体播放器控件的大小可能有所限制，导致观看困难，因此另外设置一个全屏按键。涉及的程序如下：

```
private void Fullscreen_button_Click(object sender, EventArgs e) {
    try {
        axWindowsMediaPlayer1.fullScreen = true;
    }
    catch (Exception ex) {
        MessageBox.Show(" 请选择文件！" + ex.Message,  " 音频播放提示 ",
MessageBoxButtons.OK, MessageBoxIcon.Error);
        return;
    }
}
```

此外，Windows Media Player 控件提供的主要属性有：

（1）URL：播放音频或者视频的文件路径；

（2）fullScreen：设置是否为全屏幕播放；

（3）enableContextMenu：在播放器设置中是否可弹出右键菜单；

(4) Ctlenbaled:设置控制按钮是否起作用;

(5) WindowlessWindeo:是否显示视频图像;

(6) Windows Media Player:控件提供的主要方法;

(7) OpenPlayer(bStrURL):根据指定的路径,通过 Windows Media Player 打开并播放音频或者视频文件;

(8) Close():停止正在播放的音频或视频文件。

## 7.6 窗口内 panel 点击动画

Winform 的界面不是特别美观,因此可以将窗口部分扁平化处理,取消边框,自行添加各类点击操作的按键,如图 7-3 所示。

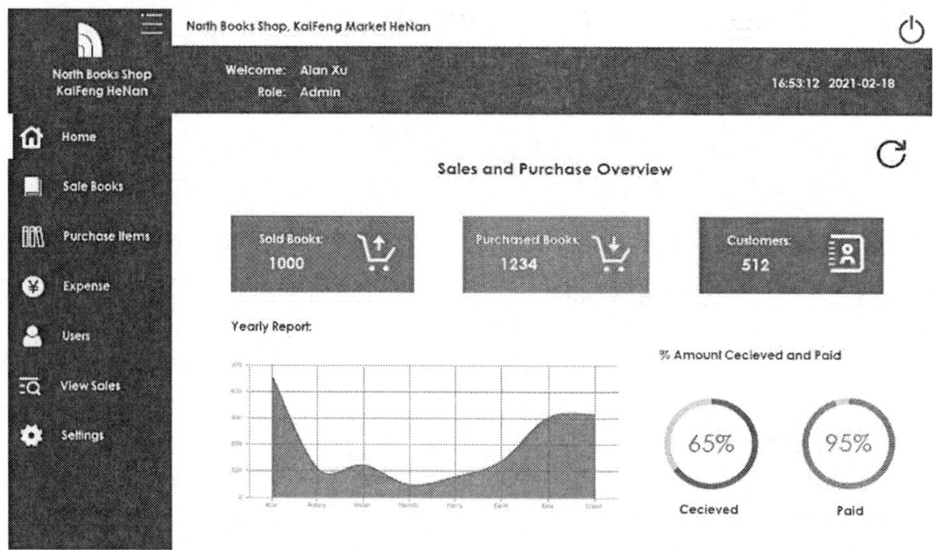


图 7-3 界面示例一

简洁美观的同时,也使功能更加模块化、更加方便移植。此外,添加各种简单的小动画也是十分美观的,如该界面左侧功能选择框前的白色指示条,以及点击左侧功能选择框右上角的缩略按钮,会有一个左侧功能选择框整体缩窄的小动画。最终的效果如图 7-4 所示。

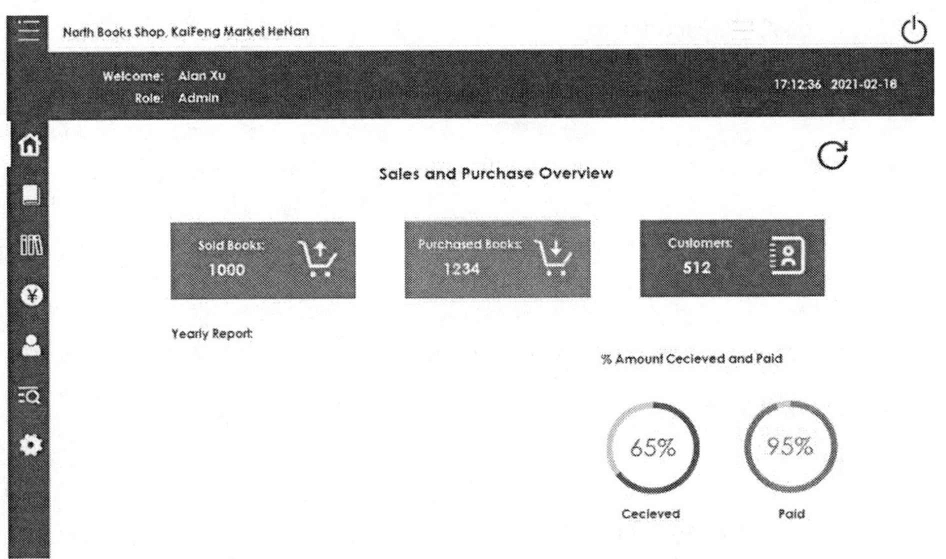


图 7-4　界面示例二

实现过程如下：首先在工具箱中找到 Timer 控件并添加，Enabled 设置为 False，Interval 先设置为 100，后续根据动画时间长短再更改间隔。上述设置计时器的开关状态及计时器间隔，然后设置计时器计时行为，在 Timer 的行为中找到 Tick，双击进入计时器计时行为函数中：

```
int PanelWidth;
bool isCollapsed = false;
private void timer1_Tick(object sender, EventArgs e) {
    if (isCollapsed) {
        panelLeft.Width = panelLeft.Width + 10;
        if (panelLeft.Width >= PanelWidth) {
            timerPanel.Stop();
            isCollapsed = false;
            this.Refresh();
        }
    }
    else{
        panelLeft.Width = panelLeft.Width - 10;
        if(panelLeft.Width <= 58) {
            timerPanel.Stop();
```

```
                isCollapsed = true;
                this.Refresh();
            }
        }
}
```

接下来,当鼠标点击左侧功能选择框右上角的缩略按钮时,计时器就开始计时,执行动画。

```
private void button9_Click(object sender, EventArgs e) {
        timerPanel.Start();
}
```

## 7.7 自定义时钟控件

为了使程序画面美观,地面站提供了一个自定义时钟控件,如图 7-5 所示。

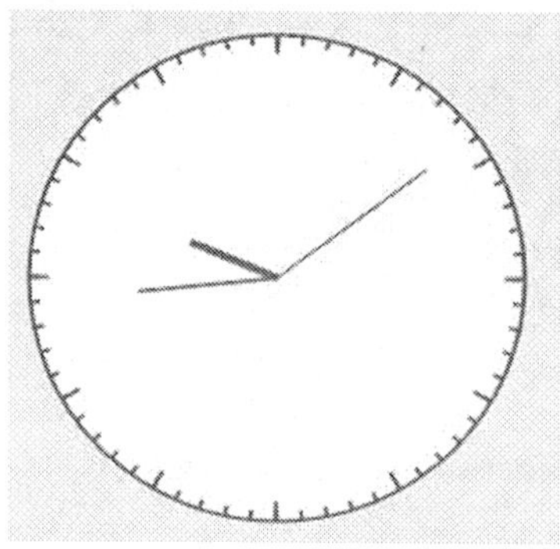

图 7-5　时钟控件界面示例

部分代码如下:

```
public MyClock() {
this.Size = new Size(200, 200);
        this.SetStyle(ControlStyles.AllPaintingInWmPaint, true);
        this.SetStyle(ControlStyles.OptimizedDoubleBuffer, true);
        timer = new Timer();
        timer.Interval = 100;
        timer.Tick += this.OnTimer;
        timer.Start();
```

```
}
private void OnTimer(object sender, EventArgs e) {
    this.Invalidate();
}
protected override void Dispose(bool disposing) {
    timer.Dispose();
    base.Dispose(disposing);
}
protected override void OnPaint(PaintEventArgs e) {
    base.OnPaint(e);
    Graphics g = e.Graphics;
    int w = this.Width, h = this.Height;
    int size = w;
    if (size > h) size = h;
    Rectangle rect = new Rectangle((w - size) / 2, (h - size) / 2, size, size);

g.SmoothingMode = SmoothingMode.HighQuality;
g.TextRenderingHint = TextRenderingHint.AntiAliasGridFit;
if (true) {
    rect.Inflate(-2, -2);
    Brush brush = new SolidBrush(Color.White);
    g.FillEllipse(brush, rect);
    brush.Dispose();
    Pen pen = new Pen(Color.Gray, 2.0f);
    g.DrawEllipse(pen, rect);
    pen.Dispose();
}
using (Pen pen = new Pen(Color.Gray, 2.0f)) {
    int cx = rect.X + rect.Width / 2;
    int cy = rect.Y + rect.Height / 2;
    int R1 = rect.Width / 2;
    int R2 = R1 - 10;
    int R3 = R1 - 5;
    for (int i = 0; i < 12; i++) {
        double angle = Math.PI * (360 / 12) * i / 180;
```

```
            double x1 = cx + R1 * Math.Cos(angle);
            double y1 = cy + R1 * Math.Sin(angle);
            double x2 = cx + R2 * Math.Cos(angle);
            double y2 = cy + R2 * Math.Sin(angle);
            g.DrawLine(pen, (float) x1, (float) y1, (float) x2, (float) y2);
        }
        for (int i = 0; i < 60; i++) {
            double angle = Math.PI * (360 / 60) * i / 180;
            double x1 = cx + R1 * Math.Cos(angle);
            double y1 = cy + R1 * Math.Sin(angle);
            double x2 = cx + R3 * Math.Cos(angle);
            double y2 = cy + R3 * Math.Sin(angle);
            g.DrawLine(pen, (float)x1, (float)y1, (float)x2, (float)y2);
        }
    }
        if (true) {
            rect.Inflate(-8, -8);
            int cx = rect.X + rect.Width / 2;
            int cy = rect.Y + rect.Height / 2;
            double R1 = rect.Width / 2;
            DateTime now = DateTime.Now;
            int hour = now.Hour;
            int minute = now.Minute;
            int second = now.Second;
            using (Pen pen = new Pen(Color.Gray, 4.0f)) {
                double angle = (hour + minute / 60.0) / 12.0 * 360;
                DrawTickHandle(g, pen, cx, cy, angle, R1 * 0.4);
            }
            using (Pen pen = new Pen(Color.Gray, 2.0f)) {
                double angle = (minute / 60.0) * 360;
                DrawTickHandle(g, pen, cx, cy, angle, R1 * 0.6);
            }
            using (Pen pen = new Pen(Color.Red, 1.0f)) {
                double angle = (second / 60.0) * 360;
```

```
                DrawTickHandle(g, pen, cx, cy, angle, R1 * 0.8);
            }
        }
    }
    private void DrawTickHandle(Graphics g,
        Pen pen,
        int cx, int cy,
        double angle,
        double radius) {
        angle -= 90;
        double a = angle * Math.PI / 180;
        double x2 = cx + radius * Math.Cos(a);
        double y2 = cy + radius * Math.Sin(a);
        g.DrawLine(pen, cx, cy, (int)x2, (int)y2);
    }
```

## 7.8 自定义日历控件

为了使程序画面美观,地面站提供了一个自定义日历控件,如图7-6所示:

| 一 | 二 | 三 | 四 | 五 | 六 | 日 |
|---|---|---|---|---|---|---|
| 1 | 2 | 3 | 4 | 5 | 6 | 7 |
| 8 | 9 | 10 | 11 | 12 | 13 | 14 |
| 15 | 16 | 17 | 18 | 19 | 20 | 21 |
| 22 | 23 | 24 | 25 | 26 | 27 | 28 |
| 1 | 2 | 3 | 4 | 5 | 6 | 7 |
| 8 | 9 | 10 | 11 | 12 | 13 | 14 |

图7-6 日历控件界面示例

部分代码如下:

```
public MyCalendar() {
    this.BackColor = Color.White;
    this.Size = new Size(280, 280);
    this.SetStyle(ControlStyles.UserPaint, true);
    this.SetStyle(ControlStyles.AllPaintingInWmPaint, true);
```

```
        this.SetStyle(ControlStyles.AllPaintingInWmPaint, true);
        this.SetStyle(ControlStyles.OptimizedDoubleBuffer, true);
}
protected    override void OnPaint(PaintEventArgs e) {
        base.OnPaint(e);
        Graphics g = e.Graphics;
        int w = this.Width, h = this.Height;
        Rectangle rect = new Rectangle(0, 0, w, h);
        g.SmoothingMode = SmoothingMode.HighQuality;
        g.TextRenderingHint = TextRenderingHint.AntiAliasGridFit;
        int x = 0, y = 0;
        int x_size = 40, y_size = 40;
        StringFormat sf = new StringFormat();
        sf.Alignment = StringAlignment.Center;
        sf.LineAlignment = StringAlignment.Center;
        using (Pen pen = new Pen(Color.Gray)) {
                g.DrawLine(pen, x, y, x + x_size * 7, y);
                g.DrawLine(pen, x, y + y_size, x + x_size * 7, y + y_size);
        }
        String[] cc = {"一", "二", "三", "四", "五", "六", "日"};
        using (Brush brush = new SolidBrush(Color.Blue)) {
                for(int i = 0 ;i < 7; i++) {
                        Rectangle re = new Rectangle(x + i * x_size, y, x_size, y_size);
                        g.DrawString(cc[i], this.Font, brush, re, sf);
                }
        }
        DateTime dt = DateTime.Today;
        int theMonth = dt.Month;
        int theDay = dt.Day;
        dt = dt.AddDays(1 - theDay);
        DayOfWeek weekday = dt.DayOfWeek;
        Console.WriteLine("weekday:" + weekday);
        int start = weekday - DayOfWeek.Monday;
        if (start < 0) start = 6;
```

```
        dt = dt.AddDays(0 - start);
        Console.WriteLine(dt);
        x = 0;
        y += y_size;
        for (int i = 0; i < 6; i++) {
            for (int j = 0; j < 7; j++) {
                bool isToday = false;
                Color textColor = Color.Black;
                if (dt.Month != theMonth) {
                    textColor = Color.Gray;
                }
                if (dt.Month == theMonth && dt.Day == theDay) {
                    isToday = true;
                    textColor = Color.Red;
                }
                int day = dt.Day;
                Rectangle r1 = new Rectangle(x + x_size * j, y + y_size * i, x_size,
                 y_size);
                if (isToday) {
                    Rectangle r2 = new Rectangle(r1.X + 3, r1.Y + 3, r1.Width - 7,
                      r1.Height - 7);
                    Pen pen = new Pen(textColor, 1.5f);
                    g.DrawEllipse(pen, r2);
                }
                using (Brush brush = new SolidBrush(textColor)) {
                    g.DrawString(day + "", this.Font, brush, r1, sf);
                }
                dt = dt.AddDays(1);
            }
        }
    }
```

# 第 8 章　Android 控制系统开发基础

Android 开发涉及的内容和知识点众多,例如 Android 基本开发流程、Android 通信编程和 Android 界面编程等方面。本章第一节介绍 Android 开发环境 Android Studio 的使用;第二节讲解 Android 开发入门的内容,尤其是 UI 方面的编程,便于用户快速上手实践;第三节引入 Android 中存储的概念,让用户对 Android 存储的方式有所认识。

## 8.1　Android Studio 环境配置

一款优秀的 IDE 工具能带给开发者极大的便利性,这体现在调试代码更加简单、自动补全功能更加智能、导入包或项目更加轻松等方面。Android Studio 就是这样一个开发利器,如今它吸引着越来越多的 Android 开发者选择使用 Android Studio 作为他们的第一开发平台。本节简单介绍 Android Studio,让用户快速了解 Android Studio 的安装流程,使用户能快速搭建起环境,便于开展后续的学习。

### 8.1.1　Android Studio 简介

在 Android Studio 出现之前,Android 项目都是用 Eclipse + ADT 来开发的,直至 2013 年,谷歌推出了一款官方的 IDE 工具 Android Studio,初期的 Android Studio 测试版本还不是十分稳定,但随着几个版本的更迭,现在的 Android Studio 在稳定安全性、开发效率和功能上远远超过 Eclipse,成为 Android 开发最佳的利器。

在进行环境配置之前,我们先来了解一下开发 Android 程序需要准备哪些工具。

JDK 是 Java 语言的软件开发工具包,包含了 Java 的运行环境、工具集合、基础类库等内容。这里需要提示的是,由于我们使用 Java 语言进行 Android 程序的开发,所以在编写程序前,对 Java 语言的基本学习是必不可少的。

Android SDK 是 Android 开发非常核心的部分,它是谷歌提供的 Android 开发工具包,在开发 Android 程序时,通过引入该工具包,来使用 Android 相关的 API。

AVD(Android Virtual Device)是我们执行 Android 程序需要的模拟安卓系统的载体。说得简单点,就是在运行在电脑上的手机模拟器。作为电脑上的安卓模拟器,如果不涉及硬件操作,调试还是十分方便的,但是涉及通话、定位和蓝牙等功能时,由于模拟器中无法模拟所需的手机硬件设备,所以我们还是需要连接现实中的安卓机来实际调试。

为了简化搭建开发环境,除了上面三种,对于 Android 开发要使用的其他工具,谷歌公司均已集成为扩展包,用户到 Android 官网下载即可。Android Studio 软件包下载官网:https://developer.android.google.cn/studio/。

### 8.1.2 Android Studio 安装

Android Studio 安装流程很简单,没有什么需要注意,按照默认一直下一步即可。点击安装包进入欢迎界面,点击 Next 下一步,这里默认勾选安装 Android Virtual Device 组件,如图 8-1 所示。如果需要安装其他 Android 模拟器软件,可以取消勾选,不过如果只是简单调试,自带的 AVD 就足够了。

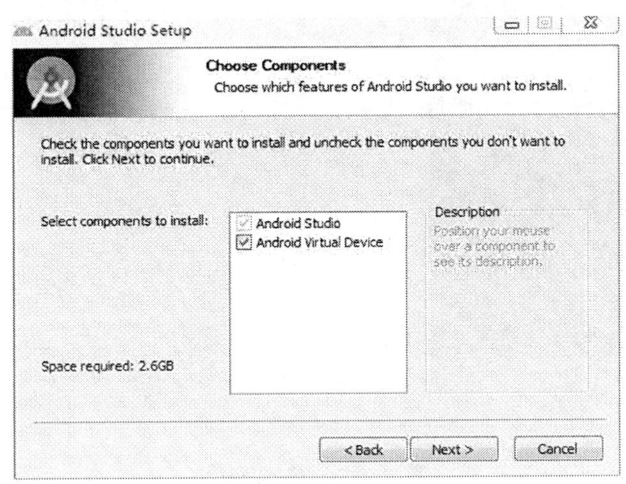


图 8-1 选择安装组件

接下来是选择 Android Studio 的安装地址,根据自身电脑情况选择合适的安装路径就好了,如图 8-2 所示。

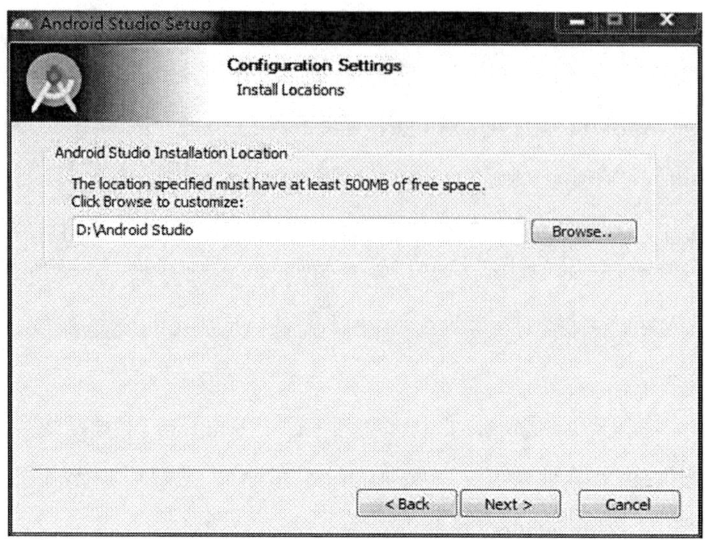


图 8－2　选择安装路径

继续下一步选择 Install 开始安装，等待安装完成后继续 Next 下一步，进入完成安装界面，如图 8－3 所示。

图 8－3　安装完成

点击 Finish 按钮来启动 Android Studio。一开始会让用户选择是否导入之前 Android Studio 版本的配置，由于是首次安装，这里选择不导入就可以了，如图 8－4 所示。

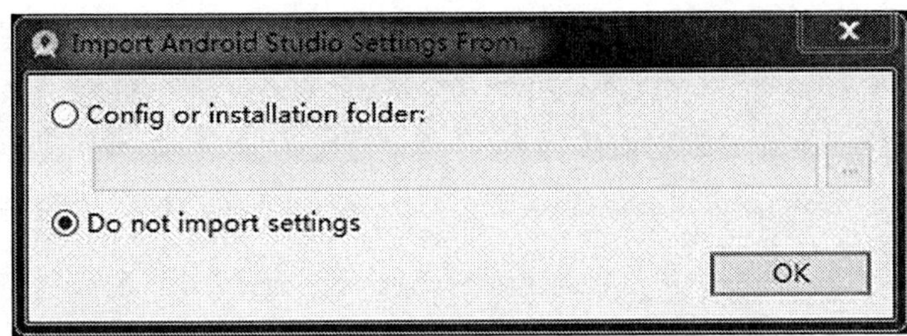


图 8－4 选择不导入配置

选择 OK 下一步，会弹出关于设置 SDK 的弹框，在稍后的配置中，Android Studio 会自动帮用户下载和配置 SDK。因此这里选择 Cancel 取消，如图 8－5 所示。

图 8－5 取消 SDK 配置

下一步进入 Android Studio 的配置界面，选择 Next 下一步，如图 8－6 所示。

在这个界面中选择 Android Studio 的安装类型，Standard 表示一切都使用默认的配置，比较方便；Custom 则可以根据用户的特殊需求进行自定义。简单起见，这里一般建议用户选择 Standard 类型。Next 下一步选择 Darcula 或者 Light 作为 UI 主题，根据个人喜好选择即可，再继续下一步，点击 Finish 来完成安装，这里会帮用户选择还需要安装的组件，包括前面提到的 SDK 和 JDK，如图 8－7 所示。

等待片刻后，点击 Finish 完成所有组件的安装后，就进入 Android Studio 的欢迎界面，如图 8－8 所示。

目前为止，Android Studio 开发环境就已经全部搭建完成了，不同版本的

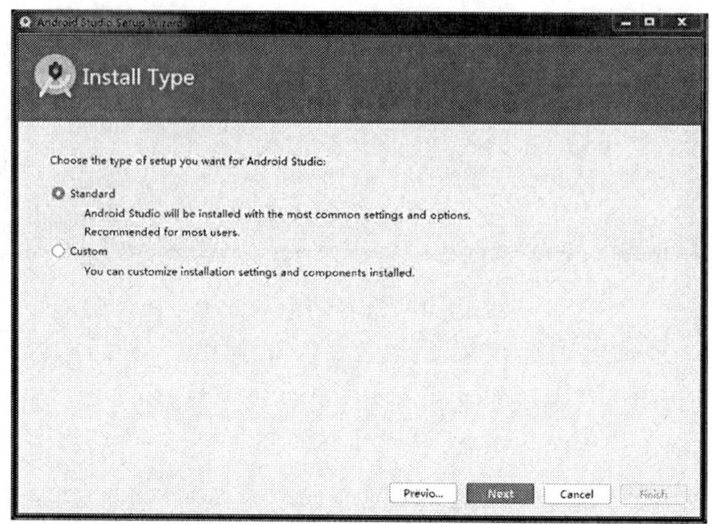


图 8－6　选择安装类型

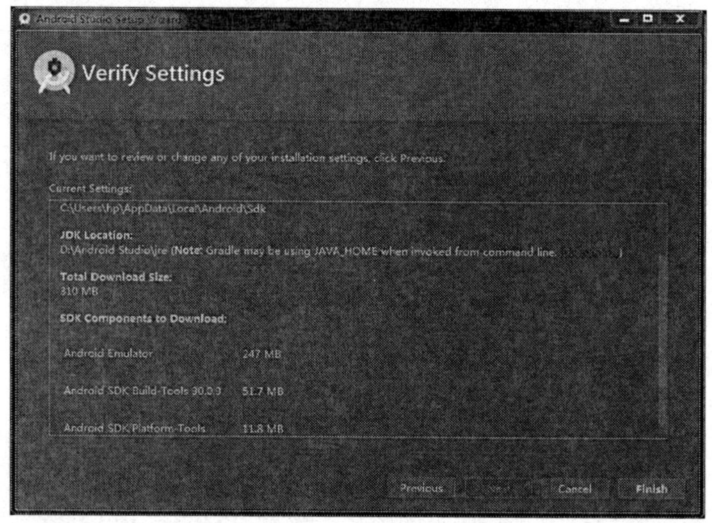


图 8－7　Android Studio 配置

Android Studio 安装细节与上面的演示可能会有出入，不过总体还是十分简单的。既然平台已经搭建完成了，之后的内容就将涉及对于具体需求的 Android 开发了，不过这对于新手来说，无疑是巨大的挑战，因此编写实际项目之前，有必要花点时间对 Android Studio 的使用进行基本介绍。

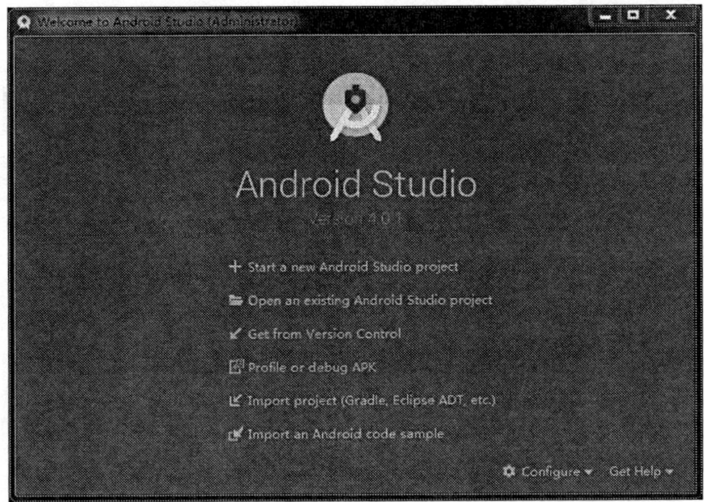


图 8－8　Android Studio 的欢迎界面

## 8.2　Android Studio 开发入门

在本节里将会向用户介绍大量关于 Android Studio 环境的使用和 Android 开发基本操作的内容。首先是通过创建一个简单的项目来让用户了解 Android Studio 常见组件和项目文件的使用，其次向用户展示 Android Studio 自带虚拟机的创建和使用，在 8.2.3 节至 8.2.7 节里，向用户介绍 Android 的一些基本控件和布局的使用，比如 Button、TextView、ListView 等。

在 8.2.8 节里，输出日志的熟练掌握能辅助 Android 开发，最后一节里，通过介绍 Activity 的使用会让用户对 Android 开发有更加深刻的认识。

### 8.2.1　熟悉 Android Studio

在这一部分将熟悉 Android Studio 的使用，这里先以新建一个项目为例来向用户讲解它的每一个功能。在 Android Studio 的欢迎界面点击 Start a new Android Studio project，会打开一个创建新项目的界面，如图 8－9 所示。

一般来说，用户在 Phone and Tablet 中选择 Empty Activity 即可。另外，在这里我们可以看到 Android 开发应用于不同设备上，有手机和平板设备可穿戴设备、电视和汽车设备以及嵌入式设备，可见应用于 Android 开发的设备无处不在，为我们的生活提供了巨大的便利。接着点击 Next 下一步，如图 8－10 所示。

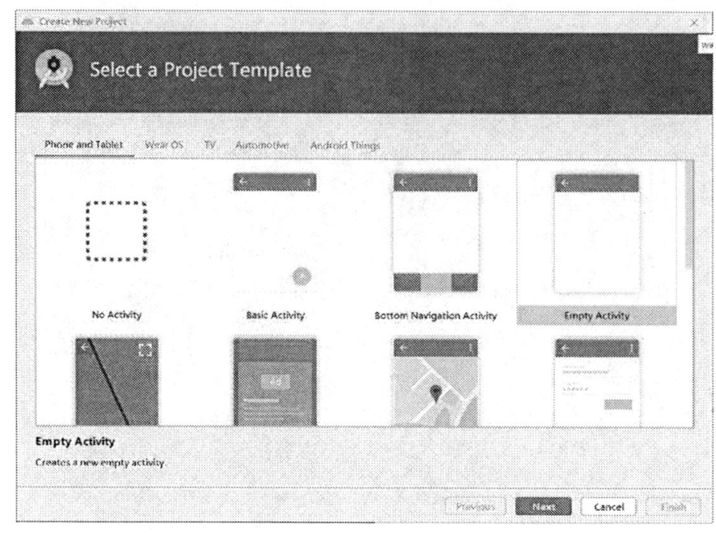


图 8-9　选择模板

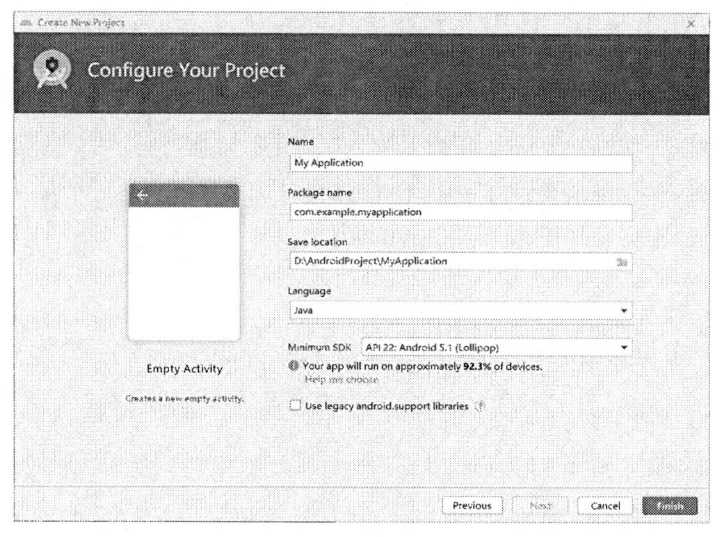


图 8-10　项目设置

之后便进入项目界面，Name 处填写项目名称，系统会默认该名称作为应用安装到手机之后的应用名称。Package name 处填写项目的包名，Android 系统就是通过包名来区分不同应用程序的，因此包名一定要具有唯一性。若不填写，系统会默认为 com. example 加上项目名称，在语言处选择 Java。最后一步是对项目的最低兼容版本的设置，不同 Android 系统版本在市场上份额不同，版本越高的 Android

系统意味着能支持更新更强大的功能，不过这也意味着在市场份额占比明显缩小。Android 系统的版本常用 API 级别来表示，每个级别的 API 都对应于确定的 Android 系统。最后点击 Finish 就完成项目设置了，如图 8－11 所示。

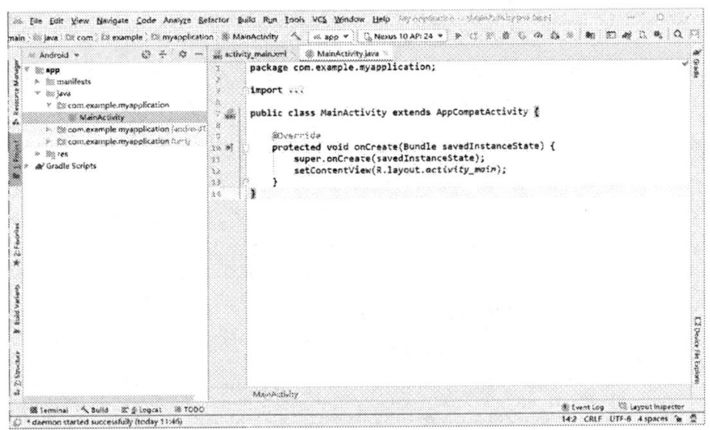


图 8－11　项目新建界面

如大多数集成开发工具一样，Android Studio 界面分为左侧的项目结构和右侧的编写程序的窗口。右侧窗口没什么好说的，这里重点解析一下左侧的项目结构文件，如图 8－12 所示。

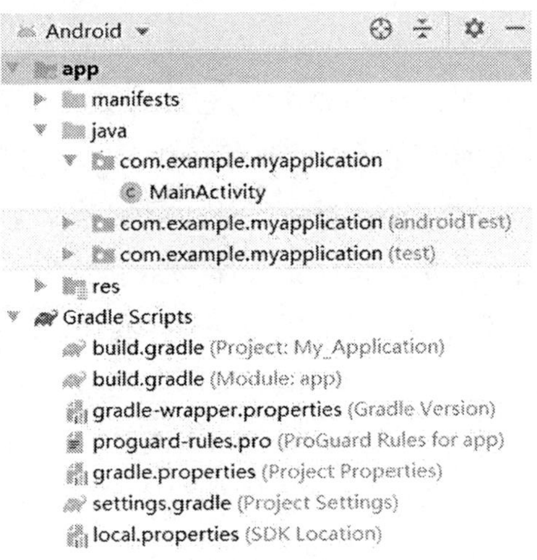


图 8－12　Android 模式的项目结构

任何一个新建的项目都会默认使用 Android 模式的项目结构，但这并不是项目真实的目录结构，而是被 Android Studio 转换过的。开发者在使用时通常点击

Android 区域来切换项目结构模式为 Project,如图 8 - 13 所示。

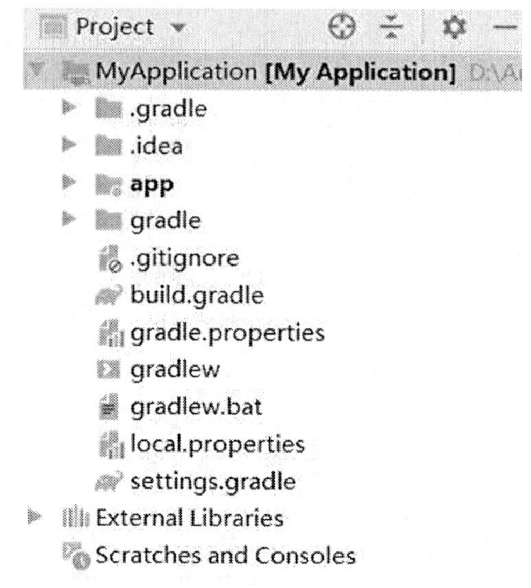


图 8 - 13　Project 模式的项目结构

Project 项目下有不少文件,但是需要用户重点关注的是 app 目录下的内容,在具体分析 app 目录前,还是先向用户简单介绍下其他文件。

. gradle 和. idea 这两个目录下的文件都是 Android Studio 自动生成的,对于这两个目录用户无须过多深究。

Android Studio 采用 gradle 来构建项目,它其实就是工程的管理,帮用户做了依赖、打包、部署、发布、各种渠道的差异管理等工作。因此对于每一个用 gradle 编译的工程,都会有一个 gradle\wrapper 目录,该目录下还有 2 个文件:gradle - wrapper. jar 和 gradle - wrapper. properties,后者会根据本地的缓存情况决定是否需要联网下载设定的 gradle 版本。在上面的目录中与 gradle 相关的还有 build. gradle 文件和 gradle. properties 文件,前者是项目全局的 gradle 构建脚本,内部声明了 gradle 插件的版本号以及 google( ) 和 jcenter( ) 代码仓库,与之对应在 app 目录下也有一个 build. gradle 文件。后者 gradle. properties 文件写入了 gradle 的一些常用属性。

gradlew 和 gradlew. bat 这两个文件是用来在命令行界面中执行 gradle 命令的,其中 gradlew 是在 Linux 或者 Mac 系统中使用的,gradlew. bat 是在 Windows 系统中使用的。

local. properties 文件用于指定 Android SDK 的路径,通常内容自动生成,除非在项目移植到其他电脑上出现找不到 SDK 路径问题时，在该文件中重新指定 SDK 路径。

. gitignore 文件用来指定目录或文件排除在版本控制之外，在代码开源分享时，通过修改该文件的内容，可以控制一些不必要的文件引入。

settings. gradle 文件用于指定项目中所有引入的模块，当出现多个类似 app 的模块，用户需要在该文件中加以声明。

除了 app 目录外，其他目录和文件都已经介绍完了，即使不太懂也不用过于在意它们，下面我们需要重点关注 app 这个目录，如图 8 – 14 所示。

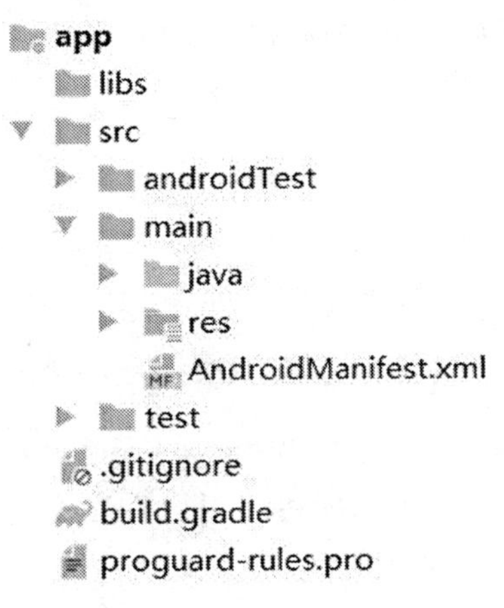


图 8 – 14　app 目录

除了上面文件及目录外，Android Studio 在编译后还会生成 build 文件，里面的内容很复杂，我们只需知道它是编译自动产生的文件即可。

libs 文件夹包含了项目中所需要的第三方 jar 包，在该目录下的 jar 包会自动添加到构建路径中去。

androidTest 目录用来编写 Android Test 测试用例，可以对项目进行一些自动化测试。与之相应的，还有 test 目录，它用来编写 Unit Test 测试用例，是对项目进行自动化测试的另一种方式。

. gitignore 文件和外层的. gitignore 文件类似，用于将 app 模块内的指定目录或文件排除在版本控制之外。

proguard – rules. pro 这个文件用于指定项目代码的混淆规则，它能够通过移除无用代码，使用简短无意义的名称来重命名类、字段和方法，从而能够达到压缩、优化和混淆代码的目的。

build. gradle 文件是 app 模块的 gradle 构建脚本。其中 compileSdkVersion 指编译版本，填写的是 Android 的版本号，比如说 Android5. 1，版本号是 22。minSdkVersion 指最小 sdk 版本，代表的意思是你的 App 最低支持的手机版本。如果你的 minSdkVersion 设置成了 22(Android5. 1)，那么 Apk 在 22 以下系统的手机无法安装，这个选项在 Android Studio 中还有着代码检查的作用。如果你的 minSdkVersion 设置成了 19，但是在代码当中使用了一个 22 才出现的方法，此时编译器就会给用户发出警告。targetSdkVersion 指定的值表示你在目标版本上已经做过了充分的测试，系统将会为你的应用程序启用一些最新的功能和特性，它介于 minSdkVersion 和 compileSdkVersion 值之间。

buildToolsVersion 是 build 工具的版本号。一般每一个 android 版本都会有对应的 buildTools。Android 系统在不断升级，每次添加新特性，就需要新的工具来进行 build，一般来说，这个填到最高就好了，毕竟新的兼容旧的。

dependencies 的整体功能是指定当前项目所有依赖关系：本地依赖、库依赖及远程依赖。本地依赖可以对本地 Jar 包或者目录添加依赖关系；库依赖可以对项目中的库模块添加依赖关系；远程依赖可以对远程库上的开源项目添加依赖，标准的远程依赖格式是域名 + 组织名 + 版本号。在后续编程中，我们经常在此添加官网依赖包来实现功能，或者添加第三方开源依赖包，来简化我们的编程。

在 main 目录下的 java 目录、res 目录、AndroidManifest. xml 文件是 Android 项目必需的。java 目录用来存放 Java 源文件，我们编写的程序都存放到此处。res 目录用于存放 Android 项目的各种资源文件，layout 子目录存放界面布局文件，是用户最直观可以看到的应用程序界面。values 子目录存放各种 XML 格式的资源文件，如字符串资源文件 strings. xml、颜色资源文件 colors. xml、尺寸资源文件 dimens. xml 等。还有 drawable 与 mipmap 目录，它们用于存放各种 Drawable 资源。然而它们之间还是有区别的，前者用于保存与项目相关的各种 Drawable 资源，后者用于保存应用程序启动图标及系统保留的 Drawable 资源，它们的后缀代表了不同的分辨率。在 res 目录添加或者创建资源时，Android 项目在自动生成的一个 Java 类即 R. java 中声明一个 public static final int 类型的字段，用户可以通过 R 文件来引用各种资源文件。

AndroidManifest. xml 文件是 Android 项目的系统清单文件，它用于控制 Android 应用的名称、图标、访问权限等整体属性。除此之外，Android 应用的 Activity、Service、ContentProvider、BroadcastReceiver 这四大组件都需要在该文件中配置。

### 8.2.2　创建 Android 模拟器

之前提过 Android Studio 上的模拟器，如果用户想启动它从哪里可以找到呢？观察 Android Studio 界面，我们可以看到这样一行的工具栏，显示 No Devices，如图 8 – 15 所示。

图 8 – 15　未创建模拟器

这并不是说我们没有安装模拟器，只是没有被创建而已，因为模拟器有很多种类和大小，需要我们自己手动去创建，因此打开 No Device 这个列表，会出现 Open AVD Manager 选项，点击进去会出现如图 8 – 16 所示界面。

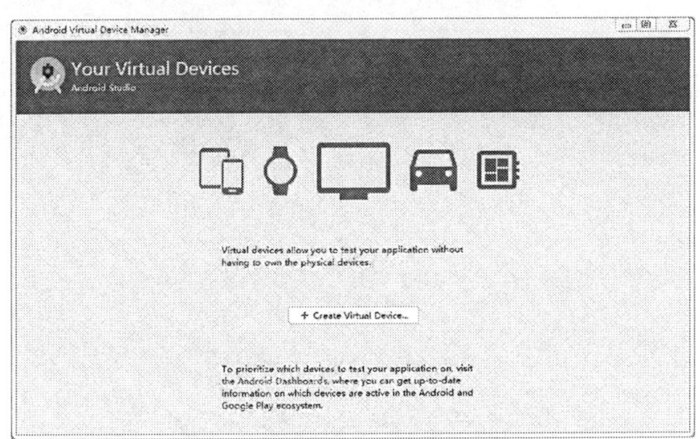


图 8 – 16　模拟设备管理界面

用户若选择中间按键 Create Virtual Device，则出现待选择的许多模拟设备，如图 8 – 17 所示。

这里选择 Phone，并且选择一个手机型号如 Nexus 5，点击 Next（下一步），选择安装在该模拟器上的 Android 系统版本，我们默认选择 Android10（API 级别 29），如图 8 – 18 所示。

继续点击 Next，设置手机的基本信息，默认即可，点击 Finish 就完成了模拟器

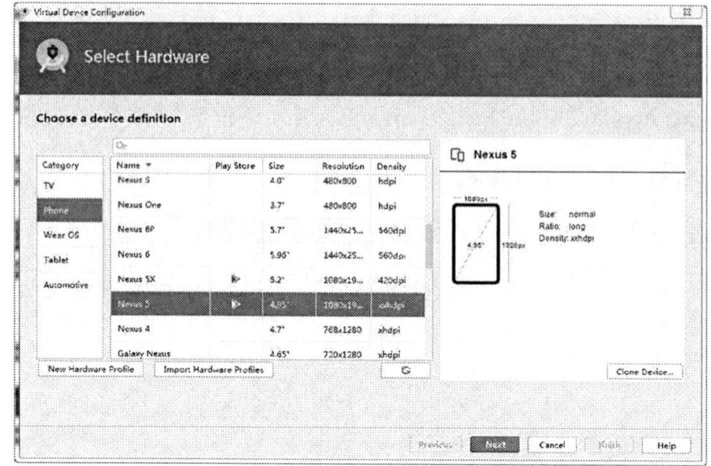


图 8－17　可创建的模拟设备

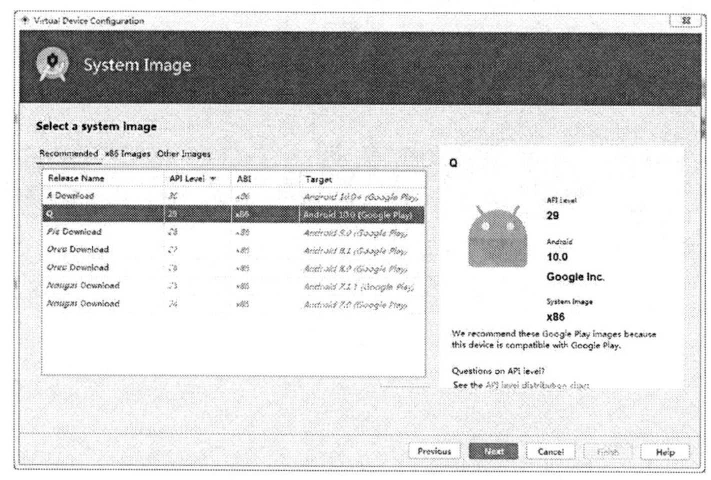


图 8－18　选择 Android 系统版本

的创建,如图 8－19 所示。

点击关闭该对话框,返回 Android Studio 的界面,会发现刚才点击的工具栏发生了变化,如图 8－20 所示。

No Device 变成了 Nexus 5 API 29,这正是我们刚才所创建的模拟器型号和安装的系统版本号。以后如果用户想要启动模拟器,点击右侧的绿色三角即可。

### 8.2.3　Android 应用的界面编程

Android 应用是运行在手机系统上的程序,这种程序给用户的第一印象就是用

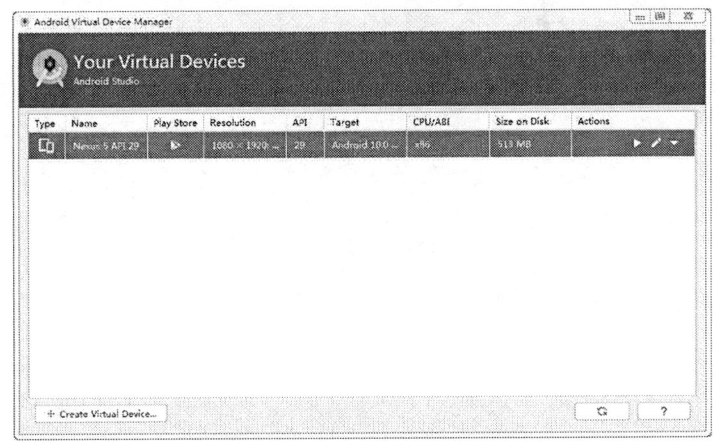


图 8－19　模拟器创建完成

图 8－20　工具栏发生变化

户界面。如果一个应用没有提供友好的图形用户界面,不仅无法将内部逻辑充分展现出来,而且将在人机交互上对用户实际操作带来巨大的障碍。因此作为一个程序设计者,必须重视 Android 应用的界面编程。其实,Android 为开发者提供了大量功能丰富的 UI 组件,只要按照一定规律把这些 UI 组件组合起来,将像搭积木一样,再结合 Android 的事件响应机制,保证图形界面可响应用户的交互操作,就可以轻松地开发出优秀的图形用户界面。

每次新建一个项目,Android Studio 都会在界面布局文件中加入"Hello world!"文本显示,下面我们就来启动这个 HelloWorld 项目。观察 Android Studio 顶部工具栏中的图标,如图 8－21 所示。其中左边的锤子用来编译项目,锤子旁边的下拉列表选择运行哪一个项目,右侧下拉列表选择模拟器类型,最右边的三角按钮运行项目。点击右边的运行按钮,模拟器自动安装,并执行该程序,弹出如图 8－22 所示界面。

图 8－21　顶部工具栏图标

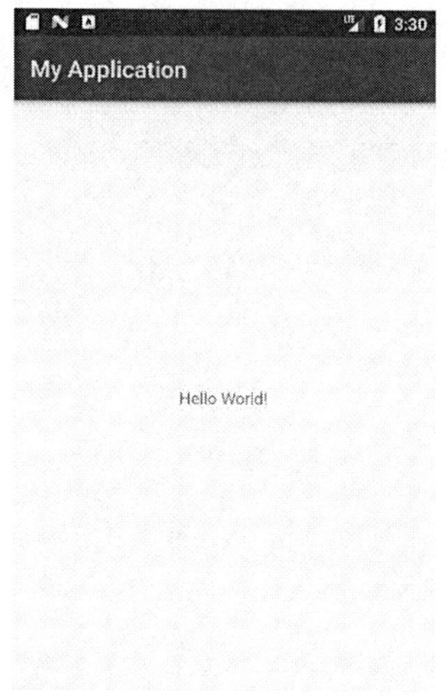


图 8－22　运行 HelloWorld 项目

这里仅仅新建了一个项目，其他什么都没有做，可以直接运行，下面向用户展示它的具体实现过程。

首先关注的是 java 目录下的 MainActivity 文件，它是新建项目后自动生成的，而且文件中的代码有一部分也是已经写好的，这一切都归功于 Android Studio 智能地帮我们完成了初始化。

```
public class MainActivity extends AppCompatActivity {
    @Override
    protected void onCreate(Bundle savedInstanceState) {
        super.onCreate(savedInstanceState);
        setContentView(R.layout.activity_main);
    }
}
```

以上代码在声明的 MainActivity 类中重写了 onCreate 方法，用户需要牢记，Android 项目中的任何活动都应该重写该方法，为什么它这么重要呢？因为该方法除了调用了父类的 onCreate（）方法，还完成了界面的初始化。如调用了 setContentView（）方法来给当前的活动加载一个布局，传入的内容为 R. layout.

activity_main，这其实是一个 int 类型的参数。其中的 R 就是 R 类，该文件在前面已经提过，它相当于项目资源词典，用户创建或者添加的各种资源的 id 都可以在 R 文件中得到。layout 为 res 目录下的界面布局文件，里面自动创建了 activity_main. xml 文件，这里传入的布局就是指该处的布局文件。另外用户可以在 onCreate( )方法中实现绑定控件、设置监听等功能。

接着就来认识一下被加载的 activity_main. xml 布局文件，代码如下：

```
<androidx.constraintlayout.widget.ConstraintLayout
    xmlns:android="http://schemas.android.com/apk/res/android"
    xmlns:app="http://schemas.android.com/apk/res-auto"
    xmlns:tools="http://schemas.android.com/tools"
    android:layout_width="match_parent"
    android:layout_height="match_parent"
    tools:context=".MainActivity">
<TextView
        android:layout_width="wrap_content"
        android:layout_height="wrap_content"
        android:text="Hello World!"
        app:layout_constraintBottom_toBottomOf="parent"
        app:layout_constraintLeft_toLeftOf="parent"
        app:layout_constraintRight_toRightOf="parent"
        app:layout_constraintTop_toTopOf="parent" />
</androidx.constraintlayout.widget.ConstraintLayout>
```

这一段初始化的代码整体的结构很清楚，外层是布局管理器，用户可以把它当作容器，里面可以装入用户想要的控件，这里 Android Studio 默认使用 ConstraintLayout 约束布局。TextView，是容器里面的控件，android：text = "Hello World!"指定了界面上要显示的内容为"Hello World!"，用户不光可以设置内容，还可以设置大小、颜色等属性，涉及具体的代码到后面再讲。

最后我们来看看 AndroidManifest. xml 文件，在此之前，需要用户思考一个问题，在 java 目录下如果有多个 Activity 文件即活动文件，那么在运行程序的时候，怎么知道是先执行哪一个 Activity 呢？或者让哪一个 Activity 执行而不让哪个 Activity 执行呢？这个时候就需要 AndroidManifest. xml 文件。项目中所有的活动都要在 AndroidManifest. xml 中进行注册才能生效，打开看看 MainActivity 是否已经注册，AndroidManifest. xml 部分代码如下：

```
<activity android:name=".MainActivity">
<intent-filter>
<action android:name="android.intent.action.MAIN" />
<category android:name="android.intent.category.LAUNCHER" />
</intent-filter>
</activity>
```

上面代码中 <activity android：name = ". MainActivity" > </activity > 代表注册该活动，另外添加的代码还指定了 MainActivity 为主活动，因此程序一旦运行起来就首先执行该活动。

至此上面的分析可能解决了用户大部分的疑问，但只是显示一段文本太简单了，并且这还是 Android Studio 为用户做好的。如果用户要自己编写界面，需要知道 Android 开发中 UI 组件的使用方法，那么下面就让我们来认识 UI 组件并且加以运用。

### 8.2.4 UI 常用控件

1. TextView

TextView 称为文本框，是 Android 界面中显示文本信息的主要控件。当然它除了显示文本信息外，还是文本编辑器，只是 Android 关闭了它的文字编辑功能，如果开发者想要定义一个可以编辑内容的文本框，则可以使用它的子类 EditText，EditText 允许用户编辑文本框中的内容。TextView 还有一个重要的子类 Button，它具有点击属性，因此，TextView 也是具有点击功能的。TextView 在显示文本信息时有多种属性可以选择，修改 activity_main. xml 中的代码如下：

```
<LinearLayout xmlns:android="http://schemas.android.com/apk/res/android"
    android:layout_width="match_parent"

    android:layout_height="match_parent">
<TextView
        android:id="@+id/text_show"
        android:layout_width="match_parent"
        android:layout_height="wrap_content"
```

```
        android:layout_gravity="center"
        android:gravity="center"
        android:text="Hello World!"
        android:textColor="#828282"
        android:textSize="28sp"/>
</LinearLayout>
```

最外层定义的 LinearLayout 跟前面提到的 ConstraintLayout 一样都是属于布局，都是一种容器，暂时可以忽略，后面会向用户详细讲解。现在我们只需要关注 TextView 控件，android:id 给当前控件定义了一个唯一标识符，然后使用 android:layout_width 和 android:layout_height 指定了控件的宽度，一般选项为 match_parent 和 wrap_content，match_parent 表示当前控件的大小和父布局一样。所以上面代码能让 TextView 的宽度和父布局一样宽。wrap_content 表示当前控件的大小能够刚好包住里面的内容，也就是说，控件的大小随内容变化而变化，因此上面代码中控件的高度将取决于字体的大小。

android:layout_gravity 和 android:gravity 两个属性意思相近，但是作用对象有区别，android:layout_gravity 是相对于包含该元素的父元素来说的，设置该元素在父元素的什么位置，设置属性为 center，控件定位到布局的中心位置。而 android:gravity 是对控件本身来说的，设置控件中的内容应该显示在控件的什么位置，默认值是左侧，设置属性为 center，就将 android:text 中的文字移至 TextView 控件中间位置。

android:textColor 和 android:textSize 就很容易理解了，设置字体的颜色和大小。

完成 TextView 控件的设计后，在 activity_main 界面有如图 8－23 所示选项，可以切换三种模式，点击最右边的 Design，即可看到我们编写的控件的界面了，如图 8－24所示。

图 8－23　视图切换

图 8－24　TextView 显示

2. EditText

EditText 是程序用于和用户进行交互的一个重要的控件,它允许用户在控件里输入和编辑内容,通过在活动中绑定,来对内容进行处理。在发送信息,输入用户密码等操作时,EditText 控件是必不可少的。下面修改 activity_main. xml 中的代码,如下所示:

```
<LinearLayout xmlns:android="http://schemas.android.com/apk/res/android"
    android:layout_width="match_parent"
    android:layout_height="match_parent">
<TextView
```

```
        android:id="@+id/text_show"
        android:layout_width="0dp"
        android:layout_weight="2"
        android:layout_height="wrap_content"
        android:layout_gravity="center"
        android:gravity="center"
        android:text="输入密码："
        android:textSize="22sp"/>
    <EditText
        android:id="@+id/edit_password"
        android:layout_width="0dp"
        android:layout_weight="3"
        android:layout_height="wrap_content"
        android:layout_gravity="center"
        android:hint="密码由纯数字构成"/>
    </LinearLayout>
```

上面代码展示了通过与 TextView 的配合实现提示输入密码的功能，在 EditText 中多了一项新的属性 android:hint，它在用户未输入任何信息时，在输入框中显示出来，起到提示或者暗示作用。除此之外，我们还发现 TextView 和 EditText 中 android:layout_width 都设置为 0dp，多了一个 android:layout_weight，并分别设置为 2 和 3，这也不难理解，2 和 3 很容易让人想到会不会是设置两个控件比例大小，事实上也确实如此。我们点击 Design 视图或者运行模拟器来查看界面是怎么显示这两个控件的，如图 8－25 所示。

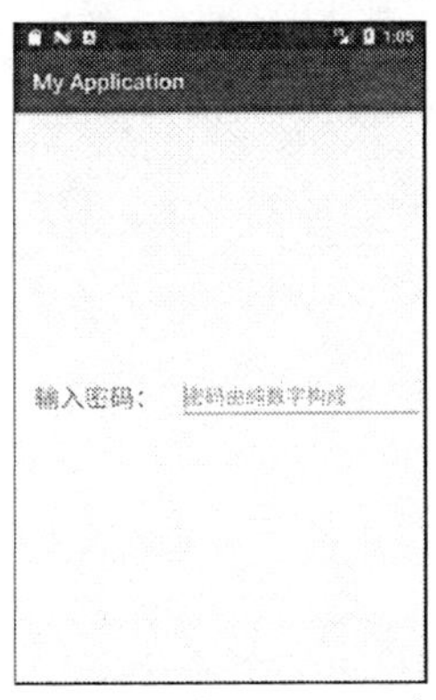


图 8－25　提示输入密码

3．Button

Button 是程序用于和用户进行交互的另一个重要控件，它的最明显特点是让用户点击它来实现某一功能，比如登录。我们刚刚编写的上个界面正好使用，在 activity_main. xml 添加代码如下：

```
<LinearLayout xmlns:android=
    "http://schemas.android.com/apk/res/android"
    android:layout_width="match_parent"
    android:layout_height="match_parent">
    …
<Button
        android:id="@+id/btn_login"
        android:layout_width="0dp"
        android:layout_weight="1"
        android:layout_height="wrap_content"
        android:layout_gravity="center"
        android:text="登录"/>
</LinearLayout>
```

加入 Button 控件代码，运行模拟器界面如图 8－26 所示。

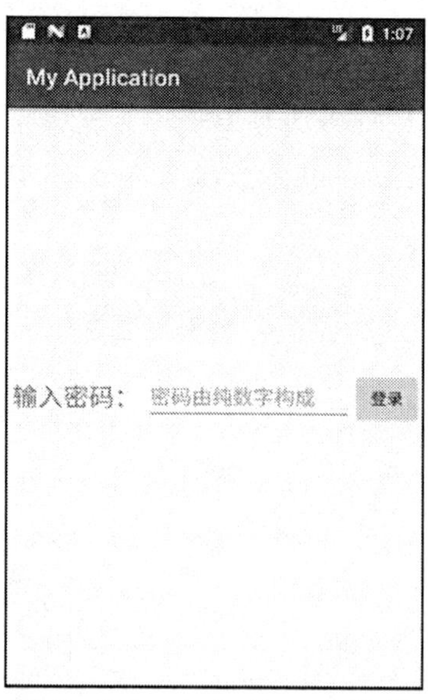


图 8－26　加入 Button 界面

当我们在模拟器中输入一串数字后，点击“登录”按钮，为何什么也没有显示呢？这不奇怪，因为我们做的只是将控件添加到布局中而已，对于每个控件的功能我们还没有实现，具体的实现要在 java 目录下的 MainActivity 中编写代码。修改 MainActivity 中的代码如下：

```
public class MainActivity extends AppCompatActivity {
    final String PASSWORD = "123456";
    EditText edit_password;
    Button btn_login;
    @Override
    protected void onCreate(Bundle savedInstanceState) {
        super.onCreate(savedInstanceState);
        setContentView(R.layout.activity_main);
        edit_password = findViewById(R.id.edit_password);
        btn_login = findViewById(R.id.btn_login);

        btn_login.setOnClickListener(new View.OnClickListener() {
            @Override
            public void onClick(View view) {
                if (edit_password.getText().toString().equals(PASSWORD)){
                    Toast.makeText(MainActivity.this, "密码输入正确！"
,Toast.LENGTH_SHORT).show();
                }else {
                    edit_password.setText(null);
                    Toast.makeText(MainActivity.this, "密码输入错误
，请重新输入！", Toast.LENGTH_SHORT).show();
                }
            }
        });
    }
}
```

对于上面的代码，我们来一步步进行解析。首先我们需要知道，想要操作 activity_main 中编写好的控件，必须先让控件和当前的活动产生联系，Android 将每一种控件声明为一种变量类型，因此先在 MianActivity 类中定义 EditText 和 Button 类型的变量，并在 onCreate 中进行赋值，具体是通过在 findViewById 函数中输入资

源 id 来指定具体的控件。然后我们为 Button 的点击事件注册一个监听器,这样每次点击按钮时,就会执行监听器中的 onClick( )方法, onClick( )方法中我们通过 getText( )方法来获取 EditText 中输入的密码,并且与正确密码进行比较,如果密码正确,则弹出 Toast 提示我们密码正确。Toast 是 Android 系统提供的一种非常好的提醒方式,它不会占用任何的屏幕空间,所以可以将一些简短的信息通过 toast 的方式通知给用户,这些信息过一段时间会自动消失。如果密码输入错误,则调用 EditText 的 setText( )函数,设置参数为 null 清空输入框的内容。解析完了,那我们就启动模拟器运行该程序来检验一下我们的想法,运行效果如图 8 -27 所示。

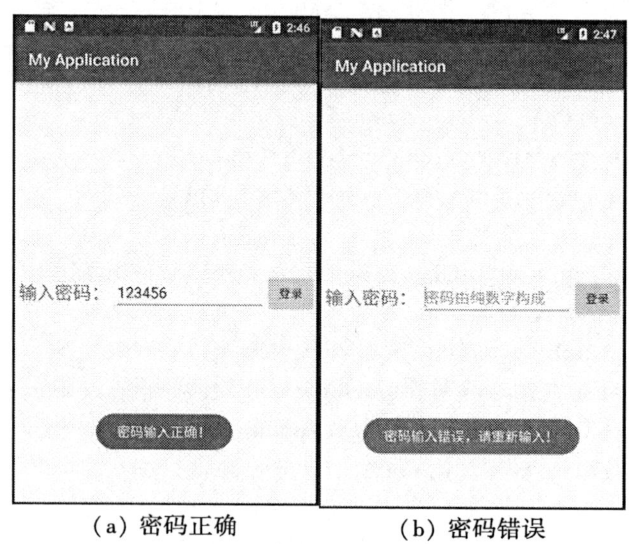


(a) 密码正确　　(b) 密码错误

图 8 -27　密码输入测试效果图

### 8.2.5　布局管理器

一个丰富的界面总是由很多控件组成的,控件很多就会杂乱无章,需要一定的规则来进行约束。前面提到过布局就是这样的容器,里面可以放置很多控件,并且按照一定规律调整内部控件的位置,从而编写出精美的界面。另外,布局也可以相互嵌套,实现更加复杂的功能。下面我们就来介绍两种最常见的布局。

1. 线性布局

在介绍控件内容时,所用到的 LinearLayout 就是线性布局,正如它的名字所描述一样,这个布局所包含的控件按照线性方向一次排列,这就包含了水平方向和垂直方向,Android 默认水平方向,可以通过 android: orientation = " vertical" 来设置

LinearLayout 为垂直方向。下面修改 activity_main. xml 中的代码,如下所示:

```
<LinearLayout xmlns:android
        ="http://schemas.android.com/apk/res/android"
    android:layout_width="match_parent"
    android:layout_height="match_parent"
    android:orientation="vertical">
<Button
        android:layout_width="wrap_content"
        android:layout_height="wrap_content"
        android:text="button1"/>
<Button
        android:layout_width="wrap_content"
        android:layout_height="wrap_content"
        android:text="button2"/>
<Button
        android:layout_width="wrap_content"
        android:layout_height="wrap_content"
        android:text="button3"/>
</LinearLayout>
```

我们在 LinearLayout 中加入了 3 个 Button,并指定排列方向为 vertical。三个按键将按垂直方向依次排列,如图 8 - 28 所示。

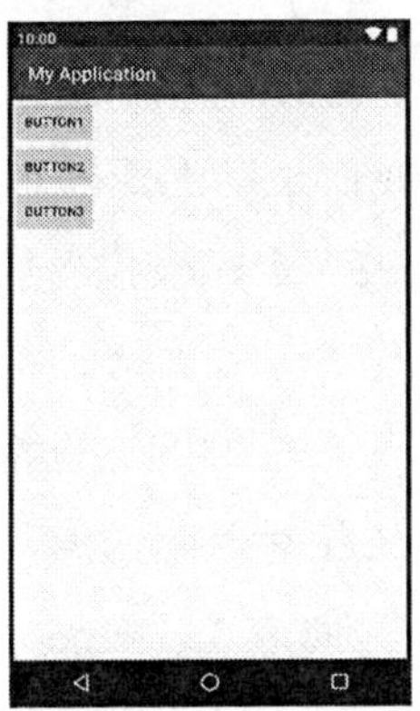


图 8 - 28　按键垂直排列

如果将 android:orientation 属性改为 horizontal,或者去掉该属性,三个按键将按水平方向依次排列,如图 8 - 29 所示。

图 8 - 29　按键水平排列

使用线性布局需要注意的是，当设定 android:orientation 的值为 horizontal 时，控件使用 layout_gravity 属性，设置为 android:layout_gravity = "center_horizontal"，则不起作用，因为线性布局已经指定排列方式为水平，控件只能依次排列不能进行跳跃。

2. 约束布局

约束布局基本上取代了之前最常用的相对布局 RelativeLayout，又因为使用约束布局设计的界面在不同大小的手机上兼容性很好，所以也作为 Android 官方推荐的布局。相较于线性布局，约束布局中的控件其实并不约束，相反是很自由、很灵活的。只需要在水平和垂直方向上指定与其他控件或者父布局四个边的间距值就可以了。在使用约束布局布置控件时，建议直接切换 design 视图，通过拖动模拟界面左侧的控件列表中的控件进行手动添加。首先拖动 Button 至模拟视图中，点击 Button 在周围出现四个带圈圈的点，拖动上面的点至父布局上边界，拖动左边的点至父布局左边界，这时 Button 就被固定在模拟界面的左上角，如图 8 - 30 所示。

在右侧的 Layout 列表中，如图 8 - 31 所示。可以精确控制按钮与父布局的相对距离。需要注意的是，当 Button 右边的圆点也拖至父布局的右侧时，Button 将居中，无法修改左右方向上与父布局相对距离的值。

如果此时修改模拟视图右侧列表 Declared Attributes 中 layout_width 的值为 0dp，Button 将水平拉伸至与父布局左右两侧贴合，如图 8 - 32 所示。

### 8.2.6　ListView 的使用

这一部分我们来学习一下 Android 中一个十分常见且实用的控件 ListView，它

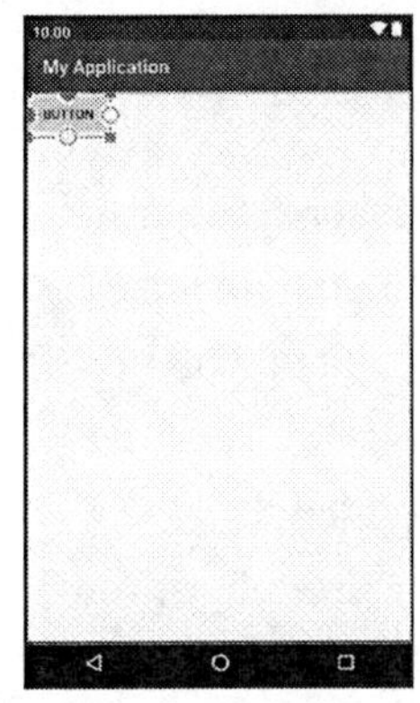


图 8－30　约束布局的设计界面

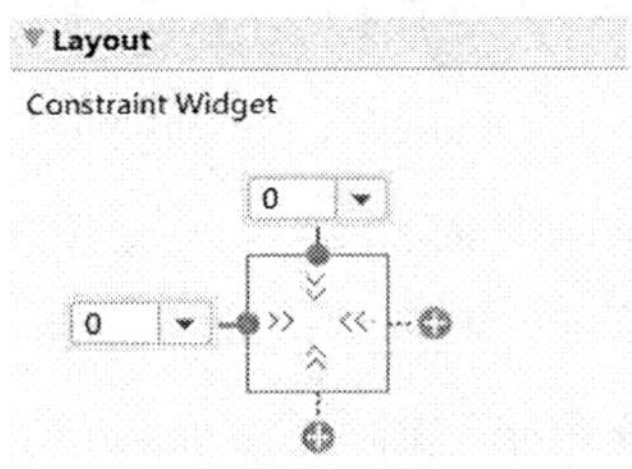


图 8－31　设置约束的相对位置

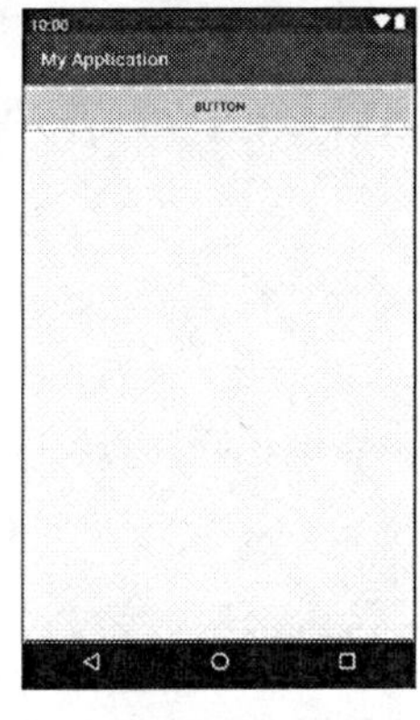


图 8－32　Button 宽度改变

比前面接触的控件要复杂很多,它的主要功能是将数据以滚动形式在屏幕中显示,用户可以滑动屏幕,来显示屏幕外的数据信息。平时在手机上浏览新闻、看小说、显示聊天记录时都会使用它,所以它的实用性还是很强的。下面我们就通过一个例子来学习 ListView 的使用吧。

既然 ListView 是一种控件,那么我们可以将它添加到布局中,修改 activity_

mian. xml 中代码如下：

```
<LinearLayout
    xmlns:android ="http://schemas.android.com/apk/res/android"
    android:layout_width="match_parent"
    android:layout_height="match_parent">
    <ListView
    android:id="@+id/list_view"
    android:layout_width="match_parent"
    android:layout_height="match_parent"/>
</LinearLayout>
```

这里添加的 ListView，指定了 id 属性，并且将宽度和高度都设为 match_parent，让 List View 显示的范围为整个手机屏幕。下面我们就想着怎么往 ListView 里面加入数据，让数据内容在 ListView 中显示出来。不过在填充数据之前，我们更应该考虑，这些数据应该先暂存到哪呢？我们可以先假设存储的是通信录，在通信录中会有联系人和联系电话，因此我们先新建一个 People 类。

在 java 目录中 com. example. myapplication 包里点击右键会蹦出来一堆选项列表，鼠标移动至 new 选项，右侧有需要新建的各种文件格式，选择 Java Class。在弹出来的窗口中填入类名 People，然后 Enter 回车即可。添加的代码如下：

```
public class People {
    private String name;
    private int number;
    public People(String name,int number){
        this.name = name;
        this.number = number;
    }
    public void setName(String name) {
        this.name = name;

    }
    public void setNumber(int number) {
        this.number = number;
    }
}
```

People 类中有两个成员变量，name 代表联系人姓名，number 代表联系人电话。我们在 MainActivity 中初始化通信录并且绑定 ListView。MainActivity 中的代码如下：

```
public class MainActivity extends AppCompatActivity {
    private ListView mListView;
    private ArrayList<People> mPeopleList = new ArrayList<>();
    @Override
    protected void onCreate(Bundle savedInstanceState) {
        super.onCreate(savedInstanceState);
        setContentView(R.layout.activity_main);
        mListView = findViewById(R.id.list_view);
        initPeople();
    }
    private void initPeople(){
        for (int i = 0; i<3; i++){
            mPeopleList.add(new People("张三", 1234567890));
            mPeopleList.add(new People("李四", 1234567890));
            mPeopleList.add(new People("王五", 1234567890));
            mPeopleList.add(new People("赵六", 1234567890));
            mPeopleList.add(new People("孙七", 1234567890));
            mPeopleList.add(new People("周八", 1234567890));
        }
    }
}
```

这一部分代码中，我们手动初始化了联系人信息，用简单的十位数字代表电话号码，并创建了 ArrayList 集合添加了 People 对象，将 ArrayList 作为暂时存储数据的容器。我们最终的要求是让每个人的信息都在 ListView 子项中显示，因此需要显示每个子项的布局。我们手动创建子项布局，在 layout 目录下选择 Layout Resource File 文件格式，新建 people_item. xml，代码如下：

```
<LinearLayout
    xmlns:android="http://schemas.android.com/apk/res/android"
    android:layout_width="match_parent"
    android:layout_height="match_parent"
    android:orientation="vertical">
<TextView
        android:id="@+id/text_name"
        android:layout_width="wrap_content"
        android:layout_height="wrap_content"
        android:textSize="22sp"/>
<TextView
       android:id="@+id/text_number"
        android:layout_width="wrap_content"
        android:layout_height="wrap_content"
        android:textSize="20sp"/>
</LinearLayout>
```

在这个布局中我们设置 android:orientation = "vertical",在竖直方向上显示两个文本框信息。现在已经准备好了 People 类作为要填充的数据,并且也编写了能显示 People 类信息的布局,怎么把这些东西都联系起来并在 ListView 中显示呢?其实这就需要一个叫作适配器 Adapter 的工具,适配器建立了数据源与 ListView 之间的适配关系,将数据源转换为 ListView 能够显示的数据格式,从而将数据的来源与数据的显示进行解耦,降低程序的耦合性。

再新建 PeopleListAdapter 类,并让它继承于 BaseAdapter,它也是适配器,并且也是最基础最实用的 Adapter 类。继承后,在 Android Studio 代码提示下重写其父类的四个方法,添加代码如下:

继承 BaseAdapter 后重载的四个方法为 getCount()、getItem()、getItemId()、getView()。getCount()用于告诉 ListView 一共有多少子项,直接返回数据源的大小就可以了。getItem()和 getItemId()分别返回对应的子项和该子项在 ListView 的位置。最后 getView()函数中要实现的内容有点多,先在 ListView 中加入子项布局 people_item.xml,然后通过传入参数 i,获得当前子项对象,之后声明两个 TextView,将对象中 name 和 number 作为文本信息在两个控件中显示出来,最后就是返回当前的视图给 ListView。除了四个重载方法外,我们还添加了包含参数的构造方法,这里传两个参数,一是 ArrayList 集合作为数据传进来。另一是活动的上下文,将该参数传入函数 LayoutInflater. from( )中,可以获得一个布局变量,这个布局也就是与 MainActivity 绑定的 ListView 控件,得到该布局后,可以在里面中添加子项布局。

另外用户还要在 MainActivity 中添加代码如下:

```
public class MainActivity extends AppCompatActivity {
    private ListView mListView;
    private ArrayList<People> mPeopleList = new ArrayList<>();
    @Override
    protected void onCreate(Bundle savedInstanceState) {
        super.onCreate(savedInstanceState);
        setContentView(R.layout.activity_main);
        mListView = (ListView)findViewById(R.id.list_view);
        initPeople();
        PeopleListAdapter adapter = new
        PeopleListAdapter(MainActivity.this, mPeopleList);
        mListView.setAdapter(adapter);
    }
    …
}
```

新添加的两句代码将我们刚刚编写的 PeopleListAdapter 类实例化,这里传入当前的活动和已经初始化的集合 mPeopleList。并将实例化的对象 adapter 作为适配器传递给 ListView,这样 ListView 界面就能正常显示了。现在运行程序,效果如图 8 – 33 所示。

### 8.2.7　RecyclerView 的使用

在使用 RecyclerView 的时候需要在模块的 build. gradle 中添加如下内容:

```
implementation 'androidx.recyclerview:recyclerview:1.1.0'
```

或者点击 Android Studio 工具栏 File,在列表中选择 Project Structure,并打开,如图 8 – 34 所示。

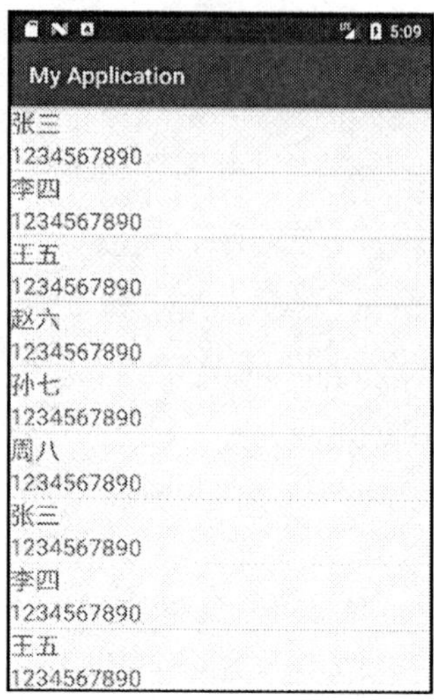


图 8－33　ListView 运行效果

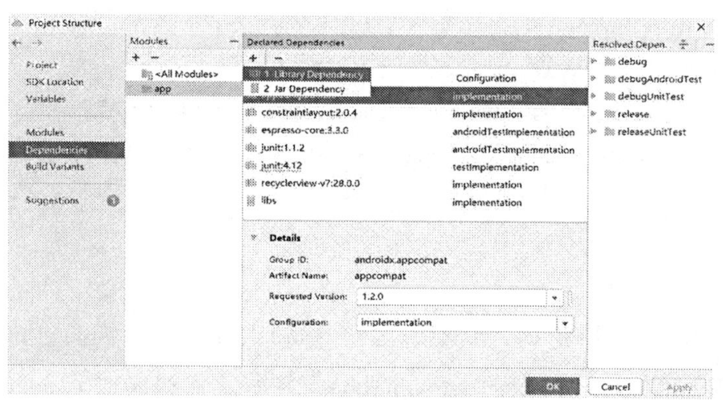


图 8－34　Project Structure 界面

在 Project Structure 界面中 Declared Dependencies 部分中点击加号选择添加 Library Dependency 即添加新的库依赖包，之后会跳出如图 8－35 所示界面。

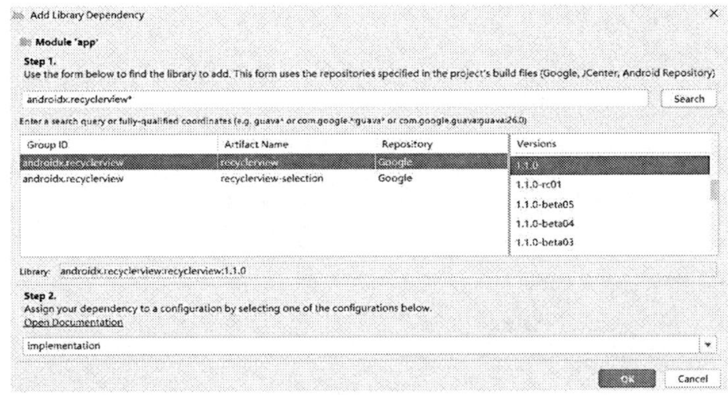


图 8 – 35　Add Library Dependency 界面

在 Step1 步骤中填入要搜索的依赖包名称 androidx. recyclerview *，点击 Search 搜索即可，在搜索得到的列表中选择 Artifact Name 为 recyclerview，版本号为 1. 1. 0。在 Step2 步骤中选择 implementation，最后点击 OK 会返回到原来的 Project Structure 界面，在右下角点击 Apply，则系统会自动添加依赖包到 build. gradle 中，当改变 build. gradle 文件内容时，Android Studio 都会在界面上方弹出提示框如图 8 – 36 所示。

Gradle files have changed since last project sync. A project sync may be necessary for the IDE to work properly.

图 8 – 36　更新设置的提示框

用户点击右侧的 Sync Now 即可完成更新设置。准备工作已经完成了，下面就来学习一下 RecyclerView 的具体使用。首先编写一个类似于 ListView 的界面，和 ListView 使用一样，用户需要在 activty_main. xml 中添加一个与父布局等大的 RecyclerView 控件，后续用来显示子项，代码如下：

```
<LinearLayout xmlns:android="http://schemas.android.com/apk/res/android"
    android:layout_width="match_parent"
    android:layout_height="match_parent">
<androidx.recyclerview.widget.RecyclerView
        android:id="@+id/recyclerview"
        android:layout_width="match_parent"
        android:layout_height="match_parent"/>
</LinearLayout>
```

由于 RecyclerView 不是内置在系统 SDK 中，需要把其完整的包名路径写出来，添加完成后，新建 Person. java 文件，代码如下：

```
public class Person {
    private String name;
    private int imageId;
    public Person(String name,int imageId){
        this.name = name;
        this.imageId = imageId;
    }
    public String getName() {
        return name;
    }
    public int getImageId() {
        return imageId;
    }
}
```

这里设置有头像和姓名的 Person 对象,并添加 getName( )和 getImageId( )方法获得该对象的姓名和头像。再新建 person_item. xml 文件用来显示单个 Person 对象,代码如下:

```
<LinearLayout
    xmlns:android="http://schemas.android.com/apk/res/android"
    android:layout_width="match_parent"
    android:layout_height="wrap_content"
    android:orientation="horizontal">
<ImageView
        android:id="@+id/person_image"
        android:layout_width="80dp"
        android:layout_height="80dp"/>
<TextView
        android:id="@+id/person_name"
        android:textSize="26sp"
        android:layout_gravity="center"
        android:layout_marginLeft="40dp"
        android:layout_width="wrap_content"
        android:layout_height="wrap_content"/>
</LinearLayout>
```

由于 Person 对象的姓名和头像是水平显示，所以将父布局中的 orientation 属性设置为 horizontal。在 LinearLayout 布局中添加 ImageView 控件用来装载图片，这里的高和宽设置为固定大小，用 TextView 控件显示姓名，设置 layout_gravity 为 center，将姓名垂直居中。然后为 RecyclerView 添加适配器 PersonAdapter，并让其继承于 RecyclerView，把泛型指定为 PersonAdapter. ViewHolder。代码如下：

```
public class PersonAdapter extends RecyclerView.Adapter<PersonAdapter.
    ViewHolder>{
    private List<Person> mPersonList;
    static class ViewHolder extends RecyclerView.ViewHolder{
        ImageView personImage;
        TextView personName;
        public ViewHolder(View view){
            super(view);
            personImage = (ImageView)view.findViewById(R.id.
               person_image);
            personName = (TextView)view.findViewById(R.id.person_name);
        }
    }
    public PersonAdapter(List<Person> mPersonList){
        this.mPersonList = mPersonList;
    }
    @NonNull
    @Override
    public ViewHolder onCreateViewHolder(@NonNull ViewGroup parent
, int viewType) {
        View view = LayoutInflater.from(parent.getContext())
.inflate(R.layout.item_person,parent,false);
        ViewHolder holder = new ViewHolder(view);
        return holder;
    }
    @Override
    public void onBindViewHolder(@NonNull ViewHolder holder
, int position) {
```

```
            Person mPerson = mPersonList.get(position);
            holder.personImage.setImageResource(mPerson.getImageId());
            holder.personName.setText(mPerson.getName());
        }
        @Override
        public int getItemCount() {
            return mPersonList.size();
        }
    }
```

在上面代码中,编写的 PersonAdapter 中定义了内部类 ViewHolder,并继承 RecyclerView. ViewHolder。传入的 View 参数是 RecyclerView 子项的最外层布局,也就是用户在 activity_main. xml 中添加的 RecyclerView 控件。PersonAdapter 构造方法用于传入外部初始化的 Person 集合,将传入集合赋值给当前全局变量 mPersonList。另外,如果 PersonAdapter 继承 RecyclerView. Adapter,需重写 onCreateViewHolder( ), onBindViewHolder( )和 getItemCount( )三个方法。onCreateViewHolder( )用于创建 ViewHolder 实例,创建一个 View 对象用来接收子布局信息,并将 View 对象传入 ViewHolder 构造方法中,最后把 ViewHolder 实例返回。onBindViewHolder( )则是用于对子项的数据进行赋值,会在每个子项被滚动到屏幕内时执行。position 得到当前项的 Person 实例。getItemCount( )返回 RecyclerView 的子项数目。下面我们就来编写 MainActivity 中的内容,代码如下:

```
public class MainActivity extends AppCompatActivity {
    private List<Person> mPersonList = new ArrayList<>();
    @Override
    protected void onCreate(Bundle savedInstanceState) {
        super.onCreate(savedInstanceState);
        setContentView(R.layout.activity_main);
        initPerson();
        RecyclerView recyclerView =
        (RecyclerView)findViewById(R.id.recyclerview);
        LinearLayoutManager layoutManager = new LinearLayoutManager(this);
        recyclerView.setLayoutManager(layoutManager);
        PersonAdapter adapter = new PersonAdapter(mPersonList);
```

```
            recyclerView.setAdapter(adapter);
        }
    }
```

在 onCreate( ) 方法中,我们首先初始化了 mPersonList,这里手动添加 4 个 Person 对象,用 for 语句循环 10 次来填充 RecyclerView,代码如下:

```
    private void initPerson(){
        for (int i = 0; i < 10; i++){
            mPersonList.add(new Person("张三",R.drawable.zhangsan));
            mPersonList.add(new Person("李四",R.drawable.lisi));
            mPersonList.add(new Person("王五",R.drawable.wangwu));
            mPersonList.add(new Person("赵六",R.drawable.zhaoliu));
        }
    }
```

初始化 mPersonList 集合后,我们再初始化 RecyclerView 控件,下面我们创建一个 LayoutManager 对象,LayoutManager 称为布局管理器,RecyclerView 能够支持各种各样的布局效果,这是 ListView 所不具备的功能,而这个功能实现的核心关键在于 RecyclerView. LayoutManager 类中, RecyclerView 提供了三种布局管理器:LinerLayoutManager 以垂直或者水平列表方式展示 Item,GridLayoutManager 以网格方式展示 Item,StaggeredGridLayoutManager 以瀑布流方式展示 Item。另外,如果你想用 RecyclerView 来实现自定义效果,还可以通过继承 LayoutManager,并重写相应的方法来实现。目前我们使用 LinerLayoutManager,稍后我们将演示后两种布局管理器的效果。后面的代码是装载 RecyclerView 的布局管理器和装载适配器。运行程序后效果如图 8 – 37 所示。

图 8 – 37　使用 RecyclerView 垂直展示 item

下面我们修改 RecyclerView 显示的效果，将垂直滑动改为横向滚动，代码很简单，只需要设置 MainActivity 中的 LinearLayoutManager 默认垂直方向为水平方向即可，修改代码如下：

```
public class MainActivity extends AppCompatActivity {
    private List<Person> mPersonList = new ArrayList<>();
    @Override
    protected void onCreate(Bundle savedInstanceState) {
        …
        LinearLayoutManager layoutManager = new LinearLayoutManager(this);
        layoutManager.setOrientation(RecyclerView.HORIZONTAL);
    recyclerView.setLayoutManager(layoutManager);
        PersonAdapter adapter = new PersonAdapter(mPersonList);
        recyclerView.setAdapter(adapter);
    }
}
```

上面代码中加粗部分即为添加内容，下面我们运行程序，效果如图 8 – 38 所示。

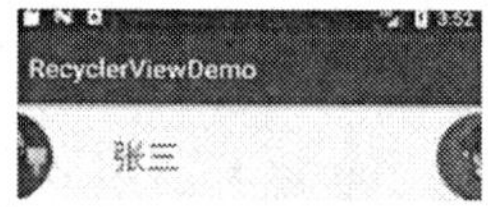


图 8 – 38　使用 RecyclerView 水平展示 item

虽然不是很明显，但是还是可以看出 RecyclerView 子项是水平排列的，如果要进一步美化，需要减少每个子项的水平间距，修改 item_person. xml 文件代码如下：

```
<LinearLayout
    xmlns:android="http://schemas.android.com/apk/res/android"
    android:layout_width="wrap_content"
    android:layout_height="wrap_content"
    android:layout_marginRight="40dp"
    android:orientation="horizontal">
    …
</LinearLayout>
```

除了 LinearLayoutManager，上面我们还介绍有网格布局 GridLayoutManager 和瀑布流布局 StaggeredGridLayoutManager。如果将瀑布流布局中排列方向设置为垂

直方向,则这两个布局效果非常相似,但还是有一些区别的。我们先来看网格布局,修改 MainActivity 中代码如下:

```
public class MainActivity extends AppCompatActivity {
    private List<Person> mPersonList = new ArrayList<>();
    @Override
    protected void onCreate(Bundle savedInstanceState) {
        …
        RecyclerView recyclerView
            =(RecyclerView)findViewById(R.id.recyclerview);
    GridLayoutManager layoutManager = new GridLayoutManager(this,3);
  recyclerView.setLayoutManager(layoutManager);
        PersonAdapter adapter = new PersonAdapter(mPersonList);
        recyclerView.setAdapter(adapter);
    }
}
```

修改完上面的代码,就可以显示网格布局的效果了,在创建 GridLayoutManager 对象时需要传入 Context 对象以及一个 int 值,这个值用来设置网格的列数,此处设置为 3,即展示三列。为了与瀑布流布局效果对比,我们又修改了 initPerson( )方法中的代码:

```
private void initPerson(){
    for (int i = 0; i < 10; i++){
        mPersonList.add(new Person("张三张三张三",R.drawable.zhangsan));
        mPersonList.add(new Person("李四李四李四李四",R.drawable.lisi));
        mPersonList.add(new Person("王五王五王五王五王五
",R.drawable.wangwu));
        mPersonList.add(new Person("赵六赵六赵六赵六赵六赵六
",R.drawable.zhaoliu));
    }
}
```

另外,之前我们设置的 RecyclerView 每个子项在屏幕空间中占据较大,因此更改 item_person. xml 代码如下:

```
<LinearLayout
    xmlns:android="http://schemas.android.com/apk/res/android"
    android:layout_width="wrap_content"
    android:layout_height="wrap_content"
    android:layout_marginRight="10dp"
    android:orientation="horizontal">
<ImageView
        android:id="@+id/person_image"
        android:layout_width="50dp"
        android:layout_height="50dp"/>
<TextView
        android:id="@+id/person_name"
        android:textSize="22sp"
        android:layout_gravity="center"
        android:layout_marginLeft="10dp"
        android:layout_width="wrap_content"
        android:layout_height="wrap_content"/>
</LinearLayout>
```

运行程序,效果如图 8 - 39 所示。

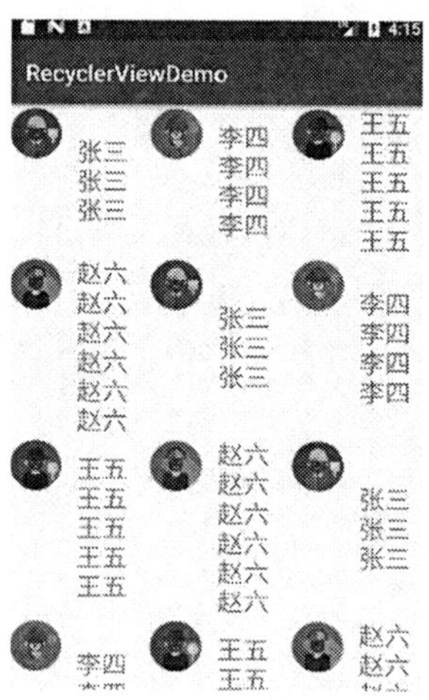


图 8 - 39　网格布局展示 item

继续修改代码,来观察瀑布流布局的效果,修改 MainActivity 代码如下:

```
public class MainActivity extends AppCompatActivity {
    private List<Person> mPersonList = new ArrayList<>();
    @Override
    protected void onCreate(Bundle savedInstanceState) {
        …
            RecyclerView recyclerView
=(RecyclerView)findViewById(R.id.recyclerview);
StaggeredGridLayoutManager layoutManager = new
StaggeredGridLayoutManager(3,StaggeredGridLayoutManager.VERTICAL);
recyclerView.setLayoutManager(layoutManager);
            PersonAdapter adapter = new PersonAdapter(mPersonList);
            recyclerView.setAdapter(adapter);
    }
}
```

StaggeredGridLayoutManager 对象传入 2 个参数，第一个是布局的列数，第二个是布局的排列方向，这里指定列数为 3，排列方向是垂直方向，运行程序，效果如图 8 – 40 所示。

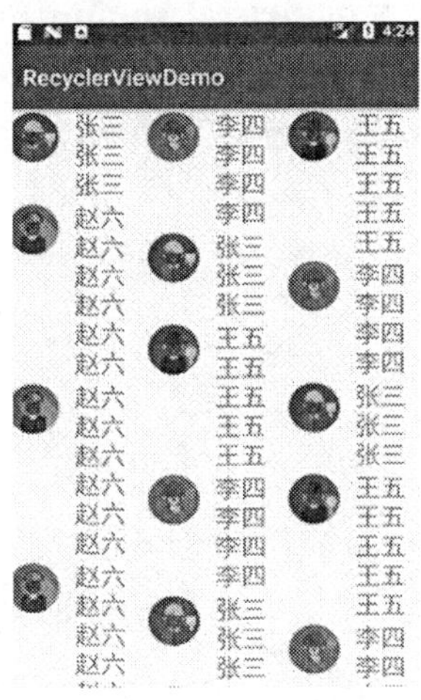


图 8 – 40　垂直方向的瀑布流布局效果

现在来看看两者的区别，GridLayoutManager 固定高度，会留下很多空白区域。相反，StaggeredGridLayout 并不固定高度，以至于就算子项的高度不一致，下一行会自动靠拢上一行。

和 ListView 一样，RecyclerView 也要能响应点击事件才可以，毕竟我们要进行选择，不过不同于 ListView，RecyclerView 并没有提供类似 setOnItemClickListener( ) 这样的注册监听方法，而是需要我们自己给每一个子项具体的 View 手动注册点击事件，因此在设置点击事件时，会稍微麻烦点，但是这个缺点正是 RecyclerView 的优点，如果所有的点击事件都由具体的 View 去注册，则会给程序带来巨大的灵活性。下面我们就来编写注册监听事件的代码吧。这里只需要修改适配器 PersonAdapter 中的代码即可：

```
@Override
public ViewHolder onCreateViewHolder(@NonNull ViewGroup parent,
   int viewType) {
      View view = LayoutInflater.from(parent.getContext())
.inflate(R.layout.item_person,parent,false);
      final ViewHolder holder = new ViewHolder(view);
      holder.personView.setOnClickListener(new View.OnClickListener() {
            @Override
            public void onClick(View v) {
                  int position = holder.getAdapterPosition();
                  Person mPerson = mPersonList.get(position);
                  Toast.makeText(v.getContext(), "Name: "+mPerson.getName(),
Toast.LENGTH_SHORT).show();
            }

      });
      return holder;
}
```

这里先修改了 ViewHolder，增加修饰符 final，使得后面在 onClick( ) 方法中能够正常引用。然后在当前 View 对象中添加注册监听事件，在 onClick( ) 中设置变量 position 获得当前子项位置，创建 Person 对象，获取姓名，使用 Toast 来简化触发点击后的效果。

### 8.2.8 输出日志

Android SDK 中提供了 Log 类来获取程序运行时的日志信息，该类位于 android. util 包中，它继承自 java. lang. Object 类。Log 类提供了一些方法用来输出日志信息。Log.e()方法用来输出ERROR错误日志信息。Log.w()方法用来输出WARN警告日志信息。Log.i()方法用来输出INFO程序日志信息。Log.d()方法用来输出DEBUG调试日志信息。Log.v()方法用来输出VERBOSE冗余日志信息。打开MainActivity,创建一个String类型的TAG常量,在重写的onCreate()中使用日志API方法输出错误、警告、普通、调试和冗余日志信息,代码如下:

```
public class MainActivity extends AppCompatActivity {
    private static final String TAG = "MainActivity" ;
    @Override
    protected void onCreate(Bundle savedInstanceState) {
        super.onCreate(savedInstanceState);
        setContentView(R.layout.activity_main);
        Log.e(TAG, "onCreate: 错误信息");
        Log.w(TAG, "onCreate: 警告信息");
        Log.i(TAG, "onCreate: 普通信息");
        Log.d(TAG, "onCreate: 调试信息");
        Log.v(TAG, "onCreate: 冗余信息");
    }
}
```

在Android Studio底部单击LogCat按钮,进入日志面板,可以选择日志类型以及在过滤器中搜索关键字。

### 8.2.9 Activity

Activity是Android应用的重要组成单元之一(另外三个是Service、BroadcastReceiver和ContentProvider),而Activity又是Android应用最常见的组件之一。前面看到的示例通常都只包含一个Activity,但在实际应用中这是不大可能的,往往包括多个Activity,不同的Activity向用户呈现不同的操作界面。Android应用的多个Activity组成Activity栈,当前活动的Activity位于栈顶。Android应用要求所有应用程序组件(Activity、ContentProvider、BroadcastReceiver)都必须显式进行配置。只要为<application.../>元素添加<activity.../>子元素即可配置Activity。例如如下的配置片段:

```
<activity
    android:name=".SampleActivity"
    android:icon="@drawable/icon.png"
    android:label="@string/label"
    android:exported="true"
    android:launchMode="singleInstance">
    …
</activity>
```

从上面的配置片段可以看出,配置 Activity 时通常指定如下几个属性。name 指定该 Activity 的实现类的类名。icon 指定该 Activity 对应的图标。label 指定该 Activity 的标签。exported 指定该 Activity 是否允许被其他应用调用。如果将该属性设为 true,那么该 Activity 将可以被其他应用调用。launchMode 指定该 Activity 的加载模式,该属性支持 standard、singleTop、singleTask 和 singleInstance 这 4 种加载模式。除此之外,配置 Activity 时通常还需要指定一个或多个 < intent - filter... >元素,该元素用于指定该 Activity 可响应的 Intent。

一个 Android 应用通常都会包含多个 Activity,但只有一个 Activity 会作为程序的入口。当该 Android 应用运行时将会自动启动并执行该 Activity。至于应用中的其他 Activity,通常都由入口 Activity 启动,或由入口 Activity 启动的 Activity 启动。Activity 启动其他 Activity 有如下两个方法。startActivity(Intent intent)用来启动其他 Activity。startActivityForResult(Intent intent, int requestCode)以指定的请求码(requestCode)启动 Activity,而且程序将会获取新启动的 Activity 返回的结果(通过重写 onActivityResult(..)方法来获取)。启动 Activity 时可指定一个 requestCode 参数,该参数代表了启动 Activity 的请求码。这个请求码的值由开发者根据业务自行设置,用于标识请求来源。

上面两个方法都用到了 Intent 参数,Intent 是 Android 应用里各组件之间通信的重要方式,一个 Activity 通过 Intent 来表达自己"意图"即想要启动哪个组件,被启动的组件既可是 Activity 组件,也可是 Service 组件。Android 为关闭 Activity 准备了如下两个方法。finish()表示结束当前 Activity。finishActivity(intrequestCode)则结束以 startActivityForResult(Intent intent,intrequestCode)方法启动的 Activity。

当一个 Activity 启动另一个 Activity 时,常常会有一些数据需要传过去,对于

Activity 而言，在 Activity 之间进行数据交换很简单，因为两个 Activity 之间本来就有一个“信使”即 Intent，因此我们主要将需要交换的数据放入 Intent 中即可。Intent 提供了多个重载的方法来“携带”额外的数据，putExtras( ) 向 Intent 中放入需要“携带”的数据包。getExtras( ) 则取出 Intent 中所“携带”的数据包。putExtra( ) 向 Intent 中按 key – value 对的形式存入数据。getXxxExtra( String name) 从 Intent 中按 key 取出指定类型的数据。

当 Activity 处于 Android 应用中运行时，它的活动状态由 Android 以 Activity 栈的形式管理，当前活动的 Activity 位于栈顶。随着不同应用的运行，每个 Activity 都有可能从活动状态转入非活动状态，也可能从非活动状态转入活动状态。归纳起来，Activity 大致会经过如下 4 种状态。

(1) 运行状态：当前 Activity 位于前台，用户可见，可以获得焦点。

(2) 暂停状态：其他 Activity 位于前台，该 Activity 依然可见，只是不能获得焦点。

(3) 停止状态：该 Activity 不可见，失去焦点。

(4) 销毁状态：该 Activity 结束，或 Activity 所在的进程被结束。

Activity 生命周期图及其回调方法如图 8 – 41 所示。可以看出，在 Activity 的生命周期中，如下方法会被系统回调。

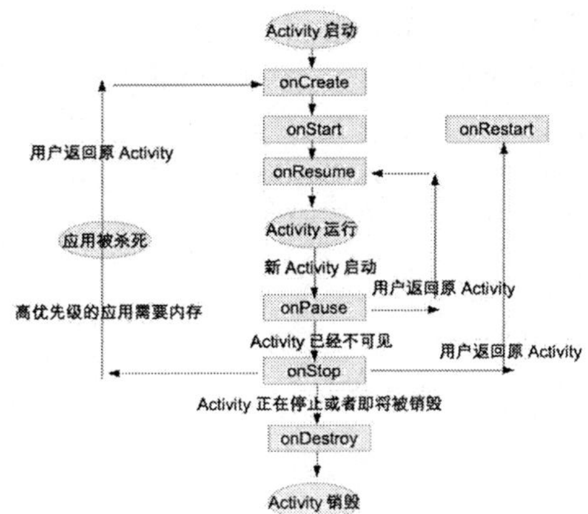


图 8 – 41　Activity 生命周期图及其回调方法

onCreate( )：创建 Activity 时被回调。该方法只会被调用一次。

onStart( )：启动 Activity 时被回调。

onRestart( ):重新启动 Activity 时被回调。

onResume( ):恢复 Activity 时被回调。在 onStart( )方法后一定会回调 onResume( )方法。

onPause( ):暂停 Activity 时被回调。

onStop( ):停止 Activity 时被回调。

onDestroy( ):销毁 Activity 时被回调。该方法只会被调用一次。

其中最常见的就是覆盖 onCreate(BundlesaveStatus)方法,前面所有示例都覆盖了 Activity 的 onCreate(Bundle saveStatus)方法。该方法用于对该 Activity 执行初始化。除此之外,覆盖 onPause( )方法也很常见,比如用户正在玩一个游戏,此时有电话进来,那么我们需要将当前游戏暂停,并保存该游戏的进行状态,这就可以通过覆盖 onPause( )方法来实现。接下来当用户再次切换到游戏状态时, onResume( )方法已经被回调,因此可以通过重写 onResume( )方法来恢复游戏状态。

下面的 Activity 覆盖了上面的 7 个生命周期方法,并在每一个方法中增加了一行记录日志代码:

```
public class MainActivity extends AppCompatActivity {
    private final static String TAG = "MainActivity";
    @Override
    protected void onCreate(Bundle savedInstanceState) {
        super.onCreate(savedInstanceState);
        setContentView(R.layout.activity_main);
        Log.d(TAG, "onCreate: ");
    }
    @Override
    protected void onRestart() {
        super.onRestart();
        Log.d(TAG, "onRestart: ");
    }
    @Override
    protected void onResume() {
        super.onResume();
        Log.d(TAG, "onResume: ");
    }
```

```
    @Override
    protected void onStart() {
        super.onStart();
        Log.d(TAG, "onStart: ");
    }
    @Override
    protected void onPause() {
        super.onPause();
        Log.d(TAG, "onPause: ");
    }
    @Override
    protected void onStop() {
        super.onStop();
        Log.d(TAG, "onStop: ");
    }
    @Override
    protected void onDestroy() {
        super.onDestroy();
        Log.d(TAG, "onDestroy: ");
    }
}
```

点击运行程序，如果安装正常且没有错误的话，在 Android Studio 底部工具栏 Logcat 窗口中可以看到如下所示：

2021 – 02 – 17 18：00：08. 977 27276 – 27276/com. example. activitydemo D/MainActivity：onCreate：

2021 – 02 – 17 18：00：08. 978 27276 – 27276/com. example. activitydemo D/MainActivity：onStart：

2021 – 02 – 17 18：00：08. 979 27276 – 27276/com. example. activitydemo D/MainActivity：onResume：

如果此刻点击模拟器中的返回键，Logcat 窗口将新增加内容，如下所示：

2021 – 02 – 17 18：00：18. 663 27276 – 27276/com. example. activitydemo D/MainActivity：onPause：

2021-02-17 18:00:19.103 27276-27276/com.example.activitydemo D/MainActivity: onStop:

2021-02-17 18:00:19.105 27276-27276/com.example.activitydemo D/MainActivity: onDestroy:

如果此刻点击模拟器中的 Home 键退出当前 Activity,再返回当前 Activity,Logcat 窗口新增内容,如下所示:

2021-02-17 18:05:03.905 27370-27370/com.example.activitydemo D/MainActivity: onPause:

2021-02-17 18:05:03.984 27370-27370/com.example.activitydemo D/MainActivity: onStop:

2021-02-17 18:05:05.904 27370-27370/com.example.activitydemo D/MainActivity: onRestart:

2021-02-17 18:05:05.904 27370-27370/com.example.activitydemo D/MainActivity: onStart:

2021-02-17 18:05:05.905 27370-27370/com.example.activitydemo D/MainActivity: onResume:

正如前面介绍 Activity 配置时提到的,配置 Activity 时可指定 android:launchMode 属性,该属性用于配置该 Activity 的加载模式,该属性支持 4 个属性值。standard 标准模式,这是默认的加载模式。singleTop 是 Task 栈顶单例模式。singleTask 是 Task 内单例模式。SingleInstance 为全局单例模式。下面一一作介绍。

(1) 系统默认的启动模式即 Standard 标准模式,这也是系统的默认模式。每次启动一个 Activity 都会重新创建一个新的实例,不管这个实例是否存在。被创建的实例的生命周期符合典型情况下的 Activity 的生命周期。在这种模式下,谁启动了这个 Activity,那么这个 Activity 就运行在启动它的那个 Activity 的任务栈中。比如 Activity A 启动了 Activity B(B 是标准模式),那么 B 就会进入 A 所在的任务栈中。有个需要注意的地方是当用户使用 ApplicationContext 去启动 standard 模式的 Activity 就会报错,这是因为 standard 模式的 Actiivty 默认会进入启动它的 Activity 所属的任务栈中,但是由于非 Activity 类型的 Context(如 ApplicationContext)并没有所谓的任务栈,所以就会出现错误。解决这个问题的方法就是为待启动的 Activity

指定 FLAG_ACTIVITY_NEW_TASK 标记位,这样启动的时候就会为它创建一个新的任务栈,这个时候启动 Activity 实际上以 singleTask 模式启动的,用户可以自己仔细体会。

(2) 栈顶复用模式即 SingleTop。在这种模式下,如果新的 Activity 已经位于任务栈的顶部,那么此 Activity 不会被重新创建,同时它的 onNewIntent 方法被回调,通过此方法的参数我们可以取出当前请求的信息。需要注意的是,这个 Activity 的 onCreate( ) 和 onStart( ) 方法不会被系统调用,因为它并没有发生改变。如果新的 Activity 已经存在但不是位于栈顶,那么新的 Activity 仍然会重建。举个例子,假设目前栈内的情况为 ABCD,其中 ABCD 为 4 个 Activity,A 位于栈底,D 位于栈顶,这个时候假设要再次启动 D,如果 D 的启动模式为 singleTop,那么栈内的情况依然为 ABCD;如果 D 的启动模式为 standard,那么由于 D 被重新创建,导致栈内的情况为 ABCDD。

(3) 栈内复用模式即 SingTask。这是一种单例实例模式,在这种模式下,只要 Activity 在一个栈中存在,那么多次启动此 Activity 都不会重新创建实例,和 singleTop 一样,系统也会回调其 onNewIntent。具体一点,当一个具有 singleTask 模式的 Activity 请求启动后,比如 Activity A,系统首先寻找任务栈中是否已存在 Activity A 的实例,如果已经存在,那么系统就会把 A 调到栈顶并调用它的 onNewIntent 方法,如果 Activity A 实例不存在,就创建 A 的实例并把 A 压入栈中。

(4) 单实例模式即 SingleInstance。这是一种加强的 singleTask 模式,它除了具有 singleTask 模式所有的特性外,还加强了一点,那就是具有此种模式的 Activity 只能单独位于一个任务栈中,换句话说,比如 Activity A 是 singleInstance 模式,当 A 启动后,系统会为它创建一个新的任务栈,然后 A 独自在这个新的任务栈中,由于栈内复用的特性,后续的请求均不会创建新的 Activity, 除非这个独特的任务栈被系统销毁了。

如何指定活动的启动模式呢? 在 AndroidManifest. xml 文件注册活动的代码中去指定,比如用户要把 MainActivity 活动的启动模式指定为 singleInstance 模式,代码如下:

```
<activity
    android:launchMode="singleInstance"
    android:name=".MainActivity4">
```

```
    <intent-filter>
        <action android:name="android.intent.action.MAIN" />
        <category android:name="android.intent.category.LAUNCHER" />
    </intent-filter>
</activity>
```

## 8.3 Android 存储功能

该节向用户介绍 Android 中一个十分重要的功能，即存储功能，不同于生活中常见的 U 盘和硬盘存储，Android 存储功能更加抽象。在 8.3.1 节中先向用户讲解内部存储和外部存储的基本概念，随后再通过一些具体示例让用户对这两种存储方式有更加深刻认识。最后介绍一种特殊的抽象存储方式，Content Provider 存储。

### 8.3.1 内部存储和外部存储

几乎所有应用都有持久化保存数据的需要。临时性存储显然无法满足，因此 Android 提供了长期存储方式，存储在手机或平板设备闪存上的本地文件系统。然而在设备中的存储又包含内部存储和外部存储，内部存储相当于手机内存中隐私性的内容，属于应用沙盒。若将文件保存在内部存储，可以阻止其他应用甚至是设备用户的访问和窥探。当然手机若是被强制 root 后，即获得超级管理者的权限后，可以查看隐私文件。外部存储通常是我们平时操作最多的部分，我们的视频、音乐和文档等资源都存储在外部存储中。下面我们在 Android Studio 的 Device File Explorer 里查看哪些是内部存储，哪些是外部存储。

Device File Explorer 是设备文件管理器，与我们手机中自带的文件管理器不同，它可以帮助我们看到整个存储结构，包括隐私文件夹。点击 Android Studio 窗口上面工具栏中的 View，选择 Tool Windows，继续选择 Device File Explorer，在窗口右侧出现文件结构信息。在这里有 3 个文件夹需要我们重视，一个是 data，一个是 mnt，还有一个是 storage，我们来详细说说这 3 个文件夹。

data 文件夹就是我们常说的内部存储，当我们打开 data 文件夹之后（没有 root 的手机不能打开该文件夹），里边有两个文件夹值得我们关注。一个文件夹是 app 文件夹，还有一个文件夹是 data 文件夹，app 文件夹里存放着我们所有安装的 app 的 apk 文件，其实，当我们调试一个 app 的时候，可以看到控制台输出的内容，有一项是 uploading……就是上传我们的 apk 到这个文件夹,上传成功之后才开始安装。另一个重要的文件夹就是 data 文件夹了,这个文件夹里边都是一些包名,打开这些包名之后我们会看到这样的一些文件:

(1) data/data/包名/shared_prefs;

(2) data/data/包名/databases;

(3) data/data/包名/files;

(4) data/data/包名/cache。

文件(1)指的是 shared preferences 存储,它是一种轻量级数据存储,shared preferences 实例用起来更像是一个键值对仓库,键值对中的键为字符串,而值是原子数据类型。进一步查看 shared preferences 文件可知,它们实际上是一种简单的 XML 文件,但 SharedPreferences 类已经屏蔽了读写文件的实现细节。具体操作后面会有介绍。文件(2)存储的是数据库文件,在应用程序里会产生许多需要存储的数据信息,像 sqlite 数据库就是我们常见的数据库中的一种。后面也会对它进行一些介绍。文件(3)存储普通数据,缓存文件存储在文件(4)的 cache 文件夹中。存储在这里的文件我们都称之为内部存储。

一般来说,我们不会自己去操作内部存储空间,没有 root 权限的话,我们也没法操作内部存储空间,事实上内部存储主要是由系统来维护的。不过在代码中我们是可以访问到这个文件夹的。由于内部存储空间有限,在开发中我们一般都是操作外部存储空间,Google 官方建议我们 App 的数据应该存储在外部存储的私有目录中该 App 的包名下,这样当用户卸载掉 App 之后,相关的数据会一并删除,如果你直接在/storage/sdcard 目录下创建了一个应用的文件夹,那么当你删除应用的时候,这个文件夹就不会被删除。

### 8.3.2　外部存储

因为读写存储器是十分隐私的行为,因此进行权限设置必不可少。我们先在 AndroidManifest. xml 添加读写权限,READ_EXTERNAL_STORAGE 和 WRITE_EXTERNAL_STORAGE,并在 MainActivity 中编写动态获取权限的代码,之后就通过创建 File 对象,在构造方法中传入绝对路径地址来访问外部存储器的内容,例如以下代码在外部存储器中添加了 example. txt 文件:

```
public void createFiles(){
        File file = new File("/sdcard/example.txt");
        if (!file.exists()){
            try {
                file.createNewFile();
            } catch (IOException e) {
                e.printStackTrace();
            }
        }
}
```

在 onResume( )方法中调用该方法,运行该程序,在 Android 界面中同意访问存储器的权限。下面我们来查看该文件是否被添加,如果是外接 USB 调试的手机,可用自带的文件管理器来查看,如果是虚拟机可以选择 Device File Explorer,在右侧会弹出手机存储器全部内容,我们在文件列表中选择 sdcard 文件,该文件的内容默认作为外部存储器。在打开的列表末尾出现了 example. txt 文件,即我们在外部存储器中已经成功添加。

在应用程序中,内部存储只能存储小部分信息,而且在卸载时会被删除,因此为了更好地存储应用程序的大数据和以免程序卸载后被删除,我们常将这类文件存储在外部存储器,也就是我们常说的 SD 卡存储。如果想要在 SD 卡上进行文件的存储,需要先通过下面语句来判断手机上是否插入 SD 卡或者 SD 卡是否可用:

```
Environment.getExternalStorageState().equals(Environment.MEDIA_MOUNTED);
```

如果手机已插入 SD 卡且可用,则上面语句返回 true。其次可以调用 Environmnet 的 getExternalStorageDirectory( )方法来获取外部存储器的目录,默认目录为:/storage/emulated/0。之后就可以调用字节流 FileInputStream 和 FileOutputStream 来读写 SD 卡的文件。当对 SD 卡中的文件进行读写时,需要添加如下 3 个权限:

```
<uses-permission android:name="android.permission.WRITE_EXTERNAL
    _STORAGE" />
<uses-permission android:name="android.permission.READ_EXTERNAL
    _STORAGE" />
```

```
<uses-permission
android:name="android.permission.MOUNT_UNMOUNT_FILESYSTEMS" />
```

前两个权限用于声明对文件的读写操作，第三个权限用于在 SD 卡中创建与删除文件。下面我们以在 SD 卡中添加一个 a. txt 为例来熟悉对外部存储器的操作。首先需要添加运行时权限申请的语句，如下：

```
if (Build.VERSION.SDK_INT >= 23){
    if (ActivityCompat.checkSelfPermission(MainActivity.this,
Manifest.permission.WRITE_EXTERNAL_STORAGE)
!= PackageManager.PERMISSION_GRANTED
&& ActivityCompat.checkSelfPermission(MainActivity.this,
Manifest.permission.MOUNT_UNMOUNT_FILESYSTEMS)
!= PackageManager.PERMISSION_GRANTED) {
        ActivityCompat.requestPermissions(MainActivity.this, new String[]{
Manifest.permission.WRITE_EXTERNAL_STORAGE,Manifest.permission
.MOUNT_UNMOUNT_FILESYSTEMS}, 0);
    }
}
```

在上面运行时权限声明中，只添加了写入外部存储器权限，没有添加读取外部存储器权限。但实际上这两个权限同属于一个权限组，只要对该组中的一个权限申请成功，该组内的其他权限都默认已申请。当然并不是所有的权限都需要在运行时申请，对于大多用户来说，在使用一款简单的应用时，需要频繁地授权会让用户体验很糟糕。因此，Android 现在将所有的权限归为了两类，一类是普通权限，一类是危险权限，普通权限就是那些不会直接威胁到用户的安全或者涉及用户隐私的内容，对于这一部分的权限申请，系统会自动帮我们授权，而不再需要用户去手动操作了，这些权限在 AndroidManifest. xml 中申请即可。对于危险权限，就是指那些可能会泄漏用户个人隐私或者对设备安全性造成影响的权限，如手机通信录、当前设备的地理位置以及相册等，对于这一部分的权限申请，必须要由用户手动点击授权才行，否则程序将无法正常运行，在安装一些不知名第三方软件时，即使手动点击授权也要注意，当前授权的权限是否是当前程序需要的，不然很有可能同意了那些混淆在众多权限中一些涉及隐私的不必要权限，然后程序后台会盗取用户的个人信息传输到网上。对于危险权限的申请,一共是 9 组 24 个权限。可以访问如下地址来查看 Android 系统中完整的权限列表:

http://developer.android.google.cn/reference/android/Manifest.permission.html

在 MainActivity 中封装对外部存储器读操作的方法如下:

```
BufferedOutputStream bos = null;
final String FileName = "/a.txt";
…
private void dataWrite(String str){
    if (Environment.getExternalStorageState()
.equals(Environment.MEDIA_MOUNTED)){
        File mFile = Environment.getExternalStorageDirectory();
        try {
            bos = new BufferedOutputStream(
new FileOutputStream(mFile+FileName));
            bos.write(str.getBytes());
            bos.flush();
        } catch (IOException e) {
            e.printStackTrace();
        }finally {
            try {
                bos.close();
            } catch (Exception e) {
                e.printStackTrace();
            }
        }
    }
}
```

首先判断外部存储器是否可用,若可用创建一个 File 对象来获取外部存储器的目录,之后创建字节输出流,并装入字节缓冲输出流中,提高写入速率。将传入的字符串类型参数转化为字节数组写入,再调用 flush( )刷新缓冲区,之后关闭输出流。之后是读操作的方法,方法中的代码如下:

```
BufferedInputStream bis = null;
final String FileName = "/a.txt";
StringBuilder sb = new StringBuilder();
…
private String dataRead(){
    if (Environment.getExternalStorageState()
.equals(Environment.MEDIA_MOUNTED)){
        File mFile = Environment.getExternalStorageDirectory();
        try {
            bis = new BufferedInputStream(
new FileInputStream(mFile+FileName));
            byte[] buff = new byte[1024];
            int hasRead = 0;
            while((hasRead = bis.read(buff))>0){
                sb.append(new String(buff,0,hasRead));
            }
            bis.close();
            return sb.toString();
        } catch (IOException e) {
            e.printStackTrace();
            Toast.makeText(this, "打开文件失败！"
, Toast.LENGTH_SHORT).show();
            return null;
        }
    }else {
        Toast.makeText(this, "请检查 SD 卡！", Toast.LENGTH_SHORT)
          .show();
        return null;
    }
}
```

读操作的方法中也是先判断外部存储器是否可用,若可用则创建一个字节输入流,并装入一个字节缓冲输入流中,提高读数据的速率。之后设置一个数组,while 循环语句中不断读数据到 buff 字节数组中,并将字节数组转化为字符串存储到 StringBuilder 对象中。当读到文件中数据的末尾，bis. read（buff）值为 -1，此时跳出循环，之后关闭流。

自从 Android 的 API 更新到 30，我们在外部存储器中存储文件信息时多了一种方式，称为分区存储，所谓分区也就是说将存储的内容更加细分，在外部存储器中会预先新建特定的文件夹，像 Music、Pictures、Download 等，当我们存储的内容是图片形式则只能存放至 Pictures 文件夹中，如果是音乐类似 mp3 格式的内容将存储至 Music 文件夹，但是也有像 Download 文件夹，可以存储各种各样的文件。既然文件存储的方式已经发生了改变，我们使用 File 对象对存储器操作的行为也失效了，因此需要寻求新的 API 包来对文件进行存储，下面我们打开 AVD Manager，重新添加虚拟机，设置 API 等级为 30。其实在 API 等级为 29 的时候，分区存储也已经引入，但是可以通过在 AndroidManifest. xml 中 application 标签中添加如下语句取消使用分区存储：

```
android:requestLegacyExternalStorage="true"
```

我们首先获取一个对外部存储访问的 uri，后续会作为参数传入，再创建一个 ContentValues 对象，该对象可以对存储中文件数据进行操作，具体操作的对象类似于之后要讲的 sqlite 数据库操作 API。使用 ContentValues 的 put 方法除了传入路径地址外，通常还需要传入文件名 DISPLAY_NAME 和文件描述 TITLE，如下：

```
public void createFiles(){
    Uri uri = MediaStore.Files.getContentUri("external");
    ContentValues contentValues = new ContentValues();
    String path = Environment.DIRECTORY_DOWNLOADS+"/abc";
    contentValues.put(MediaStore.Downloads.RELATIVE_PATH,path);
    contentValues.put(MediaStore.Downloads.DISPLAY_NAME,"a.txt");
    contentValues.put(MediaStore.Downloads.TITLE,"a_test");
    Uri insert = getContentResolver().insert(uri,contentValues);
    String content = "好好学习，天天向上";
    OutputStream outputStream = null;
    try {
        outputStream = getContentResolver().openOutputStream(insert);
        BufferedOutputStream bos = new BufferedOutputStream(outputStream);
        bos.write(content.getBytes());
```

```
            bos.close();
        } catch (Exception e) {
            e.printStackTrace();
        }
    }
```

打开 Device File Explorer,在/sdcard/downloads 目录中我们可以看到有 a. txt 文件存在,则说明我们创建成功。类似数据库,我们还有查询、修改和删除的操作,代码如下:

```
private Uri queryUri;
…
public void queryFiles(){
Uri uri = MediaStore.Files.getContentUri("external");
    String str = MediaStore.Downloads.DISPLAY_NAME + "=?";
    String[] arg = new String[]{"b.txt"};
    Cursor cursor = getContentResolver().query(uri,null,str,arg,null);
    if ((cursor != null)&&cursor.moveToFirst()){
        long id = cursor.getLong(cursor
.getColumnIndexOrThrow(MediaStore.Downloads._ID));
        queryUri= ContentUris.withAppendedId(uri,id);
        Log.d("TAG", "查询成功"+queryUri);
        cursor.close();
    }
}
public void deleteFiles(){
    int row = getContentResolver().delete(queryUri,null,null);
    if (row>0){
        Log.d("TAG", "删除成功");
    }
}
public void updateFiles(){
    ContentValues contentValues = new ContentValues();
    contentValues.put(MediaStore.Downloads.DISPLAY_NAME,"b.txt");
    int update = getContentResolver()
.update(queryUri,contentValues,null,null);
```

```
        if (update>0){
            Log.d("TAG", "修改成功");
        }
    }
```

在 queryFiles( )方法中,使用 getContentResolver( ). query( )方法获得查询的 uri,参数列表中分别指定查询哪张表的 uri,指定查询的列,指定 where 的约束条件,为 where 中的占位符提供具体的值以及查询结果的排序方式,这和 sqlite 中的查询方式类似。在修改和删除操作中,都需要传入从 queryFiles( )中得到的 uri,来指定修改和删除某一具体文件,另外当将 a. txt 文件修改为 b. txt,这一过程不可反复执行,删除同一文件也是如此。

### 8.3.3 内部存储

1. 文件存储

在 Android 数据存储方式中,文件存储是最简单的存储方式,如果用户已经熟悉 Java 中 IO 流的操作,那么 Android 手机上文件存储的学习将十分简单。Context 提供有两个方法来打开应用程序的数据文件夹里的文件 IO 流,使用 FileInputStream 打开对应的输入流,参数为要打开的文件名称,使用 FileOutputStream 打开对应的输出流,里面传入两个参数,参数一指定为文件名称,参数二指定为打开文件的模式,有 MODE_PROVATE 和 MODE_APPEND 两种模式可以选择,区别是当指定参数为前者时,每次写文件将清空之前写入的内容,当指定参数为后者时,每次写入文件的数据将追加到之前数据的后面。下面代码封装了读写文件的操作:

```
FileOutputStream fos = null;
FileInputStream fis = null;
StringBuilder sb = new StringBuilder();
final String FileName = "a.txt";
…
private void dataWrite(String str){
    try {
        fos = openFileOutput(FileName,MODE_APPEND);
```

```
        } catch (IOException e) {
            e.printStackTrace();
            Toast.makeText(this, "写入文件失败！ ", Toast.LENGTH_SHORT)
              .show();
        }finally {
            try {
                fos.close();
            } catch (Exception e) {
                e.printStackTrace();
            }
        }
    }
    private String dataRead(){
        try {
            fis = openFileInput(FileName);
            byte[] buff = new byte[1024];
            int hasRead = 0;
            while((hasRead = fis.read(buff))>0){
                sb.append(new String(buff,0,hasRead));
            }
            fis.close();
            return sb.toString();
        } catch (IOException e) {
            e.printStackTrace();
        }
        Toast.makeText(this, "打开文件失败！ ", Toast.LENGTH_SHORT).show();
        return null;
    }
```

当写文件时，Android 会自动向/data/data < package name >/files 目录下寻找指定文件，如果没有则自动创建文件，同理，如果是读文件操作，也会在该目录下寻找指定文件，如果找不到文件就会报出异常。

2. SQLite 数据库的基本使用

Android 系统自带有 sqlite 数据库，我们先介绍关于 sqlite 的创建和升级代码的编写。操作 sqlite 库过程中有一个很重要的 SQLiteOpenHelper 类，我们在 Android Studio 中创建一个 java 文件，取名 DatabaseHelper，让它继承于 SQLiteOpenHelper 类，继承后会要求我们重写 onCreate( )、onUpgrade( )以及构造方法，先看构造方法，我们选择参数最少的一个，里面需要传入 4 个参数，分别为上下文、数据库名称、游标工厂和版本号，这里的游标指数据在数据库中的索引，后续可以通过游标对 sqlite 中数据进行操作，这里选择填 null 使用默认游标。4 个参数除了 context，我们都可以具体指定，因此实际上只传入一个 Context 上下文变量即可，其他参数我们均设置为常量，代码如下：

```
public class DatabaseHelper extends SQLiteOpenHelper {
    public static final String DATABASE_NAME = "firstdatabase.db";
    public static final int VERSION_CODE = 1;
    public static final String TABLE_NAME = "employee";
    private static final String TAG = "DatabaseHelper";
    public DatabaseHelper(@Nullable Context context) {
        super(context, DATABASE_NAME, null, VERSION_CODE);
    }
    @Override
    public void onCreate(SQLiteDatabase db) {
    }
    @Override
    public void onUpgrade(SQLiteDatabase db, int oldVersion
, int newVersion) {
    }
}
```

上面构造方法在创建新的 DatabaseHelper 对象时会自动调用，对于 onCreate( ) 和 onUpgrade( )方法，当第一次创建数据库的时候会调用 onCreate( )方法，在进行数据库升级时会调用 onUpgrade( )方法。我们在 MainActivity 中新建一个数据库如下：

```
public class MainActivity extends AppCompatActivity {
    @Override
    protected void onCreate(Bundle savedInstanceState) {
```

```
        super.onCreate(savedInstanceState);
        setContentView(R.layout.activity_main);
        DatabaseHelper helper = new DatabaseHelper(this);
        helper.getWritableDatabase();
    }
}
```

运行该程序，则会自动创建一个数据库文件，为了能确定 DatabaseHelper 的 onCreate( ) 方法确实被调用，我们在 onCreate( ) 方法中编写 sql 语句来添加一些字段信息，并打印一些信息，代码如下：

```
@Override
public void onCreate(SQLiteDatabase db) {
    Log.d(TAG, "onCreate: 数据库建立");
    String sql = "create table "+TABLE_NAME+"(_id integer,name varchar,age
integer,salary integer)";
    db.execSQL(sql);
}
```

下面我们运行代码，来新建一个 sqlite 数据库文件，并在 Device File Explorer 中观察 data 文件夹下的 com. example. sqlitedatabase 目录下的文件变化，如图 8 – 42 所示。

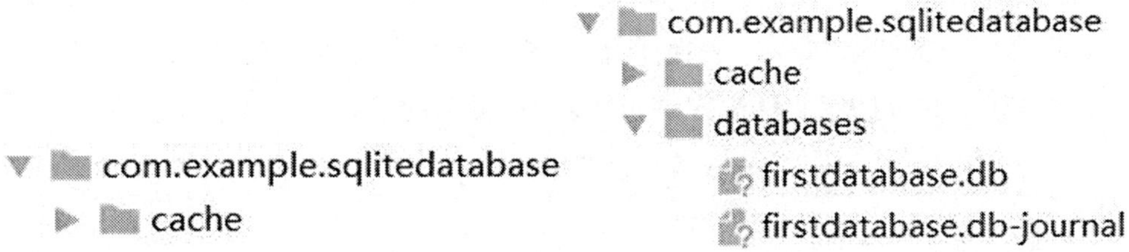

```
▼ com.example.sqlitedatabase
  ▶ cache
```

（a）创建 sqlite 库文件前的目录

```
▼ com.example.sqlitedatabase
  ▶ cache
  ▼ databases
      firstdatabase.db
      firstdatabase.db-journal
```

（b）创建 sqlite 库文件后的目录

图 8 – 42　创建 sqlite 库文件目录发生变化

上面的操作展示了简单地创建 sqlite 库文件的过程。在 onCreate( ) 方法中，我们创建了_id、name、age 和 salary 字段，我们也可以通过 sqlite 图形化工具查看我们是否添加了以上信息，这里使用了一款免费且体积小巧的 sqlite 查看器——Database Browser。将 firstdatabase. db 拷贝到桌面，使用该软件打开，可以观察到上述字段均已添加，如图 8 – 43 所示。

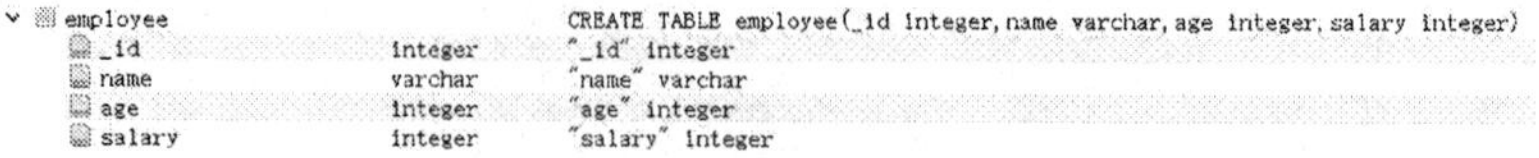

| employee | | CREATE TABLE employee(_id integer,name varchar,age integer,salary integer) |
|---|---|---|
| _id | integer | "_id" integer |
| name | varchar | "name" varchar |
| age | integer | "age" integer |
| salary | integer | "salary" integer |

图 8－43　在 Database Browser 中查看添加的字段

我们新建 sqlite 数据库的操作已经完成了，对于数据库文件中的数据来说，不是一直不变的，往往需要更新，因此更新数据库是一个十分常用的操作，下面我们向刚才新建的数据库文件中添加新字段。在 DatabaseHelper 中的 onUpgrade( )方法是升级数据库的回调方法，onCreate( )回调方法在 MainActivity 中创建数据库时被调用，而 onUpgrade( )方法需要在版本号大于当前版本号，即定义的常量值 VERSION_CODE 要大于上一个数值才能被回调，这里将 firstdatabase 数据库文件进行升级，设置版本号为 2，即设置 VERSION_CODE 为 2 时，加入 phone 和 address 字段，如下：

```
@Override
public void onUpgrade(SQLiteDatabase db, int oldVersion, int newVersion) {
    sql = "alter table "+TABLE_NAME + " add phone integer";
    db.execSQL(sql);
    sql = "alter table "+TABLE_NAME + " add address varchar";
    db.execSQL(sql);
}
```

这里添加了 integer 类型的 phone 字段和 varchar 类型的 address 字段，由于 sqlite 不支持一次性添加多个字段，所以需要执行添加单个字段语句。添加后，我们查看更新后的数据库文件内容是否更新，查看后的结果如图 8－44 所示。

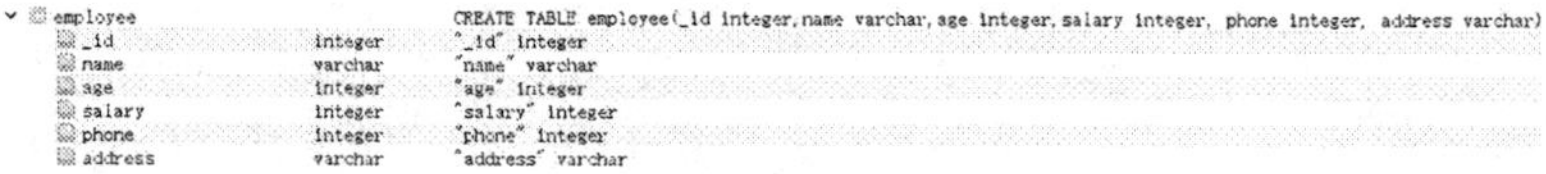

| employee | | CREATE TABLE employee(_id integer,name varchar,age integer,salary integer, phone integer, address varchar) |
|---|---|---|
| _id | integer | "_id" integer |
| name | varchar | "name" varchar |
| age | integer | "age" integer |
| salary | integer | "salary" integer |
| phone | integer | "phone" integer |
| address | varchar | "address" varchar |

图 8－44　更新后的数据库文件

查看结果可知我们成功更新了该数据库信息。下面我们插入数据信息，后面进行更新信息、查询信息和删除信息操作，因此我们先创建一个 Dao 类，依次加入上面方法对数据库进行操作，如插入操作：

```
public class Dao {
  private static final String TAG = "Dao";
    private final DatabaseHelper mDatabaseHelper;
```

```
    public Dao(Context context){
        mDatabaseHelper = new DatabaseHelper(context);
    }
    public void insert(){
        SQLiteDatabase db = mDatabaseHelper.getWritableDatabase();
        String sql = "insert into "+ DatabaseHelper.TABLE_NAME
+"(_id,name,age,salary,phone,address) values(?,?,?,?,?,?)";
        db.execSQL(sql,new Object[]{1,"ZhangSan",18,1000,114,"China"});
        db.close();
    }
}
```

我们在数据库中加入 id 为 1，姓名为 ZhangSan，年龄为 18，电话为 114 以及地址为 China 的个人信息。另外，我们可以通过下面方法实现更新操作、查询操作和删除操作：

```
public class Dao {
…
    public void delete(){
        SQLiteDatabase db = mDatabaseHelper.getWritableDatabase();
        String sql = "delete from "+ DatabaseHelper.TABLE_NAME
+" where age = 18";
        db.execSQL(sql);
        db.close();
    }
    public void update(){
        SQLiteDatabase db = mDatabaseHelper.getWritableDatabase();
        String sql = "update "+ DatabaseHelper.TABLE_NAME+" set salary
= 2000 where age = 18";
        db.execSQL(sql);
        db.close();
    }
    public void query(){
        SQLiteDatabase db = mDatabaseHelper.getWritableDatabase();
        String sql = "select * from "+ DatabaseHelper.TABLE_NAME;
        Cursor cursor = db.rawQuery(sql,null);
```

```
            while(cursor.moveToNext()){
                  int index = cursor.getColumnIndex("name");
                  String name = cursor.getString(index);
                Log.d(TAG, "name = "+name);
            }
            db.close();
      }
}
```

另外为了测试上面几个操作，我们在 MainActivity 中添加了 4 个 Button，通过按键的方式模拟对数据库的操作，Android 界面如图 8 – 45 所示。

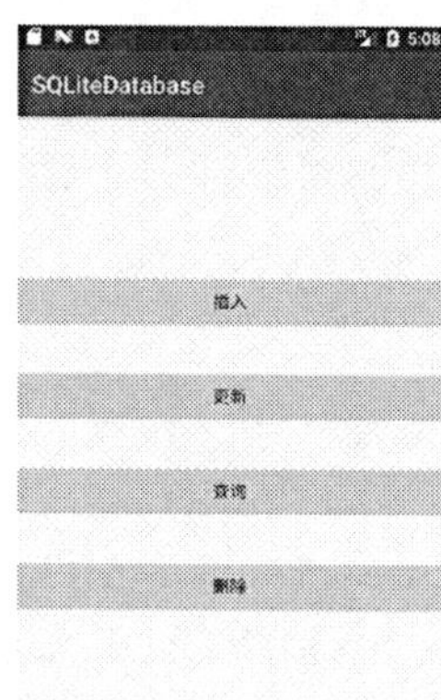


图 8 – 45　对数据库增删改查操作

上面对数据库的操作通过使用 SQL 语句实现，而 Android 内部封装的 API 包也可以实现，如将上述 insert( )修改为：

```
public void insert(){
      SQLiteDatabase db = mDatabaseHelper.getWritableDatabase();
      ContentValues values = new ContentValues();
      values.put("_id",1);
      values.put("name","ZhangSan");
      values.put("salary",1000);
      values.put("address","China");
      db.insert(DatabaseHelper.TABLE_NAME,null,values);
      db.close();
}
```

SQLiteDatabase 中的 insert( )方法中参数一传入表名,参数二传入 null,该参数将未指定的字段设置为 null,参数三传入 ContentValues 实例化对象,我们通过该对象的实例化来插入数据信息。

3. 使用 SharePreferences 存储

有些时候,应用程序有少量的数据需要保存,而且这些数据的格式都很简单,对于这种数据,Android 提供了 SharedPreferences 进行保存。它是使用键值对来存储数据的,在保存一条信息的时候,我们需要给该条信息提供一个对应的键,可以把它当作索引,这样在读取数据的时候就可以把这个键对应的值读出来,SharePreferences 可以支持多种类型的数据。SharedPreferences 本身是一个接口,程序无法直接创建 SharedPreferences 实例,可以通过 Context 提供的 getSharePreferences( )方法来获取实例,该方法接收两个参数,第一个参数用于指定创建 SharedPreferences 文件的名称,如文件名称不存在,系统则会自动创建。第二个参数用于指定操作类型,一般选择 MODE_PRIVATE,该值也是默认类型。表示只有当前的 Activity 才能对其操作。SharedPreferences 接口本身并没有提供写入数据的能力,而是通过 SharedPreferences 的内部接口,SharedPreferences 调用 edit( )方法即可获得它所对应的 Editor 对象。获取到 Editor 对象后就可以使用 putInt( )、putBoolean( )和 putString( )等方法,同理如果读取数据则可以使用 getInt( )、getBoolean( )和 putString( )等方法,如果添加数据完毕,最后要调用 apply( )来提交数据,完成数据的存储。下面我们通过一个简单的示例来实现用 SharedPrefereces 存储数据并读取数据。这里我们创建两个按键,一个用于存数据,一个用来读数据。MainActivity 中的代码如下:

```
public class MainActivity extends AppCompatActivity
implements View.OnClickListener{
    private Button btn_save;
    private Button btn_get;
    private TextView text_show;
    private    SharedPreferences mPreferences;
    private SharedPreferences.Editor mEditor;
    @Override
    protected void onCreate(Bundle savedInstanceState) {
```

```
            super.onCreate(savedInstanceState);
            setContentView(R.layout.activity_main);
            text_show = findViewById(R.id.text_show);
            btn_get = findViewById(R.id.btn_get);
            btn_save = findViewById(R.id.btn_save);
            btn_get.setOnClickListener(this);
            btn_save.setOnClickListener(this);

            mPreferences = getSharedPreferences("example_save",MODE_
                PRIVATE);
            mEditor = mPreferences.edit();
        }
        @Override
        public void onClick(View v) {
            switch (v.getId()){
                case R.id.btn_get:
                    String name = mPreferences.getString("name",null);
                    int age = mPreferences.getInt("age",0);
                    if ((name==null)&&(age==0)){
                        Toast.makeText(this, "还未输入数据"
, Toast.LENGTH_SHORT).show();
                    }else {
                        text_show.setText("姓名： "+name+"\n 年龄： "+age);
                    }
                    break;
                case R.id.btn_save:
                    mEditor.putString("name","张三");
                    mEditor.putInt("age",18);
                    mEditor.apply();
                    Toast.makeText(this, "数据存储成功"
, Toast.LENGTH_SHORT).show();
                    break;
            }
        }
}
```

在 onCreate( ) 中初始化控件并得到一个 Sharedpreferences. editor 对象，在 onClick( ) 方法中添加了两个存储和取出操作的按钮。SharedPreferences 数据总是保存在/data/data < package name >/shared_preds 目录下，SharedPreferences 数据总是以 XML 格式保存。因此运行程序后，可以借助 File Explorer 查看当前包目录下的数据，除了 cache 外，还增加了 shared_prefs 文件夹，不过该文件夹暂时为空，在运行程序的 Android 界面中点击存储，界面下方提示存储成功，右击 shared_prefs 文件夹，选择 Synchronize 刷新，这个该文件夹出现 example_save. xml 文件，文件名为我们创建 SharedPreferences 对象时填入的名称，如图 8 – 46 所示。

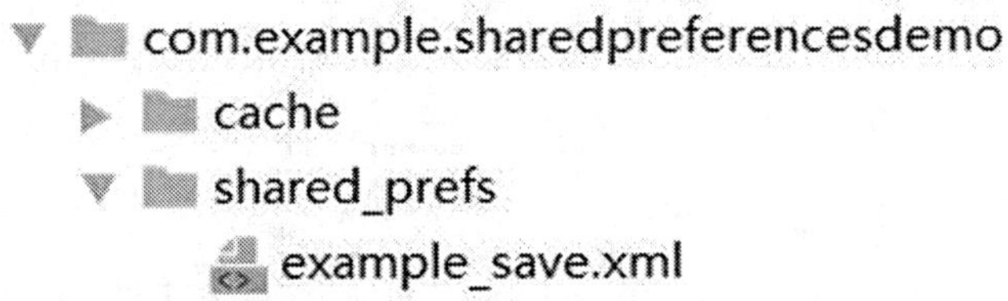

图 8 – 46　生成 example_save. xml 文件

该文件可以直接打开，内容如下：

```
<?xml version='1.0' encoding='utf-8' standalone='yes' ?>
<map>
<string name="name">张三</string>
<int name="age" value="18" />
</map>
```

从上面的内容可以看出，SharedPreferences 数据文件的根目录是 < map/ > 元素，该元素里的每一个子元素代表一个键值对，当 value 是整数类型时，使用 < int/ >，当 value 是字符串类型时，使用 < string/ >，以此类推。返回到 Android 界面，点击 Android 界面中的取出数据按钮，也可以显示当前存储的数据，如图 8 – 47 所示。

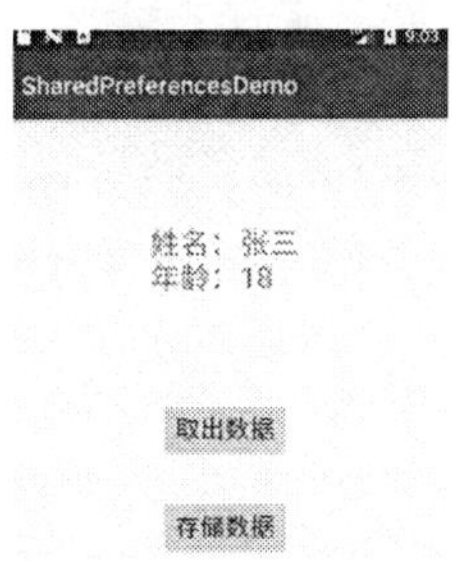


图 8 – 47　取出数据

### 8.3.4 Content Provider 存储

前面我们已经介绍各种存储方式,其实在手机中还有另一种存储,这种存储方式有些特别,需要让其他程序去读取,它被称为内容提供器,通过内容提供器,在 Android 中的两个程序之间就可以相互交换数据,此功能是通过 Content Provider 相关的 API 来实现的。内容提供器的用法一般有两种,一种是使用现有的内容提供器来读取和操作相应程序中的数据,另一种是创建自己的内容提供器给我们程序的数据提供外部访问接口。如果一个应用程序通过内容提供器对其数据提供了外部访问接口,那么任何其他的应用程序都可以对这部分数据进行访问。Android 系统中自带的电话簿、短信、媒体库等程序都提供了类似的访问接口,这就使得第三方应用程序可以充分地利用这部分数据来实现更好的功能。

外部程序可以通过 Content Resolver 接口访问 Content Provider 提供的数据。在 Activity 当中,可以通过 getContentResolver( )得到当前应用的 Content Resolver 实例。Content Resolver 提供的接口需要和 Content Provider 中需要实现的接口相对应。该接口具体表现为,Resolver 中提供了一系列的方法用于对数据进行 CRUD 操作,其中 insert( )方法用于添加数据,update( )方法用于更新数据,delete( )方法用于删除数据,query( )方法用于查询数据。这是不是有点熟悉,sqlite 数据库中也是使用这几个方法来进行 CRUD 操作的,只不过它们在方法参数上稍微有一些区别。

不同于 sqlite 数据库,ContentResolver 中的增删改查方法是不接收表名参数的,而是使用一个 uri 参数代替,这个参数被称为内容 uri。内容 uri 给内容提供器中的数据建立了唯一标识符,它主要由 authority 和 path 两部分组成。authority 是用于对不同的应用程序做区分的,一般为了避免冲突,都会采用程序包名的方式来进行命名。比如某个程序的包名是 com. example. app,那么该程序对应的 authority 就可以命名为 com. example. app. provider。path 则用于对同一应用程序中不同的表做区分,通常都会添加到 authority 的后面。比如某个程序的数据库里存在两张表: tablel 和 table2,这时就可以将 path 分别命名为/table1 和/table2,然后把 authority 和 path 进行组合,内容 uri 就变成了 com. example. app. provider/table1 和 com. example. app. provider/table2。不过,这和普通字符串没太大区别,因此还需要在字符串的头部加上协议声明。因此,内容 uri 标准的格式写法如下:

```
content:// com.example.app.provider/table1
content:// com.example.app.provider/table2
```

上面的 uri 由 3 部分组成，第一部分是："content://"，第二部分是要获得数据的一个字符串片段，第三部分是指定的某个 id，这里若无则表示返回全部。上面的 uri 只是字符串，还不能使用，还需要使用 uri 的 parse()方法将它解析为 uri 对象。得到 uri 后，就可以拿这个 uri 对象来查询数据了，通过 query()方法来实现查询功能，query()方法中参数有 5 个，我们一般只关注第一个参数，它的意思是指定查询某一个应用程序下的某一张表。其他参数均为约束条件，填入 null 即可，如获取一个查询手机联系人数据的游标，可以使用下面语句：

```
Cursor cursor = getContentResolver().
query(ContactsContract.CommonDataKinds.Phone.CONTENT_URI,null,null,
null,null);
```

得到 Cursor 实例后开始读取数据，读取的思路依旧是通过移动游标的位置来遍历 Cursor 的所有行，再取出每一行中相应列的数据。如下代码：

```
String name = null;
String number = null;
List<String> personList = new ArrayList<>();
if (cursor != null){
    while (cursor.moveToNext()){
        name = cursor.getString(cursor.
    getColumnIndex(ContactsContract.CommonDataKinds.Phone.DISPLAY_
        NAME));
        number = cursor.getString(cursor.
            getColumnIndex(ContactsContract.CommonDataKinds.Phone.
                NUMBER));
        personList.add(name+"->"+number);
    }
}
```

根据 sqlite 数据库类推，剩下的增加、修改、删除操作也很简单，增加操作简单表示为：

```
ContentValues values = new ContentValues();
values.put("display_name","张三");
values.put("number","111");
getContentResolver().insert(uri,values);
```

修改操作简单表示为：

```
ContentValues values = new ContentValues();
values.put("number","222");
getContentResolver().update(uri,values,"display_name
= ? and number = ?", new String[]{"张三", "111" });
```

删除操作简单表示为：

```
getContentResolver().delete (uri,"display_name = ? and number = ?",
new String[]{"张三", "111" });
```

本章向用户介绍了 Android Studio 环境的安装和使用，用户需要对 Project 模式的项目结构有全面的了解，尤其是 4 个文件：build. gradle 用于设置 Gradle 构建工具版本，app/build. gradle 用于设置项目的 compileSdkVersion、buildToolsVersion 和 targetSdkVersion，gradle/wrapper/gradle - wrapper. properties 用于设置 gradle 的版本，local. properties 用于设置 AndroidSDK 存放路径。

从网上获取 Android 开源项目时，需要修改原文件内容，最好与当前本地项目对应的文件内容保持一致，否则会提示下载与原文件对应的 gradle 版本、API 等，或面临编译无法通过等问题。

Android Studio 项目结构中，主要在 src 目录中编程，其下的 java 子目录负责编写主程序活动，res 子目录负责管理一些重要资源，如布局文件、图片引用等，另外，还有一个 AndroidManifest. xml 文件，它负责权限申请的执行和管理主程序活动。一般当用户编写项目遇到一些修改程序仍无法解决问题的时候，检查上述这些文件往往能起到作用。

学习 Android 开发，掌握一些基本控件和布局是必不可少的，其实 Android 开发文档中提及的这些组件远远不止这些，但由于篇幅有限，本章仅仅就常见的几个控件和布局展开学习，组件的调用和使用都是类似的，用户如有需要，可以到网上查阅。